Anorganisch-Chemische Präparate

Alfred Golloch
Heinz Martin Kuß
Peter Sartori

Anorganisch-Chemische Präparate

Darstellung und Charakterisierung
ausgewählter Verbindungen

Walter de Gruyter
Berlin · New York 1985

Professor Dr. Alfred Golloch
Dr. Heinz-Martin Kuß
Professor Dr. Peter Sartori
Universität Duisburg
Fachgebiet Instrumentelle Analytik
4100 Duisburg 1

Mit 91 Abbildungen

CIP-Kurztitelaufnahme der Deutschen Bibliothek

Golloch, Alfred:
Anorganisch-chemische Präparate : Darst. u.
Charakterisierung ausgew. Verbindungen / Alfred
Golloch ; Heinz Martin Kuss ; Peter Sartori. –
Berlin ; New York : de Gruyter, 1985.
  ISBN 3-11-004821-3

NE: Kuss, Heinz Martin:; Sartori, Peter:

Copyright © 1985 by Walter de Gruyter & Co., Berlin 30. Alle Rechte, insbesondere das Recht der Vervielfältigung und Verbreitung sowie der Übersetzung, vorbehalten. Kein Teil des Werkes darf in irgendeiner Form (durch Photokopie, Mikrofilm oder ein anderes Verfahren) ohne schriftliche Genehmigung des Verlages reproduziert oder unter Verwendung elektronischer Systeme verarbeitet, vervielfältigt oder verbreitet werden. Printed in Germany.
Satz und Druck: Tutte Druckerei GmbH, Salzweg-Passau.
Bindearbeiten: D. Mikolai, Berlin
Einbandentwurf: Hansbernd Lindemann, Berlin.

Vorwort

Das vorliegende Buch ist kein Lehrbuch, sondern ein Arbeitsbuch, in dem ausgewählte anorganisch-chemische Präparate zusammengestellt sind. Es enthält nicht nur Arbeitsvorschriften, sondern auch die wichtigsten physikalischen und spektroskopischen Daten zur Charakterisierung der Verbindungen.
Die Auswahl der Darstellungsvorschriften erfolgte nach mehreren Gesichtspunkten.

1. Um einen möglichst großen Kreis von Personen mit unterschiedlich großer experimenteller Erfahrung anzusprechen, wurden sowohl arbeitstechnisch einfache Präparate aufgenommen als auch solche, die erhöhte Ansprüche an die Experimentierfertigkeiten stellen.

2. Die Kombination vielfach erprobter, fast schon klassischer Arbeitsvorschriften mit neueren Ergebnissen der Präparativen Anorganischen Chemie stellt den Versuch dar, das Angebot an Praktikumsvorschriften zu erweitern. Die Weiterverwendung einfach darzustellender Ausgangsverbindungen zu Mehrstufenpräparaten war ein beabsichtigter Nebeneffekt.

3. Die Arbeitsvorschriften wurden nicht zuletzt unter dem Gesichtspunkt ausgewählt, möglichst alle wichtigen experimentellen Techniken exemplarisch vorzustellen, abgesehen von besonders gefahrvollen oder apparativ aufwendigen.

4. Die Auswahl der Verbindungen sollte möglichst die Vielfalt des Periodensystems widerspiegeln. So sind einerseits einige Hauptgruppenelemente, die uns besonders geeignet erschienen, mit einer etwas größeren Zahl von Präparaten vertreten, andererseits aber auch wichtige Substanzklassen wie Metallhalogenide, metallorganische Verbindungen oder Komplexe durch Beispiele belegt.

5. Soweit irgend möglich, wurden unsere Erfahrungen beim Aufbau und bei der Durchführung des mit einschlägigen Meßtechniken gekoppelten präparativen anorganisch-chemischen Praktikums verwertet.

Da neben den Arbeitsvorschriften auch physikalische und spektroskopische Daten aufgeführt werden, haben wir in einem allgemeinen Teil des Buches dargestellt, wie man zu diesen Daten durch eigene Messungen gelangt. Nach einer kurzen Beschreibung der Methode werden vor allem die Probenvorbereitungen, die Meßbedingungen und die Auswertung der Ergebnisse beschrieben. Es ist nicht das Ziel des Buches, in die selbständige Interpretation von Meßergebnissen einzuführen; dem Benutzer soll lediglich der Vergleich von selbst gemessenen Daten mit Literaturdaten ermöglicht werden. Wenn auch einige der beschriebenen Methoden recht selten zur Charakterisierung der Präparate herangezogen werden, so hielten wir es trotzdem für zweckmäßig, sie vorzustellen. Vielleicht wird das Buch auch durch diese Informationen für den Leser ein Gewinn sein. Ebenso sollen Literaturhinweise den Rückgriff auf die Originalliteratur oder auf Monographien erleichtern.

Im Anhang schließlich werden praktische Hinweise und Hilfen aufgeführt, von denen wir annehmen, daß sie häufiger an anderer Stelle mühsam gesucht werden. Nicht zuletzt machen wir auf einige Sicherheitsaspekte aufmerksam.

Der Versuch, ein solches Arbeitsbuch zusammenzustellen, ist ohne die Hilfe erfahrener Fachkollegen ein aussichtsloses Unterfangen. Wir danken deshalb allen Kollegen, die uns durch Hinweise oder Anregungen unterstützt haben, und bitten alle Benutzer, durch konstruktive Kritik und Vorschläge auch weiterhin zur Verbesserung beizutragen.

Duisburg, November 1984

Alfred Golloch
Heinz-Martin Kuß
Peter Sartori

Inhaltsverzeichnis

Vorwort................................
Verzeichnis verwendeter Symbole, Abkürzungen und Zeichen,
Liste der Präparate XIII
1 Handhabung von Präparaten unter Schutzbedingungen 1
2 Bestimmung physikalischer Daten........................ 4
   2.1 Schmelzpunktbestimmung 4
      Begriffe und Definitionen 4
      Methoden der Schmelzpunktbestimmung 4
      Geräte zur Schmelzpunktbestimmung................... 5
   2.2 Siedepunktbestimmung 8
      Einleitung 8
      Bestimmung des Siedepunktes...................... 9
   2.3 Bestimmung des Brechungsindex (Refraktometrie) 11
   2.4 Dichtebestimmung.............................. 12
      Dichtebestimmung fester Stoffe 12
      Dichtebestimmung von Flüssigkeiten 13
   Dichtebestimmung von Gasen 15
3 Chromatographische Methoden 17
   3.1 Dünnschichtchromatographie 18
      Allgemeine Beschreibung der Methode.................. 18
      Erforderliche Grundausrüstung 18
      Dünnschicht-Platten (Trennschichten)................... 18
      Auftragehilfsmittel 19
      Trennkammern............................... 19
      Nachweismöglichkeiten der Trennung................... 20
      Durchführung einer dünnschichtchromatographischen Trennung 21
      Auswertung................................. 21
      Präparative Dünnschichtchromatographie................. 21
      Hinweise für präparative Trennungen................... 22
   3.2 Papierchromatographie 22
      Allgemeine Beschreibung der Methode.................. 22
      Erforderliche Grundausrüstung 23
      Chromatographiepapier 23
      Stationäre Phase und Fließmittel..................... 23

Auftragehilfsmittel 24
Trennkammern....................... 24
Nachweismöglichkeiten der Trennung 25
Auswertung......................... 25
3.3 Säulenchromatographie 25
Allgemeine Beschreibung der Methode............ 25
Erforderliche Grundausrüstung............... 26
Trennsäulen......................... 26
Säulenfüllmaterial (stationäre Phase) 27
Elutionsmittel (mobile Phase) 27
Aufgeben des Elutionsmittels auf die Säule......... 28
Vorrichtungen zur Aufnahme der Fraktionen 29
Nachweismöglichkeiten für die in den Fraktionen
enthaltenen Bestandteile des Gemisches 29
Durchführung einer säulenchromatographischen Trennung 29
3.4 Hochdruckflüssigkeitschromatographie 30
Allgemeine Beschreibung der Methode............ 30
Aufbau eines Hochdruckflüssigkeitschromatographen 31
Vorratsgefäß zur Aufnahme des Elutionsmittels 31
Die Pumpe 31
Die Probenaufgabe..................... 31
Die Trennsäule...................... 32
Der Detektor....................... 32
Registrierung....................... 33
Arbeitsweisen der Hochdruckflüssigkeitschromatographie 33
Adsorptionschromatographie................. 33
Verteilungschromatographie 34
Trennung mit chemisch gebundenen organischen
stationären Phasen..................... 34
Weitere Möglichkeiten chromatographischer Trennungen 35
Anwendung der Hochdruckflüssigkeitschromatographie....... 35
3.5 Gaschromatographie 36
Allgemeine Beschreibung der Methode............ 36
Aufbau eines Gaschromatographen 37
Das Trägergas 37
Regulierung und Messung des Trägergasstromes 37
Probeneinlaß 38
Die Trennsäule...................... 39
Detektoren 41
Arbeitsweise der Gaschromatographie 43
Auswertung eines Gaschromatogramms 43
Anwendung der Gaschromatographie in der
anorganischen Chemie 44

4 Ionenaustauscher ... 46
Einleitung ... 46
Aufbau und Wirkungsweise ... 46
Physikalische Eigenschaften ... 47
Chemische Eigenschaften ... 47
Arbeitsweise ... 49
Auswahl des geeigneten Ionenaustauschers ... 50
Hinweise zum praktischen Arbeiten ... 52
Bestimmung der Kapazität des Ionenaustauschers ... 52

5 Spektroskopische Methoden ... 56
5.1 Infrarotspektroskopie ... 56
Präparation der Proben zur Infrarotspektroskopie ... 56
Untersuchung von Gasen ... 56
Vorgang des Küvettenfüllens ... 58
Untersuchung von Flüssigkeiten ... 58
Untersuchung von Feststoffen ... 60
Auswertung der Spektren ... 62
5.2 Ramanspektroskopie ... 64
Probenpräparation ... 64
Auswertung der Spektren ... 65
Polarisationsmessungen ... 66
5.3 Spektroskopie im ultravioletten und sichtbaren Bereich ... 67
Probenvorbereitung ... 67
Aufnahme des Spektrums und Entnahme der Meßdaten ... 68
5.4 Magnetische Kernresonanz-Spektroskopie
(NMR-Spektroskopie) ... 70
Präparation der Proben ... 70
Referenzsubstanzen ... 71
5.5 Massenspektrometrie ... 73
Hinweise für Probenauswahl und Vorbereitung ... 73
Untersuchung von Gasen und leichtflüchtigen Flüssigkeiten ... 74
Untersuchung schwerflüchtiger Flüssigkeiten und Feststoffe ... 74
Tabellarische und graphische Darstellung des
Massenspektrums ... 75

6 Röntgenstrukturanalyse ... 78
Einleitung ... 78
Aufbau einer Apparatur und praktische Durchführung ... 78
Substanzidentifizierung und Gemischanalyse ... 83

7 Differentialthermoanalyse ... 85
Meßanordnung ... 89
Meßvorgang ... 89
Auswertung von DTA-Diagrammen ... 90

Präparate 93
Borverbindungen 95
  Diboran 95
  Bortrichlorid 96
  Bortribromid 98
  Bortrifluorid-Etherat 99
  Dibrommethylboran 100
  Triphenylboran 102
  Chlordiphenylboran 103
  Tetrabutylammoniumoctahydridotriborat 105
  Borazin(s-Triazatriborin, Borazol) 107
  2,4,6-Trichlor-1,3,5-trimethyl-borazin 109
  Hexamethylborazin 111
  1,4-Di-*tert*-butyl-1,4-diazabutadien(1,3) 113
  1,3-Di-*tert*-butyl-2-methyl-Δ^4-1,3,2-diazaborolin 114
Siliciumverbindungen 116
  Phenyltrifluorsilan 116
  Tetraethoxysilan 117
  Triethylchlorsilan 119
  Triphenylsilanol 121
  Hexamethyldisilazan 124
  Lithium-bis(trimethylsilyl)-amid 126
  Tris(trimethylsilyl)amin 127
  N-(Trimethylsilyl)acetamid 129
  Bis(trimethylsilyl)schwefeldiimid 131
  Tert-butyl-trimethylsilyl-amino-difluorphenylsilan 133
Phosphorverbindungen 134
  Phosphor(III)-fluorid 134
  Phosphor(III)-chlorid 136
  Phosphor(V)-oxidtrichlorid 138
  Phosphor(V)-sulfidtrichlorid 140
  Dichlorphenylphosphin 141
  Phenyltetrafluorphosphoran 142
  Kaliumhexafluorophosphat 144
  Hypophosphorige Säure 145
  Phosphorsulfidtriamid 148
  Tetraaminophosphoniumiodid 150
  Trimethylphosphonium-trimethylsilyl-methylid 152
  Trimethylmethylenphosphoran 154
  Kalium-*closo*-tetradekanitrogendodekathio-dodekaphosphat-
  Octahydrat 156
Schwefelverbindungen 160
  Schwefeltetrafluorid 160

Dischwefeldichlorid 164
  Tetraschwefeltetranitrid 165
  Tetraschwefeltetraimid 169
  Cyclooctaschwefeloxid 170
  Phenylschwefeltrifluorid 173
  Amidosulfonsäure 175
  Natriumdithionat 177
Nichtmetallhalogenide 179
  Xenondifluorid 179
  Iod(V)-fluorid 181
  Stickstoff(III)-oxidchlorid (Nitrosylchlorid) 183
  Stickstoff(V)-oxidchlorid (Nitrylchlorid) 184
  Trifluoriodmethan 186
  Chlorfluorbenzole 187
Metallhalogenide 190
  Arsen(III)-fluorid 190
  Arsen(III)-chlorid 191
  Antimon(III)-iodid 192
  Tellur(IV)-iodid 193
  Eisen(III)-chlorid 194
  Kupfer(I)-chlorid 196
  Wolframoxidtetrachlorid 197
  Molybdän(V)-chlorid 198
Metallorganische Verbindungen 199
  Zinntetramethyl 199
  Bleitetraphenyl 202
  Diphenylbleidiiodid 206
Komplexverbindungen 208
  Bis(pentahapto-cyclopentadienyl)eisen „Ferrocen" 208
  Dibenzolchrom 212
  Di-eisen-enneacarbonyl 215
  Cyclopentadienylmangan-tricarbonyl 216
  Benzalaceton-eisentricarbonyl 218
  Bis(pentahapto-cyclopentadienyl)-titan(IV)-dichlorid 220
  Ammoniumtetrathiowolframat(VI) 221
  Kalium-trioxalatoferrat(III)-trihydrat 222
  Kalium-hexacyanocobaltat(III) 225
  Chrom(III)-acetylacetonat 227
Verschiedene Verbindungen 229
  Wasserfreie Salpetersäure 229
  Distickstoffmonoxid 231
  Stickstoffdioxid 232
  Iodsäure 234

Inhaltsverzeichnis

    Tellursäure 235
    Iodcyanid 237
    Chromnitrid 239
    Wolfram(IV)-sulfid 240
    Titan(IV)-sulfid 242
    Magnesiumsilicid 244
Anhang 247
PSE 248
    Wellenzahlen der wichtigsten Störbanden im IR-Spektrum 250
    IR-Lösungsmittelspektren 251
    IR-Materialien für Küvettenfenster 255
    IR-Durchlässigkeitswerte für Küvettenmaterial 258
    ^{1}H-NMR-Spektren der gebräuchlichsten Lösungsmittel 259
    ^{13}C-NMR-Spektren der gebräuchlichsten Lösungsmittel 261
    ^{1}H-NMR-Referenzsubstanzen 265
    ^{13}C-NMR-Referenzsubstanzen 265
    ^{19}F-NMR-Referenzsubstanzen 265
    Reinigungsgerät für NMR-Röhrchen 266
    Massenspektren von Lösungsmitteln 267
    Massenspektren von Hahnfett 270
    Fließmittelstärken (eluotrope Reihe) 272
    Trockenmittel 273
    Trocknung von Lösungsmitteln über Al_2O_3 276
    Trocknung von Lösungsmitteln über Molekularsieb 277
    Physikalische Eigenschaften üblicher Lösungsmittel 278
    Reinigung von Lösungsmitteln 280
    UV-Absorptionsgrenze von Lösungsmitteln 286
    Gefahrenklassen und Unfallverhütungsvorschriften 287

Verzeichnis verwendeter Symbole, Abkürzungen und Zeichen

NMR   Daten des Kernresonanzspektrums
IR   Daten des Infrarotspektrums
Ra   Daten des Ramanspektrums
MS   Daten des Massenspektrums
UV/VIS Daten des Spektrums im ultravioletten und sichtbaren Bereich
DTA   Daten der Differentialthermoanalyse
M   Molare Masse
Schmp. Schmelzpunkt
Sdp.   Siedepunkt
Subl.   Sublimation
ϱ Dichte
n   Brechungsindex
$\bar{\nu}$ Wellenzahl
λ Wellenlänge
δ Chemische Verschiebung
J   Kopplungskonstante
m/e   Einfach positiv geladene Massenfragmente
min   Minute
h   Stunde
d   Tag

Liste der Präparate

Borverbindungen

Diboran	B_2H_6
Bortrichlorid	BCl_3
Bortribromid	BBr_3
Bortrifluorid-Etherat	$BF_3 \cdot O(C_2H_5)_2$
Dibrommethylboran	Br_2BCH_3
Triphenylboran	$B(C_6H_5)_3$
Chlordiphenylboran	$ClB(C_6H_5)_2$
Tetrabutylammoniumocta-hydridotriborat	$[(n\text{-}C_4H_9)_4N]B_3H_8$
Borazin(s-Triazatriborin, Borazol)	$B_3N_3H_6$
2,4,6-Trichlor-1,3,5-trimethyl-borazin	$Cl_3B_3N_3(CH_3)_3$
Hexamethylborazin	$B_3N_3(CH_3)_6$
1,4-Di-*tert*-butyl-1,4-diazabutadien(1,3)	t-Bu—N=CH—CH=N—t-Bu

1,3-Di-*tert*-butyl-2-methyl-
Δ⁴-1,3,2,-diazaborolin

t-Bu—N$\underset{\underset{\underset{CH_3}{|}}{B}}{\overset{CH=CH}{\diagup\diagdown}}$N—t-Bu

Siliciumverbindungen
Phenyltrifluorsilan $\quad$ $C_6H_5SiF_3$
Tetraethoxysilan $\quad$ $Si(OC_2H_5)_4$
Triethylchlorsilan $\quad$ $(C_2H_5)_3SiCl$
Triphenylsilanol $\quad$ $(C_6H_5)_3SiOH$
Hexamethyldisilazan $\quad$ $(CH_3)_3SiNHSi(CH_3)_3$
Lithium-bis(trimethylsilyl)-amid $\quad$ $LiN[Si(CH_3)_3]_2$
Tris(trimethylsilyl)amin $\quad$ $N[Si(CH_3)_3]_3$
N-(Trimethylsilyl)acetamid $\quad$ $CH_3CONHSi(CH_3)_3$
Tert-butyl-trimethylsilyl-amino-difluorphenylsilan $\quad$ $C_6H_5SiF_2-N{\diagup C(CH_3)_3 \atop \diagdown Si(CH_3)_3}$
Bis(trimethylsilyl)schwefel-diimid $\quad$ $(CH_3)_3Si-N=S=N-Si(CH_3)_3$

Phosphorverbindungen
Phosphor(III)-fluorid $\quad$ PF_3
Phosphor(III)-chlorid $\quad$ PCl_3
Phosphor(V)-oxidtrichlorid $\quad$ $POCl_3$
Phosphor(V)-sulfidtrichlorid $\quad$ $PSCl_3$
Dichlorphenylphosphin $\quad$ $Cl_2PC_6H_5$
Phenyltetrafluorphosphoran $\quad$ $C_6H_5PF_4$
Kaliumhexafluorophosphat $\quad$ KPF_6
Hypophosphorige Säure $\quad$ H_3PO_2
Phosphorsulfidtriamid $\quad$ $PS(NH_2)_3$
Tetraaminophosphoniumiodid $\quad$ $[P(NH_2)_4]I$
Tetrakis(trichlorophosphazo)-phosphonium-dichloroiodat(I) $\quad$ $[P(NPCl_3)_4]ICl_2$
Trimethylphosphonium-tri-methylsilyl-methylid $\quad$ $(CH_3)_3P=CH\text{-}Si(CH_3)_3$
Trimethylmethylenphosphoran $\quad$ $(CH_3)_3P=CH_2$
Kalium-closo-tetradekanitrogen-dodekathio-dodekaphosphat(6-) $\quad$ $K_6[P_{12}S_{12}N_{14}]\cdot 8H_2O$

Schwefelverbindungen
Schwefeltetrafluorid $\quad$ SF_4
Dischwefeldichlorid $\quad$ S_2Cl_2

Tetraschwefeltetranitrid	S_4N_4
Tetraschwefeltetraimid	$S_4N_4H_4$
Cyclooctaschwefeloxid	S_8O
Phenylschwefeltrifluorid	$C_6H_5SF_3$
Amidosulfonsäure	NH_2SO_3H
Natriumdithionat	$Na_2S_2O_6 \cdot 2H_2O$

Nichtmetallhalogenide

Xenondifluorid	XeF_2
Iod(V)-fluorid	IF_5
Stickstoff(III)-oxidchlorid (Nitrosylchlorid)	$NOCl$
Stickstoff(V)-oxidchlorid (Nitrylchlorid)	NO_2Cl
Trifluoriodmethan	CF_3I
Chlorfluorbenzole	C_6F_5Cl, $C_6F_4Cl_2$

Metallhalogenide

Arsen(III)-fluorid	AsF_3
Arsen(III)-chlorid	$AsCl_3$
Antimon(III)-iodid	SbI_3
Tellur(IV)-iodid	TeI_4
Eisen(III)-chlorid	$FeCl_3$
Kupfer(I)-chlorid	$CuCl$
Wolframoxidtetrachlorid	$WOCl_4$
Molybdän(V)-chlorid	$MoCl_5$

Metallorganische Verbindungen

Zinntetramethyl	$Sn(CH_3)_4$
Bleitetraphenyl	$Pb(C_6H_5)_4$
Diphenylbleidiiodid	$(C_6H_5)_2PbI_2$

Komplexverbindungen

Bis(pentahapto-cyclopentadienyl)-eisen „Ferrocen"	$Fe(C_5H_5)_2$
Dibenzolchrom	$Cr(C_6H_6)_2$
Di-eisen-enneacarbonyl	$Fe_2(CO)_9$
Cyclopentadienylmangan-tricarbonyl	$(C_5H_5)Mn(CO)_3$
Benzalaceton-eisentricarbonyl	$(C_{10}H_{10}O)Fe(CO)_3$
Bis(pentahapto-cyclopentadienyl-)-titan(IV)-dichlorid	$(C_5H_5)_2TiCl_2$
Ammoniumtetrathiowolframat(VI)	$(NH_4)_2WS_4$

XVI Liste der Präparate

Kalium-trioxalatoferrat(III)-trihydrat	$K_3[Fe(C_2O_4)_3] \cdot 3H_2O$
Kalium-hexacyanocobaltat(III)	$K_3[Co(CN)_6]$
Chrom(III)-acetylacetonat	$Cr(C_5H_7O_2)_3$

Verschiedene Verbindungen

Wasserfreie Salpetersäure	HNO_3
Distickstoffmonoxid	N_2O
Stickstoffdioxid	NO_2
Iodsäure	HIO_3
Tellursäure	H_6TeO_6
Iodcyanid	ICN
Chromnitrid	CrN
Wolfram(IV)-sulfid	WS_2
Titan(IV)-sulfid	TiS_2
Magnesiumsilicid	Mg_2Si

1 Handhabung von Präparaten unter Schutzbedingungen

Es soll nicht Inhalt dieses Abschnitts sein, die vielfältigen Methoden zu diskutieren, mit deren Hilfe Reaktionen unter Schutzbedingungen durchgeführt werden, sondern es soll in einem kurzen Überblick beispielhaft dargelegt werden, wie man Substanzen zur Umfüllung oder Vorbereitung auf weitere Untersuchungen handhaben kann.

In den meisten Fällen, bei denen Schutzmaßnahmen erforderlich sind, geht es um den Ausschluß von Luftsauerstoff oder Feuchtigkeit. Um Substanzen vor der Einwirkung dieser Komponenten zu schützen, wurde eine Anzahl mehr oder weniger aufwendiger Anordnungen vorgeschlagen, von denen hier drei etwas näher erläutert werden sollen.

a) Eine einfache, aber auch nur begrenzt wirksame Möglichkeit, Substanzen vor dem uneingeschränkten Zutritt der Luft zu schützen, besteht darin, daß man die engere Umgebung des Arbeitsplatzes mit einem Schutzgasstrom (Stickstoff, Argon) begast, ohne eine direkte Abtrennung von der Umgebungsluft vorzunehmen. Dazu befestigt man zweckmäßigerweise einen großen Trichter mit seiner Öffnung über dem Arbeitsplatz, leitet durch den Trichterausgang einen Schutzgasstrom und führt die erforderlichen Handgriffe möglichst in der Nähe der Trichteröffnung aus.

b) Einen deutlich besseren Schutz als durch die zuvor angegebene Methode erzielt man durch die Verwendung eines durchsichtigen Kunststoffbeutels, der mit zwei Handschuhen und Einlaß- und Auslaßöffnung für Inertgas versehen ist. Unter gutem Durchspülen des Beutels mit Inertgas kann innerhalb des Kunststoffbeutels die vorgesehene Arbeit durchgeführt werden.

c) Die beste und sicherste Möglichkeit, Operationen unter Schutzgas durchzuführen, besteht in der Verwendung eines *Stickstoffkastens*, im angelsächsischen Sprachraum *glove box* genannt, wobei als Inertgas keineswegs nur Stickstoff in Frage kommt. Die Beschaffung und der Betrieb eines gut funktionierenden Schutzkastens ist recht kostspielig, so daß der Einsatz eines solchen Gerätes nur für sehr empfindliche oder kostbare Substanzen gerechtfertigt ist.

Die Apparatur besteht aus dem eigentlichen Kasten, einer Schleuse und dem Pumpsystem.

Im Kasten erfolgt die Handhabung der Substanzen. Zu deren Beobachtung ist eine Vorderseite mit einem Sichtfenster zu versehen. An der Vorderseite befinden

2   1 Handhabung von Präparaten unter Schutzbedingungen

Abb. 1-1. Kunststoffbeutel

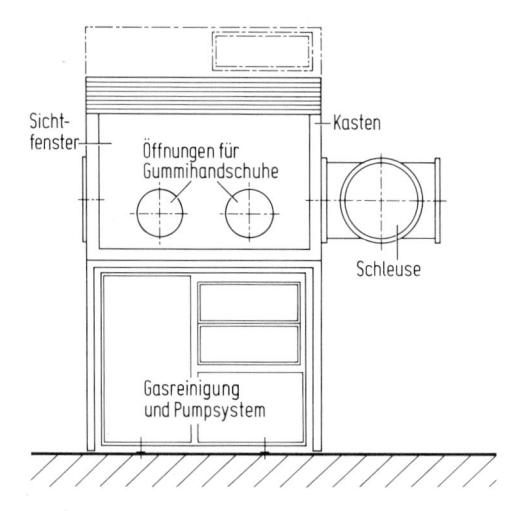

Abb. 1-2. Schema eines *Stickstoffkastens*

sich weiterhin zwei Öffnungen, die mit Gummihandschuhen gasdicht abgeschlossen sind; unter Benutzung der Handschuhe können innerhalb des *Kastens* Manipulationen erfolgen.

Dem eigentlichen Arbeitsraum ist eine Schleuse vorgeschaltet, die beim Eingeben einer Substanz oder eines Gerätes eine stärkere Verunreinigung des Inertgases verhindern soll.

Zur Herstellung und Aufrechterhaltung der Schutzgasatmosphäre ist eine Pumpe mit dem entsprechenden Ventilzubehör sowie eine Gasreinigungsanlage angeschlossen. Dadurch ist es möglich, sowohl durch Evakuieren eine schnelle Entfernung von Fremdgasen zu erreichen als auch das Schutzgas bei bestimmtem Überdruck durch eine Gasreinigungsanlage im Kreislauf zu pumpen. So wird das Eindringen von Luft oder anderen unerwünschten Verunreinigungen verhindert.

Da es von der Konstruktion her unterschiedliche Anordnungen gibt, soll auf die Beschreibung eines bestimmten Gerätes verzichtet, jedoch auf einige allgemeine Punkte, die bei der Benutzung zu beachten sind, verwiesen werden:

a) Die schwächste Stelle in der Anordnung, durch die Verunreinigungen in den *Kasten* gelangen können, stellen die Gummihandschuhe dar. Daher müssen sie von Zeit zu Zeit überprüft und ausgewechselt werden.

b) Der Arbeitsraum soll peinlich sauber sein, vor allem muß auf die sofortige Entfernung flüchtiger oder aggressiver Substanzen geachtet werden.

c) Einmal eingeschleppte Verunreinigungen lassen sich durch Abpumpen allein meist nur schwer und langsam entfernen, vor allem, wenn sie schwer flüchtig sind. Meist hilft dann nur eine rigorose Reinigungsprozedur.

d) Nach dem Einbringen der Substanzen und Geräte muß eine Zeitlang gewartet werden, bis die zirkulierende Schutzgasatmosphäre und/oder das Trocken- und Reinigungssystem die anhaftenden Störstoffe (Feuchtigkeitsfilm etc.) wegtransportiert hat. Gleiches gilt sinngemäß für die Betätigung der Schleuse.

Literatur

C. J. Barton in Technique of Inorganic Chemistry, Vol. 3, Editors H. Jonassen u. A. Weissberger, Interscience Publishers, N. Y. 1963.

W. L. Jolly, The Synthesis and Charakterizations of Inorganic Compounds, Prentice-Hall-Inc., Englewood Cliffs, N. J. 1970.

2 Bestimmung physikalischer Daten

2.1 Schmelzpunktbestimmung

Begriffe und Definitionen

Reine kristalline Stoffe gehen bei einer genau definierten Temperatur in den flüssigen Zustand über. Diese Temperatur wird Schmelzpunkt (Schmelztemperatur, Abkürzung Schmp.) genannt und bleibt während des Schmelzens konstant. Sie ist charakteristisch für jeden kristallinen Stoff und hängt nur unbedeutend von normalen Druckschwankungen ab. Bei der Abkühlung einer Schmelze oder Flüssigkeit erfolgt die Verfestigung bei derselben Temperatur, dem Erstarrungspunkt (Erstarrungstemperatur). Der Übergang vom flüssigen in den festen Zustand ist häufig von einer Kristallisationsverzögerung begleitet. Man spricht von Unterkühlung der Flüssigkeit. Bei Einsetzen der Kristallisation der unterkühlten Flüssigkeit steigt die Temperatur auf die Erstarrungstemperatur. Der Schmelzpunkt ist also dadurch charakterisiert, daß nur bei dieser Temperatur kristalliner Stoff und Schmelze dauernd nebeneinander existieren können (Koexistenz der beiden Phasen – näheres s. Gibbs' Phasengesetz).

Methoden der Schmelzpunktbestimmung

Die Bestimmung des Schmelzpunktes erfolgt nach zwei prinzipiellen Methoden:
        a) visuell,
        b) thermoanalytisch.

Die Differentialthermoanalyse ist die wichtigste der thermischen Methoden. Sie erfordert aber für die üblichen Schmelzpunktbestimmungen einen zu hohen apparativen Aufwand und wird auch unter anderem Gesichtspunkt in einem späteren Abschnitt ausführlich diskutiert.

Die apparativ einfachste Art der visuellen Schmelzpunktbestimmung erfolgt unter Verwendung einer Glaskapillare als Probengefäß. Die Substanz wird dabei 2 mm bis 3 mm hoch in eine einseitig zugeschmolzene Glaskapillare von etwa 1 mm Durchmesser und einer Wandstärke von 0,1 mm bis 0,2 mm eingefüllt und das Probengefäß dann in einem Heizbad mit konstanter Geschwindigkeit erwärmt.

Das Füllen des Schmelzpunktröhrchens erfolgt durch Eintauchen des umgekehrten Röhrchens in die fein gepulverte Substanz und anschließendes vorsichtiges Aufstoßen des zugeschmolzenen Endes auf eine feste Unterlage. Man kann das Röhrchen auch durch ein Glasrohr frei herabfallen lassen.

Die Temperatur des Heizmediums wird gemessen und die Substanz beobachtet, bis die Temperatur erreicht ist, bei der der Schmelzvorgang erfolgt. Die erreichte Temperatur wird als Schmelzpunkt festgehalten. Beim Schmelzen wird Energie verbraucht, ohne daß sich die Temperatur des fest-flüssigen Gemisches ändert. Die Temperatur des Heizbades steigt währenddessen weiter an. Bei einer reinen Substanz wird die Temperatur gemessen, bei der das Schmelzen beginnt. Verunreinigungen der Substanz bewirken, daß die Probe schon bei niedrigerer Temperatur zu schmelzen beginnt. Man kommt dem *wahren* Schmelzpunkt sehr viel näher, wenn man als Merkmal das Verschwinden der letzten Anteile fester Probe und die Ausbildung eines Flüssigkeitsmeniskus nimmt. Exakterweise gibt man in diesen Fällen nicht den *unscharfen* Schmelzpunkt an, sondern den Schmelzbereich vom ersten Auftreten flüssiger Phase bis zum Verschwinden der festen Phase.

Geräte zur Schmelzpunktbestimmung

Zwei häufig verwendete Anordnungen sind die Schmelzpunktapparate nach Thiele

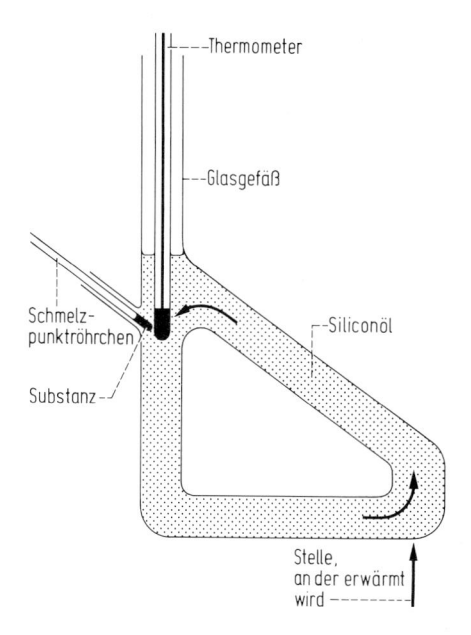

Abb. 2-1. Schmelzpunktapparatur nach Thiele
Aus: H. Jucker und H. Suter, Fortschritte der Chemischen Forschung, **11** (3), 430, 1968/1969.

6   2 Bestimmung physikalischer Daten

und nach Tottoli.

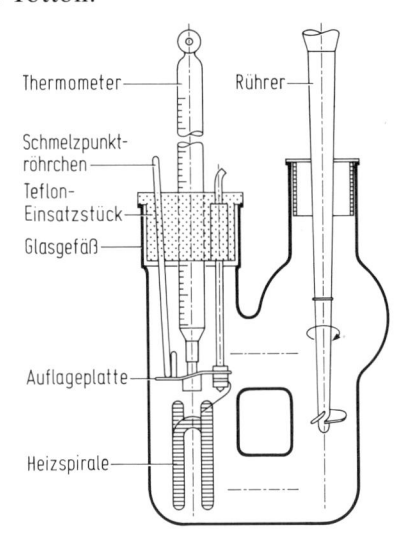

Abb. 2-2. Schmelzpunktapparat nach Tottoli
Aus: H. Jucker und H. Suter, Fortschritte der Chemischen Forschung, **11** (3), 430, 1968/1969.

Die Anordnung nach Thiele erfreut sich wegen ihres einfachen Aufbaus vor allem im Praktikumsbetrieb besonderer Beliebtheit. Beim Erhitzen des Apparates mit einer Gasflamme beginnt die Badflüssigkeit (Siliconöl, Paraffinöl, Schwefelsäure) zu zirkulieren, wobei sie in den senkrechten Teil des Rohres von oben nach unten strömt. Die Quecksilberkugel des Thermometers und das geschlossene Ende der Kapillare sollen sich in mittlerer Höhe der Badflüssigkeit befinden.

Das Gerät nach Tottoli ist eine Verbesserung, da es die Zirkulation durch mechanisches Rühren verstärkt und sich die Aufheizrate durch eine regulierbare elektrische Heizung genauer steuern läßt. Die Beobachtung der Probe wird durch eine eingebaute Lupe erleichtert.

Eine weitere Art der visuellen Schmelzpunktbestimmung bedient sich des Mikroskops als Beobachtungsinstrument.

Die Probe (Präparat), die sich zwischen zwei Glasplatten (Objektträgern) befindet, wird auf einem *Heiztisch*, einer heizbaren Metallplatte mit Bohrung in der Mitte für den Lichtdurchlaß, bis zum Schmelzpunkt erwärmt und der Vorgang mit einem Mikroskop beobachtet. Die Temperaturmessung wird mit einem Thermoelement oder einem Glasthermometer vorgenommen, das in unmittelbarer Nähe der Probe angebracht ist. Vorteile der *mikroskopischen* Schmelzpunktbestimmung sind der geringe Substanzbedarf und die Möglichkeit, nicht nur den Schmelzvorgang, sondern auch Kristallumwandlungen, Zersetzungen, Verfärbungen etc. beobachten zu können.

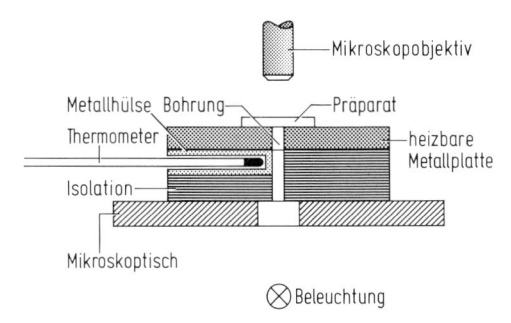

Abb. 2-3. Prinzipschema eines Heiztisches
Aus: H. Jucker und H. Suter, Fortschritte der Chemischen Forschung, **11** (3), 430, 1968/69.

Die obere Anwendungsgrenze der genannten Methoden liegt bei Schmelzpunkten von 250 °C bis 300 °C.

Bei Substanzen, deren Schmelzpunkt über 300 °C liegt, verwendet man Metallblöcke zur Aufnahme von Schmelzpunktröhrchen und Thermometern. Als Material wählt man Reinkupfer (bis 700 °C) oder auch Aluminium (bis 500 °C).

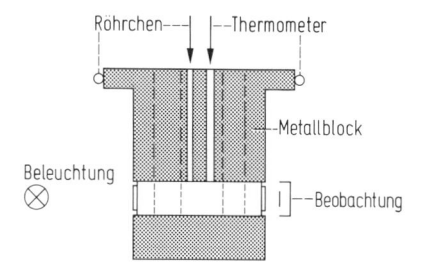

Abb. 2-4. Metallblock zur Schmelzpunktbestimmung
Aus: H. Lux, Anorganisch-Chemische Experimentierkunst, 3. Auflage, J. A. Barth, Leipzig 1970.

Der zumeist zylindrische Metallblock enthält vertikale Bohrungen für das Thermometer und die Schmelzpunktröhrchen und waagerechte Bohrungen als Fenster zur Beobachtung des Schmelzvorganges und zur Beleuchtung der Probe. Der Block kann durch eine Gasflamme ziemlich rasch bis in die Nähe des Schmelzpunktes der Substanz aufgeheizt werden, worauf man mit geringerer Aufheizgeschwindigkeit (0,5 bis 1 °C/min) fortfährt. Nicht zu vergessen ist bei höheren Temperaturen die oft erhebliche Fadenkorrektur des Thermometers. Empfehlenswert ist eine vorherige Eichung mit geeigneten reinen Festsubstanzen. Ein Nachteil der Schmelzpunktbestimmung in einem Metallblock ist darin zu sehen, daß während der häufig doch recht langen Aufheizperiode eine teilweise Zersetzung der Probe eintreten kann und die Zersetzungsprodukte zu einer Schmelzpunktdepression führen.

Zur Vermeidung subjektiver Fehler, die sich leicht aus der visuellen Beobachtung des Schmelzvorganges durch verschiedene Personen ergeben können, wurde in den vergangenen Jahren eine Reihe von automatischen Geräten auf optischer Basis entwickelt, die zu einer objektiven Erfassung des Schmelzvorganges führen sollen. Damit wurde ein Vergleich der Resultate in verschiedenen Laboratorien möglich, unabhängig von der Beurteilung des Beobachters. Allerdings sind diese automatischen Geräte auch mit einigen Nachteilen behaftet, zum Beispiel nur bedingt einsatzfähig bei gefärbten Substanzen.

Die häufigsten Fehler bei der Schmelzpunktbestimmung werden durch zu schnelles Aufheizen gemacht. Im allgemeinen soll man bis etwa 20 °C unterhalb des Schmelzpunktes schnell aufheizen und anschließend mit einer Geschwindigkeit von 1 °C pro Minute fortfahren. Angegeben wird der Schmelzpunkt oder Schmelzbereich und die durchgeführte oder nicht erfolgte Fadenkorrektur des Thermometers.

Literatur

H. Jucker und H. Suter, Fortschritte der chemischen Forschung **11** (3), 430, 1968/69.
H. Lux, Anorganisch-Chemische Experimentierkunst, 3. Auflage, J. A. Barth, Leipzig 1970.
C. Wittenberger, Chemische Laboratoriumstechnik, 7. Auflage, Springer-Verlag, Wien 1973.

2.2 Siedepunktbestimmung

Einleitung

Exakt bestimmte Siedepunkte gestatten eine Reihe von Aussagen. So lassen sich aus Siedepunktangaben Rückschlüsse auf die Identität einer Substanz oder ihre Reinheit ziehen, können Molekulargewichtsbestimmungen in Lösungen erfolgen, lassen sich Angaben über die Assoziation von Molekülen machen und können Destillationsvorgänge verfolgt werden.

Als Siedepunkt einer Flüssigkeit wird die Temperatur bezeichnet, bei welcher der Dampfdruck der Flüssigkeit den Wert des Drucks erreicht, der auf einem System lastet, vorausgesetzt, es besteht ein thermisches Gleichgewicht zwischen Flüssigkeit und Dampf. Nach der Phasenregel bleibt der Siedepunkt so lange konstant, wie der Druck des Systems und die Zusammensetzung der Probe unverändert bleiben. Der Siedepunkt einer Flüssigkeit, der bei 1.01325 bar festgestellt wird, wird als Siedepunkt unter Normaldruck bezeichnet. Da es schwierig ist, experimentell die Bedingungen des Gleichgewichts genau einzuhalten, unterscheiden sich Siedepunktangaben in dem Maße, wie diese Forderung durch die gewählte Methode erreicht wird.

Bestimmung des Siedepunktes

Stehen zur Bestimmung des Siedepunktes ausreichende Substanzmengen zur Verfügung, kann eine Destillation nach üblichen Verfahren und unter Beachtung gewisser Bedingungen durchgeführt werden. Bestimmt man die Siedetemperatur in einem Destillierkolben oder einer einfachen Destillationsanlage, so findet man zu Anfang eine etwas niedrigere Temperatur, weil der im Dampfraum befindliche Teil des Thermometers erwärmt werden muß; zum Ende mißt man häufig eine höhere als die genaue Siedetemperatur, da der Dampf leicht überhitzt wird. Zur besseren Bestimmung des Siedepunktes kann man einen *Kahlbaumschen Aufsatz* (Abb. 2-5) verwenden, bei dem das Thermometer in einem vom Dampf umströmten Rohr sitzt. Zur kontinuierlichen Blasenentwicklung werden Siedesteinchen oder Glaskapillaren in den Siedekolben gegeben und eine Destillationsgeschwindigkeit von 1 bis 2 Tropfen pro Sekunde eingehalten. Bei zu schneller Destillation kann leicht eine Stauung auftreten, die eine höhere Temperatur anzeigt.

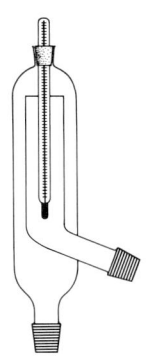

Abb. 2-5. Kahlbaumscher Aufsatz
Aus: H. Lux, Anorganisch-Chemische Experimentierkunst, 3. Auflage, J. A. Barth, Leipzig 1970.

Bei der Siedepunktbestimmung von kleinen Substanzmengen kann man nur schwerlich die Dampftemperatur feststellen. Vielmehr mißt man die Temperatur eines äußeren Temperierbades.

Abb. 2-6 und 2-7 zeigen zwei einfache Geräte. In Abb. 2-6 wird der untere Teil des Gefäßes und damit die Substanz zum mäßigen Sieden gebracht. An dem in die Kapillare eingeführten Thermoelement wird die Temperatur abgelesen, bei der die Dampfblasen entstehen.

Bei einer anderen Methode (Abb. 2-7) gibt man wenige Tropfen Flüssigkeit in ein Glasrohr von 3 mm bis 4 mm Durchmesser. In die Flüssigkeit taucht eine Kapillare ein, die wenig über dem unteren Ende zugeschmolzen ist. Glasrohr mit Flüssigkeit und Kapillare werden dann in einem Heizbad erwärmt. Beim langsamen Aufheizen (ca. 1 °C/min) entspricht die Temperatur des Heizbades derjenigen der Probe. Der Siedepunkt ist dann erreicht, wenn sich aus dem Kapillarröhrchen wie auf eine Schnur gleichmäßig aufgereihte Perlen von kleinen Dampfbläschen entwickeln.

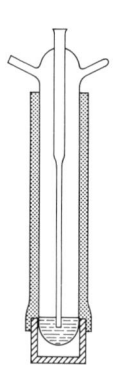

Abb. 2-6. Einfaches Siedegefäß
Aus: H. Lux, Anorganisch-Chemische Experimentierkunst, 3. Auflage, J. A. Barth, Leipzig 1970.

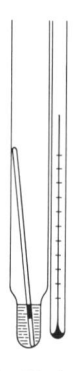

Abb. 2-7. Siedepunktsbestimmung kleiner Substanzmengen
Aus: W. Wittenberger, Chemische Laboratoriumstechnik, 7. Auflage, Springer Verlag, Wien 1973.

Literatur

W. Wittenberger, Chemische Laboratoriumstechnik, 7. Auflage, Springer Verlag, Wien 1973.
H. Lux, Anorganisch-Chemische Experimentierkunst, 3. Auflage, J. A. Barth, Leipzig 1970.

2.3 Bestimmung des Brechungsindex (Refraktometrie)

Der Brechungsindex n einer Substanz, der als der Quotient der Fortpflanzungsgeschwindigkeit einer monochromatischen Strahlung im Vakuum (c_0) und in einer Substanz (c_1) angegeben wird, stellt eine charakteristische Stoffkonstante dar. Er ist abhängig von der Wellenlänge der Strahlung und von der Temperatur. Er läßt sich auch definieren als das Verhältnis der Sinuswerte des Einfallwinkels α und des Brechungswinkels β.

$$n = \frac{c_0}{c_1}; \qquad n = \frac{\sin \alpha}{\sin \beta}$$

Zur Angabe der Temperatur und der verwendeten Wellenlänge wird n ergänzt, zum Beispiel bedeutet n_D^{20}, daß die Messung bei einer Temperatur von 20 °C und unter Einstrahlung von Licht der Wellenlänge der Natrium-D-Linien von 589,3 nm vorgenommen wurde. Da häufig keine Lichtquelle mit monochromatischer Strahlung vorhanden ist, wird mit Kompensatoren zur Auswahl enger Wellenlängenbereiche gearbeitet.

Ein gebräuchliches Refraktometer zeigt Abb. 2-8

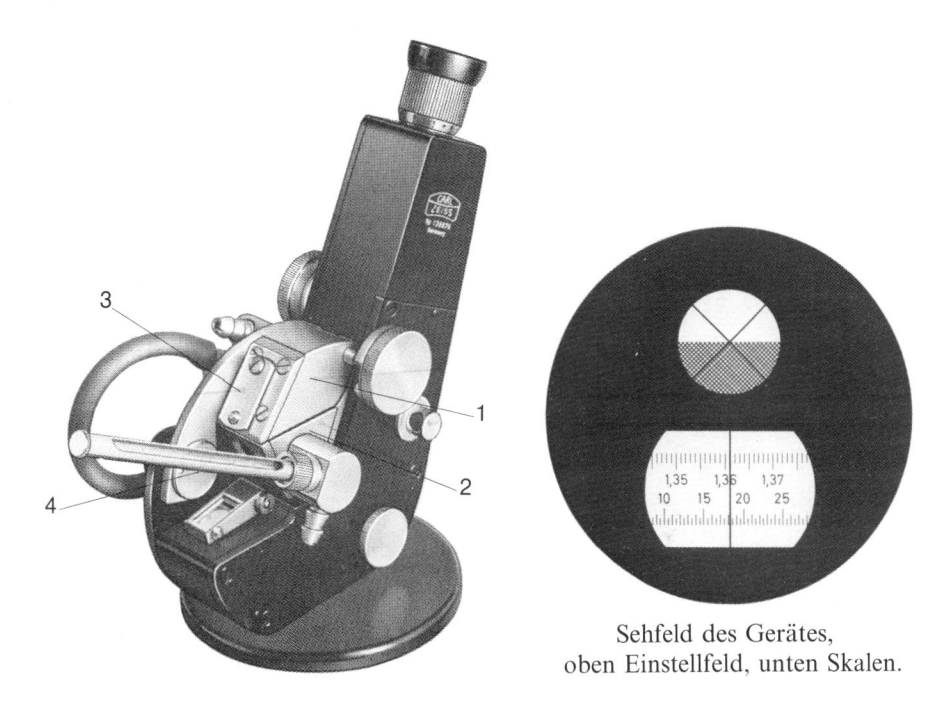

Sehfeld des Gerätes,
oben Einstellfeld, unten Skalen.

Abb. 2-8. Refraktometer
1 Beleuchtungsprisma   3 Lichteintrittsöffnung (verschlossen) (Beleuchtungsprisma)
2 Meßprisma   4 Lichteintrittsöffnung (Meßprisma)

Zur Durchführung der Messung werden wenige Tropfen der zu untersuchenden Flüssigkeit auf die gesäuberte Fläche des Meßprismas (2) gebracht und sofort mit dem Beleuchtungsprisma (1) bedeckt. Je nach der Lichtdurchlässigkeit der Flüssigkeit wird in streifend durchfallendem Licht – gute Lichtdurchlässigkeit der Probe – oder in reflektiertem Licht – schwache Lichtdurchlässigkeit der Probe – gearbeitet.

Entsprechend öffnet man die Lichteintrittsöffnungen des Beleuchtungsprismas (3) bzw. des Meßprismas (4). Im Sehfeld des Refraktometers erscheint ein Einstellfeld, das durch Drehen zweier Regelknöpfe so optimiert wird, daß die Trennlinie zwischen heller und dunkler Fläche scharf und farblos ist, das heißt Kompensation des Lichtes, und durch den Schnittpunkt des Fadenkreuzes verläuft. Auf einer Skala kann der Brechungsindex auf drei Stellen genau abgelesen und die vierte geschätzt werden.

Um eine definierte konstante Temperatur zu erreichen, werden die beiden Prismen, die für den Durchlauf von Flüssigkeit eingerichtet sind, an einen Thermostaten angeschlossen. Häufig wird die Messung bei 20 °C oder 25 °C durchgeführt. In diesem Temperaturbereich gilt als Faustregel, daß mit einer Erhöhung um 1 °C der Brechungsindex auf der vierten Stelle um 3–4 Punkte abnimmt.

Die exakte Bestimmung der Brechungsindices luft- oder feuchtigkeitsempfindlicher Stoffe ist bei dem abgebildeten Gerät nicht ohne zusätzliche Schutzmaßnahmen möglich. Vorsicht ist bei der Vermessung aggressiver Substanzen geboten, da eine Beschädigung der metallenen Prismeneinfassungen oder der Verkittungsmaterialien eintreten kann.

Literatur

E. Asmus, Houben-Weyl-Müller, Methoden der Organischen Chemie, 4. Auflage, Bd. III, Teil 2, S. 407–424, Georg-Thieme-Verlag, Stuttgart 1955.

2.4 Dichtebestimmung

Die Dichte einer Substanz ist eine charakteristische physikalische Größe, die für feste, flüssige und gasförmige Stoffe gemessen werden kann. Gemäß der Definition der Dichte als Quotient aus der Masse und dem zugehörigen Volumen der Substanz sind bei der praktischen Durchführung diese beiden Werte zu bestimmen.

Dichtebestimmung fester Stoffe

Die Masse der Probe wird durch Wägung mittels einer Analysenwaage bestimmt. Die unterschiedlichen Methoden sind im wesentlichen durch die Art der Volumenmessung gekennzeichnet. Einmal taucht man den Feststoff in ein mit Flüssigkeit gefülltes, kalibriertes Gefäß ganz unter und mißt den Flüssigkeitsstand vor und nach dem Eintauchen. Diese Methode ist nicht sehr genau, eignet sich aber zur Vermessung von Pulvern.

Bei einem sehr gebräuchlichen Verfahren ermittelt man zum Beispiel das Volumen der durch die Zugabe des Feststoffes verdrängten Flüssigkeit durch Wägung. Dazu füllt man Glasfläschchen mit bestimmtem Volumen (Pyknometer) mit einer geeigneten Flüssigkeit und wägt. Anschließend wird in das Pyknometer der Feststoff eingewogen, mit Flüssigkeit bis zur Marke aufgefüllt und das Gesamtgewicht ermittelt. Aus diesen Daten plus der Dichte der Flüssigkeit erhält man die Dichte des Feststoffes.

Pyknometer nach Sprengel-Ostwald

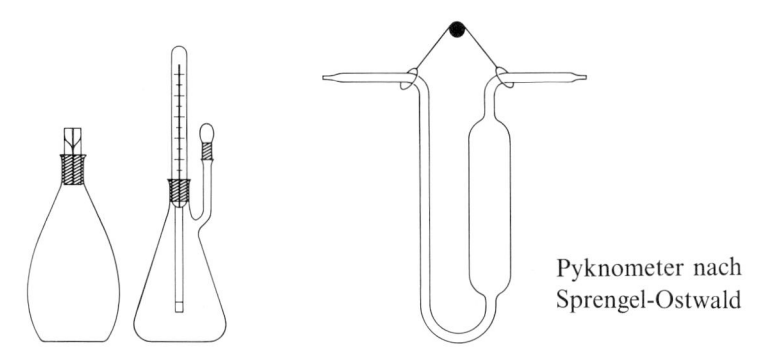

Abb. 2-9. Pyknometer
Aus: W. Wittenberger, Chemische Laboratoriumstechnik, 7. Auflage, Springer Verlag, Wien 1973.

Ergänzend hierzu gibt es eine Vielzahl von Auftriebsmethoden. Dabei wird die Masse durch Wägung bestimmt, jedoch das Volumen durch Messung des Auftriebs, das heißt Wägen des Feststoffes, der in eine geeignete Flüssigkeit getaucht wird.

Dichtebestimmung von Flüssigkeiten

Die gebräuchlichsten Meßmethoden zur Dichtebestimmung von Flüssigkeiten sind in den meisten Fällen identisch mit den vorhergenannten Wäge- und Auftriebsmethoden. Im ersten Fall ermittelt man das Gewicht der Flüssigkeit, die in einem Meßkolben bekannten Volumens bis zur Marke aufgefüllt ist. Der Fehler liegt bei geeichten Gefäßen unter 1 $^o/_{oo}$. Die pyknometrische Messung kann mit den gleichen Geräten, wie in Abb. 2-9 gezeigt, durchgeführt werden. Es ist darauf zu achten, daß im Pyknometer keine Luftbläschen zurückbleiben. Ist das Volumen des Pyknometers nicht bekannt, so muß dieses bestimmt werden. Dazu macht man im Prinzip den gleichen Versuch wie bei der Probe selbst, jedoch mit

14   2 Bestimmung physikalischer Daten

einer Flüssigkeit bekannter Dichte (meist H$_2$O). Durch Wägung ermittelt man die Masse der bekannten Flüssigkeit und berechnet das Volumen.

Die Auftriebsmethoden sind mit denen bei Feststoffen identisch. Hier ist die Dichte der Flüssigkeit unbekannt, in die ein Körper bekannten Volumens und vorgegebener Dichte eintaucht.

Eine schnell durchzuführende Dichtebestimmung von Flüssigkeiten gelingt mit Aräometern.

Aräometer oder Spindeln (Abb. 2-10) enthalten im unteren Ende des Schwingkörpers Bleischrot oder Quecksilber.

Abb. 2-10. Dichte-Aräometer
Aus: W. Wittenberger, Chemische Laboratoriumstechnik, 7. Auflage, Springer Verlag, Wien 1973.

Das Oberteil trägt eine Skala, die in Dichtewerten geeicht ist. Die Eintauchtiefe der Spindel in eine Flüssigkeit ist abhängig von der Dichte der Flüssigkeit. Der Meßwert kann an zwei Stellen abgelesen werden, einmal in der Ebene des Flüssigkeitsspiegels: *Ablesung unten*, zum zweiten am oberen Ende des Flüssigkeitswulstes, der sich aufgrund der Adhäsionskräfte zwischen Glas und Flüssigkeit ausbildet: *Ablesung oben*. Zur Messung füllt man die zu untersuchende Flüssigkeit in ein hohes Gefäß (Standzylinder) und läßt das gut gesäuberte Aräometer langsam eintauchen. Zur Vermeidung von großen Fehlern darf das Oberteil nicht wesentlich (maximal 5 mm) über die spätere Ablesestelle benetzt werden. Die Spindel muß frei und senkrecht schwimmen. Der Flüssigkeitsspiegel muß innerhalb der Meßskala liegen. Die Aräometer sind auf $0,001 \text{ g} \cdot \text{cm}^{-3}$ genau ablesbar.

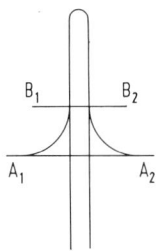

Abb. 2-11. Aräometerablesung
Aus: W. Wittenberger, Chemische Laboratoriumstechnik, 7. Auflage, Springer Verlag, Wien 1973.

Dichtebestimmung von Gasen

Die Gasdichte kann einmal mit einer Gaswaage bestimmt werden.

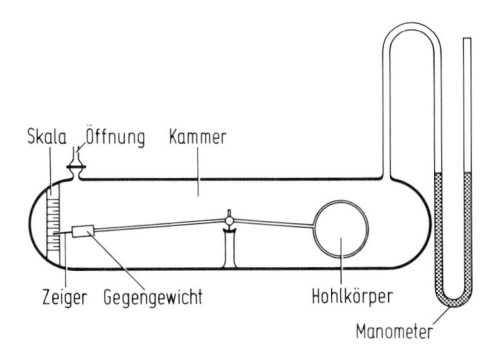

Abb. 2-12. Gaswaage
Aus: F. Kohlrausch, Praktische Physik Bd. 1, B.G. Teubner-Verlag, Stuttgart 1968.

In einer evakuierbaren Kammer K mit Manometer M sind an einer sehr empfindlichen zweiarmigen Waage auf der einen Seite ein Hohlkörper H aus Glas oder Metall angebracht und auf der anderen Seite ein Zeiger Z mit Gegengewichten G, der an einer in der Kammer fest montierten Skala S entlang bewegt werden kann. Durch die Öffnung A wird die Kammer evakuiert und anschließend mit dem zu bestimmenden Gas bis zu einem Druck d gefüllt. Der Hohlkörper hebt sich aufgrund des Auftriebs als Funktion der Dichte um einen bestimmten Betrag, der an der Skala S abzulesen ist.

2 Bestimmung physikalischer Daten

Im Prinzip ähnlich ist die Bestimmung mit solchen Gaswaagen durchzuführen, bei denen das zu untersuchende Gas in den Hohlkörper eingefüllt wird.

Bei einem anderen Verfahren wird die Masse eines Gases durch Wägen ermittelt und das Volumen analog der Volumenmessung eines Pyknometers bestimmt. Um eine genügende Meßgenauigkeit zu erzielen, werden Kolben von 0,5 L bis 2 L verwandt.

Die Dichte ist eine temperaturabhängige Größe. Bei jeder Messung muß die Temperatur exakt bestimmt werden. Dichtewerte werden je nach Meßmethode auf zwei bis vier Stellen genau mit der Dimension $g \cdot cm^{-3}$ angegeben, zum Beispiel $\varrho_4 = 1{,}403 \text{ g} \cdot cm^{-3}$.

Literatur

W. Wittenberger, Chemische Laboratoriumstechnik, 7. Auflage, Springer Verlag, Wien 1973.

F. Kohlrausch, Praktische Physik Bd. 1, B.G. Teubner-Verlag, Stuttgart 1968.

3 Chromatographische Methoden

Die Ermittlung physikalischer Konstanten und die Durchführung spektroskopischer Untersuchungen hat in vielen Fällen zur Folge, daß bei der Auswertung der Ergebnisse auch Aussagen über die Reinheit oder über Art und Umfang von Verunreinigungen einer Verbindung gemacht werden können. Vor allem bei der Untersuchung bereits charakterisierter Verbindungen erhält man durch den Vergleich von selbst ermittelten mit publizierten Daten einen Überblick über die Qualität des Präparates.

Bevor man aber mit der Charakterisierung einer neu präparierten Substanz beginnen kann, ist es erforderlich, die Einheitlichkeit der Verbindung sicherzustellen.

Neben den klassischen Reinigungsmethoden, wie Destillation, Kristallisation etc., die als bekannt vorausgesetzt werden, finden in steigendem Umfang chromatographische Methoden Anwendung bei präparativen Trennungen und zur Reinheitskontrolle.

Die Einteilung der chromatographischen Verfahren kann unter verschiedenen Gesichtspunkten erfolgen, zum Beispiel nach der experimentellen Anordnung, nach der Art des Trennvorgangs oder den beteiligten Phasen.

Eine Einteilung aufgrund der beteiligten Phasen ergibt folgende Kombination:

Mobile Phase	Stationäre Phase	Englische Bezeichnung	Abkürzung
Flüssig	Flüssig	Liquid-Liquid-Chromatography	LLC
Gasförmig	Flüssig	Gas-Liquid-Chromatography	GLC
Flüssig	Fest	Liquid-Solid-Chromatography	LSC
Gasförmig	Fest	Gas-Solid-Chromatography	GSC

Zur theoretischen Behandlung der chromatographischen Prozesse werden verschiedene Ansätze herangezogen, die sowohl von den Prinzipien der Verteilung als auch von Adsorptionserscheinungen ausgehen; praktisch durchgeführte Trennoperationen lassen sich aber nur in wenigen Fällen ausschließlich nach einem dieser Ansätze beschreiben, so daß je nach Natur der stationären und mobilen Phase Überlagerungen eintreten. Auf eine Diskussion der theoretischen Überlegungen soll an dieser Stelle nicht näher eingegangen werden.

3.1 Dünnschichtchromatographie

Allgemeine Beschreibung der Methode

Wie der Name andeutet, wird bei der Dünnschichtchromatographie an einer dünnen Schicht eines porösen, feinverteilten Festkörpers ein Komponentengemisch in die Einzelbestandteile aufgetrennt. Das Gemisch wird von einem Lösungsmittel oder Lösungsmittelgemisch, das in der zumeist senkrecht stehenden Dünnschichtplatte nach oben wandert, mitgeführt und aufgrund unterschiedlichen Adsorptions- oder Verteilungsverhaltens *wandern* die einzelnen Komponenten mit unterschiedlicher Geschwindigkeit. Es kommt somit zu einer Auftrennung des Gemisches, das sich je nach Auftragungsart des Ausgangsgemisches in einer Anzahl von Punkten oder Strichen auf dem Chromatogramm bemerkbar macht. Nach Abschluß der Laufzeit müssen die Substanzflecken mit geeigneten Verfahren erkennbar gemacht werden.

Erforderliche Grundausrüstung

Bei der folgenden Zusammenstellung und Beschreibung einer Grundausrüstung zur Dünnschichtchromatographie wurde davon Abstand genommen, Feinheiten und besondere Techniken zu beschreiben, da diese Hinweise nur eine erste Einführung in die Arbeitsweise der Dünnschichtchromatographie geben sollen.

Dünnschicht-Platten (Trennschichten)

Die wirksamen Schichten, auf denen die Trennung vollzogen wird, sind festhaftend auf Platten unterschiedlichen Materials aufgetragen. Für umfassende dünnschicht-chromatographische Untersuchungen empfiehlt sich die eigene Herstellung der beschichteten Platten; für die in einem präparativen Praktikum punktuelle Anwendung der Methode sollte man auf vorgefertigte, im Handel erhältliche Platten zurückgreifen.

Als Untergrund zum Auftragen der Schichten werden neben Glasplatten Kunststoff- oder Aluminiumfolien verwendet. Sie haben in der Regel die Größe von 20 cm × 20 cm oder 10 cm × 20 cm und können im Falle der Folien durch Zerschneiden auf kleinere Formate beliebiger Größe gebracht werden.

Als aktives Material der Trennschichten werden vor allem Kieselgel, Aluminiumoxid, Kieselgur, Cellulose oder Polyamide benutzt. Darüber hinaus gibt es aber auch eine größere Anzahl weiterer Beschichtungsmaterialien, die bei besonderen Trennproblemen Verwendung finden.

Beschichtungen mit Kieselgel können mit oder ohne Zusatz von Bindemitteln (Gips, Stärke) erhalten werden. Zur Markierung von Substanzen, die UV-Licht absorbieren, kann dem Beschichtungsmaterial ein Fluoreszenzindikator beigefügt werden.

Bei der Verwendung von Beschichtungen mit Aluminiumoxid muß beachtet werden, daß saure, neutrale und basische Beschichtungen hergestellt werden.

Auftragehilfsmittel

Das Auftragen der gelösten Substanzen erfolgt vielfach in etwa 2 µL Volumen. Für exaktere Messungen können Mikropipetten (Hamilton-Spritzen) Verwendung finden, während im einfachsten Fall spitz ausgezogene Schmelzpunktröhrchen gute Dienste tun. Die besten Bedingungen sind erreicht, wenn die mit dem Fließmittel wandernden Substanzflecken scharf umgrenzt bleiben und keine *Schweifbildung* eintritt. Eine Auftrageschablone ist empfehlenswert.

Trennkammern

Als Trennkammern, in denen das Aufsteigen des Lösungsmittels erfolgen kann, sind speziell im Handel erhältliche rechteckige oder runde Glasgefäße mit Schliffdeckel geeignet, in denen die üblichen Platten Platz finden.

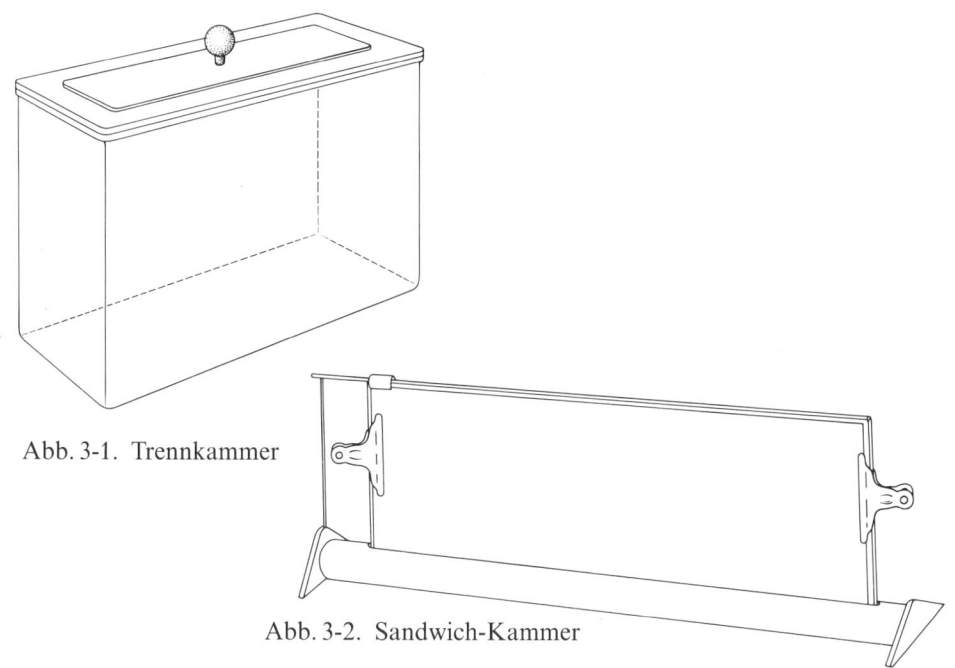

Abb. 3-1. Trennkammer

Abb. 3-2. Sandwich-Kammer

Zu Testzwecken mit Platten oder Streifen geringerer Größe werden aber auch häufig andere Gefäße wie Standzylinder, Batteriegläser oder Probegläser benutzt. Erforderlich ist in jedem Fall ein guter Abschluß der Gefäße mit einem Deckel, um eine Sättigung der Kammer mit Lösungsmitteldämpfen zu gewährleisten. Als besonders günstig haben sich sogenannte Sandwich-Kammern erwiesen. Bei geringem Laufmittelbedarf führen sie zu einer schnellen Kammersättigung und damit zu Zeitgewinn bei der Durchführung der Trennung.

20   3 Chromatographische Methoden

Nachweismöglichkeiten der Trennung

In vielen Fällen lassen sich die Substanzflecken bereits aufgrund ihrer Eigenfarbe auf dem Chromatogramm erkennen. Bei ungefärbten Substanzen führt die Verwendung von Schichten mit Fluoreszenzindikator und Betrachtung der Platten im UV-Licht zum Ziel. Versagt auch diese Nachweismethode, so muß man durch Besprühen der Platte mit Nachweisreagentien die Substanzflecken sichtbar machen. Zu diesem Zweck verwendet man Sprühgeräte.

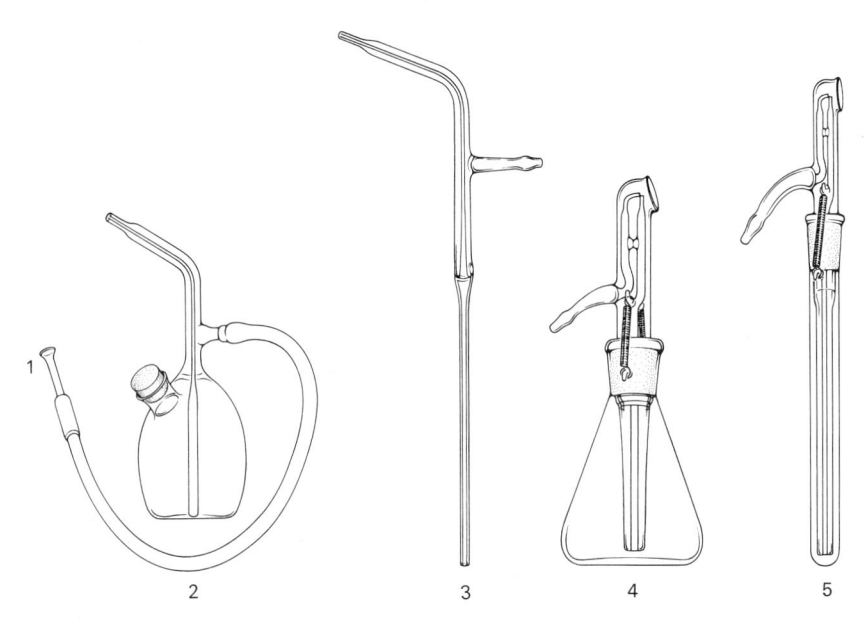

Abb. 3-3. DESAGA Spezialzerstäuber zum Aufnebeln von Reagenzien
Aus: Firma Desaga, Laborkatalog.
1   für Anschluß an Druckluftleitung oder Gummigebläse
2   Ganzglassprüher
3   Sprühaufsatz für vorhandene Reagenzgläser, Korkverbindung
4   Reagenzglaszerstäuber 12 mL
5   Reagenzglaszerstäuber 6 mL

Nachweisreagentien, die in Lösung mit diesen Sprühgeräten aufgetragen werden, gibt es in großer Zahl. Es sollen hier nur einige mit relativ großem Anwendungsbereich aufgeführt werden. Durch Besprühen mit Iodlösung (0,5 % Iod in Chloroform, braune Flecken), Kaliumpermanganat in Schwefelsäure (Vorsicht! Weiße Flecken auf rosa Untergrund) oder Antimontrichlorid (in absolutem Chloroform, anschließend Betrachtung im UV-Licht) lassen sich viele Substanzen sichtbar machen.

Durchführung einer dünnschichtchromatographischen Trennung

Die gelöste Substanz wird mit der Mikropipette und eventuell unter Zuhilfenahme einer Schablone auf der markierten Startlinie aufgetragen. Es empfiehlt sich, die Startpunkte zu kennzeichnen und die Art der aufgetragenen Probe in einem Laborjournal festzuhalten. Der Abstand der Startpunkte untereinander und von den Plattenrändern soll etwa 1,5 cm bis 2 cm betragen. Nach Abdampfen des Lösungsmittels wird die Platte senkrecht stehend in einer Trennkammer mit der mobilen Phase in Kontakt gebracht und die Trennung begonnen. Nachdem die Lösungsmittelfront etwa 10 cm zurückgelegt hat, wird der Trennvorgang abgebrochen und die Laufmittelfront gekennzeichnet. Die Platte wird bei Raumtemperatur oder im Trockenschrank getrocknet. Ein Fön leistet häufig gute Dienste.

Es sei hier darauf hingewiesen, daß die zur Chromatographie verwendeten Lösungsmittel sehr rein sein müssen, da selbst durch geringfügige Verunreinigungen eine Änderung der Elutionswirkung erfolgen kann. Als Beispiel sei auf die Stabilisierung von Chloroform mit geringen Mengen Ethanol verwiesen, aus der eine unterschiedliche Elutionswirkung resultiert. Die Auswahl des geeigneten Lösungsmittels kann durch Vorversuche mit kleinen Platten oder Streifen erfolgen. In vielen Fällen, in denen ein Lösungsmittel nicht das gewünschte Trennergebnis liefert, führt oft ein Lösungsmittelgemisch zum Erfolg.

Auswertung

Bei der Betrachtung des fertigen Chromatogramms im UV-Licht oder der sichtbar gemachten Substanzflecken werden die Flecken durch Umranden mit einem spitzen Bleistift markiert. Der Mittelpunkt des Fleckens wird festgelegt und der Abstand Startlinie – Fleckenmittelpunkt (SF) ermittelt, ebenso der Abstand Startlinie – Laufmittelfront (SL). Der Quotient SF/SL wird als R_f-Wert bezeichnet. Der R_f-Wert stellt unter genau reproduzierten Bedingungen einen für eine Substanz charakteristischen Wert dar. Allerdings wird der R_f-Wert von vielen Faktoren beeinflußt, so daß es empfehlenswert ist, zur Identifizierung bekannter Substanzen Referenzproben mitlaufen zu lassen.

Präparative Dünnschichtchromatographie

Zur chromatographischen Trennung von Substanzgemischen im präparativen Maßstab wird im Normalfall die Säulenchromatographie herangezogen. In vielen Fällen ist es jedoch vorteilhafter, Substanzgemische bis zu etwa 1 g mit Hilfe der präparativen Dünnschichtchromatographie aufzutrennen. Die direkte Übertragung der Ergebnisse von Vorproben mit analytischen Mengen erleichtert die Wahl der geeigneten Trennschichten und Laufmittel und führt bei geringerem Zeitbedarf zu besseren Trennungen. Die einfache Isolierung der getrennten Substanzen durch Entfernung der Trennzonen und Herauslösen mit Lösungsmitteln spricht ebenfalls für die Anwendung der Methode. Als Nachteil ist zu beachten, daß empfindliche Substanzen aufgrund der großen Oberfläche der Trennschicht durch äußere Einflüsse (Licht, Luftsauerstoff) verändert werden können.

Hinweise für präparative Trennungen:

Die für präparative Trennungen erforderlichen Schichten besitzen im Normalfall eine Dicke bis zu 2 mm. Die Größe der Platten variiert von 20 cm × 20 cm bis 100 cm × 20 cm. Für gelegentlich erforderliche Trennungen sollte auch hier auf im Handel erhältliche Fertigplatten zurückgegriffen werden. Die Trennkammern müssen natürlich der Plattengröße angepaßt sein. Das Auftragen größerer Mengen an gelöster Substanz geschieht mit Hilfe einer Pipette, die möglichst gleichmäßig mehrfach unter Zwischentrocknung an einem Lineal entlang geführt wird. Die günstigsten Trennbedingungen werden zuvor analytisch ermittelt. Ist eine Markierung der Trennlinien zwischen den Zonen nur durch Besprühen mit aggressiven Reagentien möglich, sollte dies an einer schmalen Randzone erfolgen.

Die Isolierung der Substanzen aus den Substanzzonen erfolgt durch mechanisches Ablösen der Zonen mit einem Spatel. Anschließend wird mit einem polaren Lösungsmittel die Substanz herausgelöst. Das kann durch Auswaschen auf einer Glasfritte erfolgen oder durch kontinuierliche Extraktion.

Literatur

K. Randerath, Dünnschicht-Chromatographie, 2. Auflage, Verlag Chemie, Weinheim/Bergstraße 1972.
E. Stahl, Dünnschicht-Chromatographie, 2. Auflage, Springer Verlag, Berlin–Heidelberg–New York 1967.
G. Hesse, Chromatographisches Praktikum, 2. Auflage, Akademische Verlagsgesellschaft, Frankfurt/Main 1972.

3.2 Papierchromatographie

Allgemeine Beschreibung der Methode

Die Papierchromatographie ist hinsichtlich der Arbeitstechnik der Dünnschichtchromatographie sehr ähnlich. Die chromatographische Auftrennung erfolgt allerdings fast ausschließlich aufgrund von Verteilungsvorgängen. Der Anwendungsbereich ist fast völlig auf den analytischen Einsatz beschränkt.

Der Trennprozeß wird auf speziellen Chromatographiepapieren durchgeführt, die im einfachsten Fall aus reiner Zellulose bestehen. Durch chemische Modifikation der Zellulose oder Imprägnierung der Oberfläche können Papiere für besondere Zwecke hergestellt werden. Zur Auftrennung trägt man wie bei der Dünnschichtchromatographie die gelösten Proben mit einer Mikropipette auf und entwickelt das Chromatogramm auf- oder absteigend oder horizontal in einem Rundfilter.

Erforderliche Grundausrüstung

Chromatographiepapier

Die zur Chromatographie geeigneten Papiere werden in großer Auswahl und in verschiedenen Formaten hergestellt und werden unterteilt nach ihrem Flächengewicht in g/m² und ihren Saugeigenschaften. Benutzt werden vorwiegend Papiere mit Flächengewichten zwischen 90 g/m² und 150 g/m².

Zur Trennung hydrophober Substanzen werden teilacetylierte Papiere, für spezielle Trennprobleme imprägnierte Papiere angewendet. Durch Beschichtung von Papieren mit Adsorptionsmitteln oder Ionenaustauschern kann neben der Verteilungschromatographie auch Adsorptions- oder Ionenaustauschchromatographie betrieben werden.

Stationäre Phase und Fließmittel

Als stationäre Phase dient in sehr vielen Fällen Wasser, das vom Papier bei der Sättigung der Entwicklungskammer aufgenommen wird. Soll als stationäre Phase eine wäßrige Pufferlösung verwendet werden, muß das Papier damit getränkt werden und anschließend getrocknet werden. Die Entwicklung muß dann ebenfalls in einer mit Wasserdampf gesättigten Kammer erfolgen.

Wasser als stationäre Phase kann nur für bestimmte Zwecke durch hydrophile organische Flüssigkeiten wie Methanol, Formamid oder Propylenglykol ersetzt werden. Niedrigsiedende hydrophile Lösungsmittel wie Methanol werden durch Sättigen der Kammeratmosphäre oder mit der Entwicklungsflüssigkeit dem Papier zugeführt. Weniger flüchtige hydrophile Trennflüssigkeiten wie Propylenglykol werden in einem niedrigsiedenden Lösungsmittel wie Aceton gelöst, das Papier mit der Lösung getränkt und anschließend an der Luft getrocknet.

Das Aufbringen einer hydrophoben flüssigen stationären Phase wie Paraffinöl oder Silikonöl erfolgt durch Lösen der hydrophoben Substanz in unpolaren niedrigsiedenden Lösungsmitteln wie Petrolether oder Hexan, Tränken des Papiers mit dieser Lösung und anschließendem Trocknen an der Luft.

Lösungsmittelsysteme zur Entwicklung des Chromatogramms sind in großer Zahl und unterschiedlicher Zusammensetzung benutzt worden. Es soll hier eine kleine Auswahl von Fließmittelkombinationen aufgegeben werden, die sich bei der Lösung vieler Trennprobleme bewährt haben.

Fließmittelkombinationen zur Trennung hydrophiler Substanzen:

Isopropanol/Ammoniak/Wasser
n-Butanol/Ammoniak/Wasser
Wasser mit Phenol gesättigt

Fließmittelkombinationen zur Trennung weniger hydrophiler Substanzen:
Formamid/Chloroform
Formamid/Benzol/Chloroform
Formamid/Benzol
Formamid/Benzol/Chloroform

Fließmittelkombinationen zur Trennung hydrophober Substanzen:
Dimethylformamid/Cyclohexan
Höhersiedende Benzinfraktionen/Isopropanol
Höhersiedende Benzinfraktionen/Essigsäure

Auftragehilfsmittel

Das Auftragen der Proben geschieht prinzipiell wie bei der Dünnschichtchromatographie mit Mikropipetten oder ausgezogenen Schmelzpunktkapillaren.

Trennkammern

Die zur Entwicklung des Chromatogramms benutzten Trennkammern aus Glas können eine zylindrische oder viereckige Form haben und müssen mit einem Deckel verschließbar sein. Im allgemeinen haben sie eine Höhe von 30 cm bis 40 cm, da bei der Papierchromatographie häufig mit Papierstreifen von dieser Länge gearbeitet wird.

Bei der im Gegensatz zur Dünnschichtchromatographie häufiger benutzten absteigenden Methode wird im oberen Teil der Trennkammer ein Trog angebracht, in den das Fließmittel gefüllt wird. Das Papier wird mit dem Ende, auf dem die Proben aufgetragen sind, in das Fließmittel getaucht, so daß es abwärts fließen kann.

Die aufsteigende Methode erfordert im allgemeinen keine besondere Trennkammer. Es genügen Glasgefäße, die mit einem Deckel oder Stopfen verschließbar sind, um eine Sättigung der Gasphase mit dem Fließmitteldampf zu ermöglichen. Papierstreifen verschiedener Breite können entweder am Deckel befestigt und mit dem unteren Ende in das Fließmittel gehängt werden oder das Papier wird zu einer zylindrischen Form aufgerollt, mit einer Klammer zusammengehalten und in das Fließmittel gestellt.

Bei der Rundfiltermethode wird das zu trennende Gemisch als Lösung in die Mitte eines Rundfilters aufgegeben. Das Fließmittel wird durch einen Docht aufgesogen und dem Filter zugeführt. Die Substanzen des Gemisches wandern vom Auftragungspunkt nach außen, und nach Beendigung einer erfolgreichen

Trennung sind auf dem Filter konzentrische ringförmige Zonen zu beobachten. Das Filter muß mit dem Fließmittel in einem geschlossenen Gefäß untergebracht sein, um auch hier eine Sättigung der Kammeratmosphäre zu gewährleisten.

Nachweismöglichkeiten der Trennung

Bevor die verschiedenen Möglichkeiten des Nachweises zur Anwendung kommen können, muß das Chromatogramm getrocknet werden, um Fließmittelreste zu entfernen. Bei niedrigsiedenden Fließmitteln genügt es, bei Raumtemperatur zu trocknen, bei höhersiedenden ist eine Trocknung bei etwa 100 °C erforderlich. Das Fließmittel kann durch einen Fön schneller entfernt werden.

Die Nachweismöglichkeiten sind im Prinzip die gleichen wie sie in der Dünnschichtchromatographie zur Verfügung stehen. Farbige Substanzen können durch ihre Eigenfärbung lokalisiert werden. Zum Nachweis ungefärbter Substanzen wird auch hier im UV-Licht die Beobachtung von Fluoreszenz oder Fluoreszenzlöschung vorgenommen oder die Substanzflecken werden mit Hilfe chemischer Reaktionen (Sprühreagenzien) sichtbar gemacht.

Auswertung

Die Auswertung eines Papierchromatogramms verläuft analog der Auswertung eines Dünnschichtchromatogramms. Zur Identifizierung wird auch hier der R_f-Wert bzw. der Vergleich mit dem Verhalten von Referenzsubstanzen herangezogen.

Literatur

E. Heftmann, Chromatography, 2. Auflage, Reinhold Publ. Corp., New York 1967.
F. Cramer, Papierchromatographie, 5. Auflage, Verlag Chemie, Weinheim 1962.

3.3 Säulenchromatographie

Allgemeine Beschreibung der Methode

Die Säulenchromatographie wird sowohl im analytischen Maßstab als auch zur Auftrennung von Gemischen im Makromaßstab herangezogen und stellt damit eine besonders wichtige Trennmethode für präparative Zwecke dar.

Die zur Trennung vorgesehene stationäre Phase wird in ein senkrecht stehendes Trennrohr, die Säule, möglichst gleichmäßig eingefüllt. Häufig wird das Einfüllen in Verbindung mit der flüssigen Phase, dem Lösungsmittel oder Lösungsmittelgemisch vorgenommen. Die Säule ist am unteren Ende mit einem Hahn verschlossen. Auf die eben noch mit Lösungsmitteln bedeckte stationäre Phase wird das zu trennende Gemisch als Flüssigkeit oder in Lösung aufgegeben. Anschließend wird durch Zuführung eines geeigneten Elutionsmittels am oberen Ende der Säule mit der Entwicklung des Chromatogramms begonnen. Im gleichen Maße erfolgt am unteren Säulenende die Abnahme bestimmter Teilvolumina (Fraktionen). Die Substanzen des Gemisches bewegen sich unterschiedlich schnell durch die Säule, was letztlich zur Auftrennung führt. Normalerweise arbeitet man ohne Anwendung von Überdruck, so daß sich die mobile Phase unter dem Einfluß der Schwerkraft bewegt. In dem am Ende der Säule austretenden Elutionsmittel müssen die getrennten Bestandteile eines Gemisches mit geeigneten Mitteln nachgewiesen werden. Da das Elutionsmittel üblicherweise in mehreren Fraktionen aufgefangen wird, können die Fraktionen mit identischen Bestandteilen zusammengegeben und zur Isolierung der Stoffe aufgearbeitet werden.

Erforderliche Grundausrüstung

Trennsäulen

Für die hier beschriebene drucklose Verfahrensweise werden überwiegend Glassäulen verwendet. Für besondere Probleme greift man auf Metall- oder Teflon-

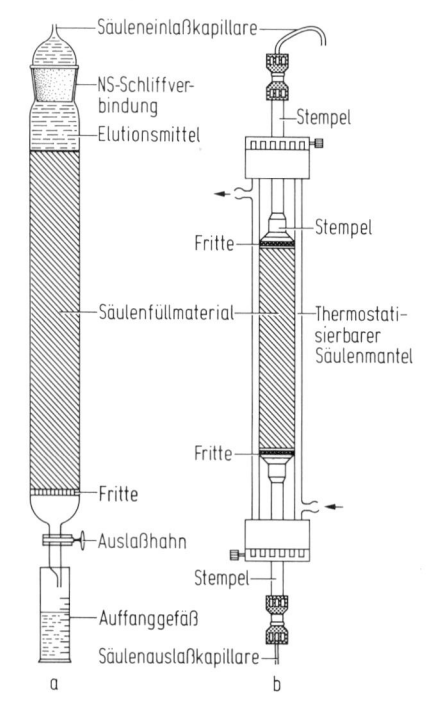

Abb. 3-4. Aufbau von Chromatographiesäulen

säulen zurück. Die Länge der Säulen kann von wenigen Zentimetern bis zu mehreren Metern, der Durchmesser im allgemeinen von 0,5 cm bis zu 10 cm variieren. In die Säule kann am unteren Ende eine Glasfritte eingeschmolzen werden, um eine Auflage für die stationäre Phase zu bilden. Ein Glaswollepfropfen erfüllt bei kleineren Säulen den gleichen Zweck. Zur Regulierung der Fließgeschwindigkeit wird die Säule mit einem Hahn abgeschlossen, der möglichst aus Teflon bestehen sollte, um zu verhindern, daß Schlifffett in die Fraktionen gelangt. Am oberen Ende der Säule kann ein Normschliff angesetzt sein, um einen Tropftrichter zur Zuführung der mobilen Phase anbringen zu können. Bei käuflichen Säulen wird das Lösungsmittel durch dünne Teflonschläuche auf die Säule geleitet.

Säulenfüllmaterial (stationäre Phase)

Die Auswahl des Säulenfüllmaterials richtet sich natürlich nach dem anstehenden Trennproblem. Bei Anwendung der Adsorptionschromatographie werden häufig folgende Adsorbentien benutzt:

Al_2O_3	$CaCO_3$	Zucker
SiO_2 (Kieselgel)	$CaSO_4$	Cellulose
MgO	$Ca_3(PO_4)_2$	Polyamide
CaO	Talkum	

Wird die chromatographische Trennung als Verteilungschromatographie durchgeführt, ist es erforderlich, die Trennflüssigkeit auf einem geeigneten Trägermaterial zu fixieren. Geeignet sind dazu: Kieselgel, Kieselgur, Glaskügelchen und andere poröse Materialien. Die Träger haben Korndurchmesser von etwa 0,1 mm. Je feiner und einheitlicher die Körnung ist, um so besser ist die Trennwirkung der Säule, aber um so größer wird der Strömungswiderstand.

Besteht die Gefahr, daß die Trennflüssigkeit durch die mobile Phase aus dem Träger ausgewaschen wird, muß die mobile Phase zuvor mit der stationären gesättigt werden.

Es gibt eine große Anzahl von Kombinationsmöglichkeiten stationäre Phase – mobile Phase, die aus zwei nicht miteinander mischbaren Flüssigkeiten bestehen. Einige seien hier aufgeführt:

Stationäre Phase	Mobile Phase
H_2O/Kieselgel	Cyclohexan
H_2O/Kieselgel	Chloroform
CH_3OH/Kieselgel	Petrolether
Squalan/Kieselgur	Acetonitril

Elutionsmittel (mobile Phase)

Während man bei der Verteilungschromatographie bestimmte Paare nicht miteinander mischbarer Flüssigkeiten wählt, die aufeinander abgestimmt sind, muß

28   3 Chromatographische Methoden

die Auswahl des Elutionsmittels bei der Adsorptionschromatographie stärker auf das zu trennende Stoffgemisch ausgerichtet sein, da das Elutionsmittel bei dem Adsorptionsvorgang mit dem Stoffgemisch konkurriert. Man kann die Lösungsmittel aufgrund ihrer Polarität und im Hinblick auf die Verwendung polarer Adsorbentien in sogenannten eluotropen Reihen anordnen (s. Tab. XIII).

Die Lösungsmittel am Anfang werden am schwächsten adsorbiert und verdrängen andere adsorbierte Stoffe nur geringfügig, während die am Ende der eluotropen Reihe aufgeführten Lösungsmittel sehr stark adsorbiert werden und damit weniger polare Verbindungen von der Trennschicht verdrängen.

Verunreinigungen können häufig die Polarität und damit das chromatographische Verhalten stark verändern.

An Stelle der reinen Lösungsmittel werden oft Mischungen mit genau abgestimmter Polarität verwendet.

Aufgeben des Elutionsmittels auf die Säule

Die einfachste Art der Aufgabe geschieht unter Verwendung eines Tropftrichters. Füllt man den freien Raum in der Säule, der oberhalb der stationären Phase etwa ein Drittel der Gesamtsäulenlänge ausmachen soll, mit Elutionsmittel, so kann mit Hilfe eines nach außen durch ein Trockenrohr verschlossenen Tropftrichters,

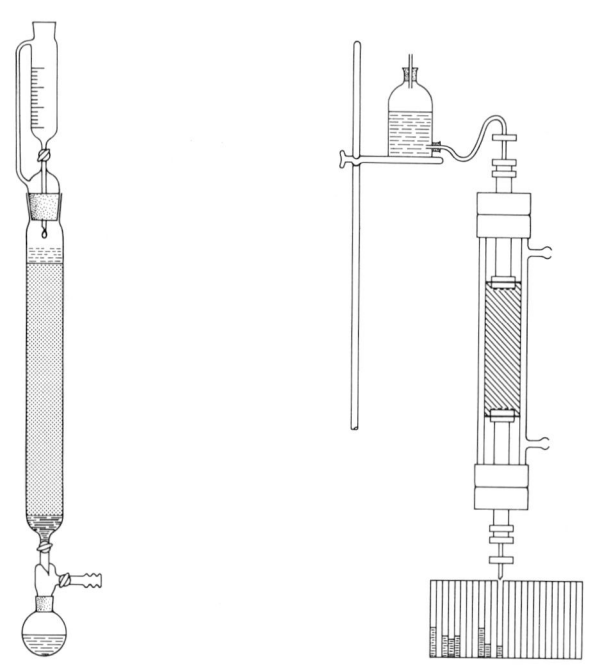

Mit Tropftrichter   Mit Niveauflasche und Fraktionssammler

Abb. 3-5. Aufbau von Chromatographiesäulen

dessen Auslaufhahn geöffnet ist, eine konstante Flüssigkeitssäule erzeugt werden und damit ein gleichmäßiges Fließen des Elutionsmittels erzielt werden.

Bei Trennungen mit größerem Lösungsmittelbedarf kann die Zuführung aus Niveauflaschen mit größerem Volumen erfolgen oder durch Ansaugen des Lösungsmittels aus einem Vorratsgefäß.

Vorrichtungen zur Aufnahme der Fraktionen

Im einfachsten Fall kann das am unteren Ende der Säule austretende Elutionsmittel, in dem Komponenten des Gemisches enthalten sein können, in Reagenzgläsern aufgefangen werden, die von Hand gewechselt werden. Bei größeren Lösungsmittelmengen sind entsprechende Gefäße erforderlich (Erlenmeyerkolben). Das Wechseln der Aufnahmegefäße erfordert stetige Beobachtung der Trennung und kann ersetzt werden durch einen automatisch arbeitenden Fraktionssammler, der entweder in bestimmten Zeitabständen oder nach Abnahme bestimmter Volumina das Auffanggefäß wechselt.

Nachweismöglichkeiten für die in den Fraktionen enthaltenen Bestandteile des Gemisches

Bei einfacher Ausrüstung kann durch dünnschichtchromatographische Untersuchung der einzelnen Fraktionen entschieden werden, welche Komponenten des Gemisches in den einzelnen Fraktionen enthalten sind oder welche Fraktionen Gemische enthalten. Farbige Substanzen erleichtern die Beurteilung der Trennung.

Farblose Substanzen können bei Verwendung organischer Elutionsmittel durch die kontinuierliche Messung der Lichtabsorption (vor allem im UV-Bereich) oder des Brechungsindexes angezeigt werden. Durch Kopplung der Anzeigegeräte (Detektoren) mit Fraktionssammlern kann eine sehr rationelle Arbeitsweise erreicht werden. Wäßrige Lösungen können durch kontinuierliche Leitfähigkeitsmessungen, pH-Wert-Bestimmungen oder polarographische Messungen auf ihren Substanzgehalt geprüft werden.

Durchführung einer säulenchromatographischen Trennung

Entsprechend der zu trennenden Menge an Substanzgemisch und der damit erforderlichen Menge an stationärer Phase ($\approx 1:100$) wird die Säule ausgewählt. Falls keine eingeschmolzene Fritte vorhanden ist, wird das untere Ende mit einem Glaswollepfropfen verschlossen, und bei geschlossenem Hahn wird die stationäre Phase als Suspension (dickflüssiger Brei) mit dem Elutionsmittel in die Säule eingefüllt. Unter Klopfen an die Glaswandung und Drehen der Säule sorgt man für eine blasenfreie Füllung der Säule. Über der stationären Phase stehendes Lösungsmittel läßt man am unteren Hahn abfließen und setzt die Füllung fort, bis etwa zwei Drittel der Säule mit der stationären Phase gefüllt sind. Der Flüssigkeitsspiegel sollte nicht unter die Oberfläche der stationären Phase absinken. Über die aktive stationäre Phase schichtet man 1 cm bis 2 cm eines feinkörnigen inerten Materials, zum Beispiel reinen Sand oder Glaskugeln.

Das aufzutrennende Gemisch wird in möglichst konzentrierter Lösung (von geringem Volumen) mit einer Pipette oder Spritze auf die stationäre Phase aufgegeben. Als Lösungsmittel kann das Elutionsmittel oder ein weniger polares Lösungsmittel benutzt werden. Auf eine gleichmäßige Aufgabe der Probenlösung ist besonders zu achten, da von der Ausbildung einer scharfen Startzone die Qualität der nachfolgenden Trennung in hohem Maße abhängig ist.

Nachdem die Probelösung in die Säulenfüllung eingesickert ist, wird vorsichtig das Elutionsmittel zugegeben, um eine Verwirbelung und damit Veränderung der Startzone zu vermeiden. Die Säule oberhalb der stationären Phase wird vollständig mit Lösungsmittel gefüllt, und durch Öffnen des unteren Hahns wird mit der Abnahme des Elutionsmittels begonnen. Durch Einstellung des oberen Hahns und durch entsprechende Zuführung des Lösungsmittels wird die Fließgeschwindigkeit in etwa konstant gehalten und auf diese Weise der Elutionsprozeß durchgeführt.

Die entweder manuell oder mit einem Fraktionssammler abgenommenen Fraktionen werden auf ihren Gehalt hin untersucht und gegebenenfalls bei gleichem Inhalt zusammengegeben, um zur Isolierung oder zum Nachweis der enthaltenen Bestandteile verwendet zu werden.

Literatur

E. Heftmann, Chromatography, 2. Auflage, Reinhold Publ. Corp., New York 1967.
G. Hesse, Chromatographisches Praktikum, 2. Auflage, Akademische Verlagsgesellschaft, Frankfurt/Main 1972.

3.4 Hochdruckflüssigkeitschromatographie

Allgemeine Beschreibung der Methode

Die Hochdruckflüssigkeitschromatographie, HPLC = high pressure (performance) liquid chromatography, stellt eine Weiterentwicklung der Säulenchromatographie dar. Durch die Verwendung von Feststoffteilchen geringeren mittleren Durchmessers als stationäre Phase und durch höhere Geschwindigkeit der mobilen flüssigen Phase konnte eine erhebliche Steigerung der Säulentrennleistung und Verkürzung der Trennzeit gegenüber der drucklosen Säulenchromatographie erreicht werden. Um sie als analytische Methode in ihrer Leistung der Dünnschicht- und Gaschromatographie vergleichbar zu machen, galt es, eine

Reihe von apparativen Problemen zu lösen. Inzwischen ist die Methode aber so weit erprobt und die apparativen Schwierigkeiten sind so weit überwunden, daß es gerechtfertigt ist, sie neben der Gaschromatographie als apparative Methode vorzustellen und auf ihre Einsatzmöglichkeiten hinzuweisen.

Aufbau eines Hochdruckflüssigkeitschromatographen

Die Beschreibung der wichtigsten Bauteile eines Hochdruckflüssigkeitschromatographen gilt für das Arbeiten im analytischen Maßstab.

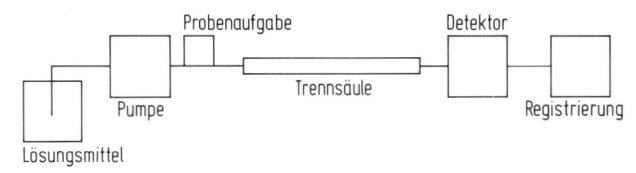

Abb. 3-6. Blockschema eines Hochdruckflüssigkeitschromatographen

Vorratsgefäß zur Aufnahme des Elutionsmittels

Um zu verhindern, daß im Elutionsmittel gelöste Gase Störungen im Pumpen- oder Detektorsystem hervorrufen, werden bei den meisten käuflichen Geräten Vorratsgefäße mit der Möglichkeit zur Entgasung des Elutionsmittels mitgeliefert.

Die Pumpe

Zur Überwindung des erheblichen Widerstandes der Säulenfüllung und um eine Durchflußmenge bis zu 20 mL/min zu erzielen, sind Pumpen von erheblicher Leistungsfähigkeit notwendig. Bei Drücken von 300 bar bis 400 bar muß eine möglichst pulsationsfreie Förderung des Elutionsmittels gewährleistet sein. Um diese Forderung zu erfüllen, sind Pumpen mit unterschiedlicher Wirkungsweise im Gebrauch:
a) Kurzhub-Kolbenpumpen und Kolbenmembranpumpen mit pulsierender Förderung des Elutionsmittels und konstanter Hubfrequenz (Mehrkopfpumpen verringern die Pulsation)
b) Kurzhubkolbenpumpen mit veränderlicher Hubfrequenz
c) Pneumatische und hydraulische Verdrängungspumpen

Die aufgeführten Pumpentypen weisen jeweils Vor- und Nachteile auf, die es beim Einsatz eines Gerätes zu berücksichtigen gilt.

Die Probenaufgabe

Voraussetzung für die einwandfreie Trennung eines Gemisches auf einer Trennsäule ist die sorgfältige Aufgabe der Probe auf die Trennsäule. Sorgfältige Aufgabe bedeutet, die Probe möglichst direkt ohne größere Durchmischung mit dem Elutionsmittel auf die stationäre Phase zu bringen, ohne die Strömungsverhältnisse im Elutionsmittelstrom zu stören. Man erreicht dies zum Beispiel, indem mit einer Kolbenspritze ein Einspritzgummi (Septum) am Säulenanfang durchstoßen wird und die Substanz direkt auf die stationäre Phase aufgegeben wird.

Eine weitere Aufgabetechnik benutzt sogenannte Probeschleifen. Das sind Metallkapillaren mit genau bekanntem oder variablem Volumen, die mit der Probe gefüllt werden und aus denen anschließend durch Umschaltung in den Elutionsmittelstrom die Probe auf die Säule gespült wird.

Die Trennsäule

Die stationäre Phase wird bei der Hochdruckflüssigkeitschromatographie in druckfeste Säulen aus Edelstahl, Tantal oder Glas gepackt. In weitaus größtem Umfang werden Stahlsäulen benutzt, da sie kostenmäßig günstig liegen und Säulen aus anderen Materialien neben deutlichen Vorteilen (oberflächeninert, günstige Strömungsverhältnisse) auch beträchtliche Nachteile aufweisen (schlechte Verarbeitungsmöglichkeit, geringe Druckfestigkeit, Bruchgefahr). Die Länge der Säulen liegt zwischen 10 cm und 50 cm bei inneren Durchmessern von 2 mm bis 4 mm.

Der Detektor

Aufgabe des Detektors ist es, die am Säulenende austretende mobile Phase, das heißt das Elutionsmittel, auf den Gehalt an mitgeführten eluierten Komponenten zu prüfen. Dazu steht eine Reihe von Detektoren zur Verfügung, deren Anwendungsbereiche aber unterschiedlich sind. In den heute serienmäßig hergestellten Geräten werden hauptsächlich zwei Detektortypen eingesetzt:

a) UV-Detektoren

Detektoren dieser Art können in den Fällen eingesetzt werden, in denen die nachzuweisenden Substanzen Strahlung im Bereich von 254 nm (oder 280 nm) absorbieren. Bei diesen Substanzklassen stellen UV-Detektoren die empfindlichste Detektionsmöglichkeit dar, sind aber nur dann verwendbar, wenn das Elutionsmittel in diesem Bereich keine Eigenabsorption aufweist. Neben Detektoren, die mit Strahlung festliegender Wellenlänge arbeiten, sind Detektoren mit variabler Wellenlänge in Gebrauch, da sie eine Anpassung der Detektion an das vorliegende Trennproblem ermöglichen.

b) Differentialrefraktometer

Im Differentialrefraktometer werden die Brechungsindices des reinen Elutionsmittels und des am Säulenende austretenden gleichzeitig gemessen. So lange keine eluierten Komponenten die Säule verlassen, stimmen beide überein; sind dem austretenden Elutionsmittel aber Komponenten beigemischt, kommt es zu Abweichungen der Brechungsindices. Diese Differenzen werden gemessen und angezeigt. Da jede Substanz, deren Brechungsindex von dem des Elutionsmittels abweicht, somit angezeigt wird, ist dieser Detektor prinzipiell universeller einzusetzen als der UV-Detektor. Allerdings ist er nicht so empfindlich wie dieser. Er reagiert jedoch bereits auf geringfügige Veränderungen der mobilen Phase, der Temperatur und der Strömungsgeschwindigkeit, so daß er aufgrund dieser Eigenschaften störanfälliger ist und nicht so häufig zum Einsatz kommt.

Registrierung

Die vom Detektor erzeugten Signale werden mit Kompensationsschreibern von geringer Verzögerung registriert und ergeben Chromatogramme wie in Abb. 3-7 dargestellt.

Arbeitsweisen der Hochdruckflüssigkeitschromatographie

Wie bei anderen chromatographischen Verfahren kann auch bei dieser Methode sowohl nach den Prinzipien der Adsorption als auch der Verteilung gearbeitet werden.

Die Auswahl und Vorbereitung der Adsorbentien bzw. Trennflüssigkeiten und Elutionsmittel muß allerdings unter Berücksichtigung der apparativen Voraussetzungen erfolgen.

Adsorptionschromatographie

a) Adsorbentien
Als Adsorbentien werden fast nur Kieselgel und Aluminiumoxid verwendet. Durch Behandlung des reinen Kieselgels mit verschiedenen reaktiven Komponenten können freie OH-Gruppen des Kieselgels umgesetzt werden, so daß veränderte Oberflächen entstehen, die für bestimmte Trennprobleme besonders günstig sind. Außerdem werden noch Polyamide als Adsorbentien eingesetzt. Die Durchmesser der Teilchen liegen zwischen 5 µm bis 50 µm, man benutzt aber möglichst eng klassierte Fraktionen. Als besonders trennwirksam haben sich Fraktionen von 5 µm bis 10 µm erwiesen.

b) Elutionsmittel
Für die Elutionsmittel gilt wie bei der drucklosen Säulenchromatographie, daß die Elutionskraft mit steigender Polarität und parallel dazu in etwa mit steigender Dielektrizitätskonstante zunimmt. Man kann Lösungsmittel nach diesen Kriterien und empirischer Ermittlung in eluotropen Reihen anordnen (siehe eluotrope Reihe, Tab. XIII). Es gilt allerdings zu berücksichtigen, daß bei der Anzeige mit UV-Detektoren das Elutionsmittel keine Eigenabsorption aufweisen darf. Dadurch gibt es bereits Einschränkungen bei der Auswahl des Lösungsmittels. Außerdem kann die Elutionseigenschaft durch geringe Verunreinigungen mit polaren Verbindungen, vor allem Wasser, stark verändert werden. Das bedingt eine besonders sorgfältige Vorbereitung des Lösungsmittels.

Verteilungschromatographie

Die Trennung von Substanzgemischen durch Verteilung in zwei miteinander nicht mischbaren Flüssigkeiten läßt sich bei diesem Verfahren nur dann erreichen, wenn die als stationäre Phase verwendete Flüssigkeit von einem Feststoff als Träger in der Säule fixiert wird. Da die Forderung der vollständigen Nichtmischbarkeit von Trennflüssigkeit (stationäre Phase) und Elutionsmittel (mobile Phase) praktisch nie zu verwirklichen ist, muß zur Erzielung reproduzierbarer Ergebnisse und Konstanthaltung der Säuleneigenschaften das Elutionsmittel mit der in der stationären Phase enthaltenen Trennflüssigkeit gesättigt sein. Man erreicht dies am besten durch Verwendung einer Vorsäule, die mit der gleichen stationären Phase wie die eigentliche Trennsäule gefüllt ist.

Trägermaterial für die Trennflüssigkeit

Trägermaterialien müssen in der Lage sein, aufgrund ihrer Porosität größere Mengen an Trennflüssigkeit aufzunehmen, das heißt ein großes Porenvolumen aufweisen. Anwendung finden besonders Kieselgel, Aluminiumoxid und Kieselgur.

Trennflüssigkeiten

Als Trennflüssigkeiten werden vor allem polare Alkohole oder Nitrile verwendet, z. B. 3,3′-Oxydipropionitril, Glykole (Carbowax). Diese Trennflüssigkeiten sind allerdings nur in Kombination mit unpolaren Elutionsmitteln zu benutzen. Um den Anwendungsbereich des Verteilungsverfahrens zu erweitern, werden auch ternäre Gemische verwendet, bei denen eine dritte Komponente die großen Polaritätsunterschiede eines binären Systems vermindert unter Erhaltung eines zweiphasigen Systems. Ein solches ternäres Gemisch wird beispielsweise aus i-Octan, Wasser und Ethanol gebildet, bei dem der Alkohol als Vermittlungskomponente zwischen dem Kohlenwasserstoff und dem Wasser fungiert.

Trennung mit chemisch gebundenen organischen stationären Phasen

Die chemisch gebundenen organischen Phasen wurden ursprünglich entwickelt, um die Nachteile der Verteilungschromatographie mit zwei nicht mischbaren Flüssigkeiten zu umgehen; die heutigen Einsatzmöglichkeiten dieser Phasen gehen aber weit über diese Zielsetzung hinaus. Aufgebaut sind diese Trennmaterialien aus einem Träger, im allgemeinen Kieselgel, an dessen Oberfläche die wirksamen Gruppen chemisch gebunden werden. Als funktionelle Gruppen werden verschiedene Organylreste eingebaut, in allen Fällen werden die an der Oberfläche des Trägers vorhandenen Silanolgruppen zur Reaktion gebracht. Es kommt zur Ausbildung von Si—O—R-, Si—C-, Si—N- und Si—O—SiR$_3$-Gruppierungen, die als Organylrest häufig Alkylreste unterschiedlicher Kettenlänge tragen.

Polare chemisch gebundene Phasen werden für Trennungen mäßig polarer oder hochpolarer Verbindungen benutzt unter Bedingungen, wie sie in der Adsorptionschromatographie vorliegen. Unpolare chemisch gebundene Phasen, die zum Beispiel Octadecylsilyl- oder Octylsilylreste als wirksame Gruppen tragen, werden in Verbindung mit hochpolaren mobilen Phasen verwendet. Häufig kommen wäßrige Lösungen zum Einsatz wie das Gemisch Wasser-Methanol. Diese Arbeitsweise wird als reverse-phase-Chromatographie bezeichnet und eignet sich hervorragend zur Trennung weniger polarer Komponenten. Sie hat sich bereits bei einer großen Zahl von Trennproblemen aus dem Bereich der organischen und anorganischen Chemie bewährt.

Weitere Möglichkeiten chromatographischer Trennungen

Von großer Bedeutung sind im Zusammenhang mit der Hochdruckflüssigkeitschromatographie die Ionenaustauschverfahren und die Ausschlußchromatographie. Bei den Verfahren werden durch die Vorteile der HPLC neue Anwendungsbereiche erschlossen. Es soll aber im Rahmen dieses kurzen Überblicks auf eine Diskussion verzichtet werden.

Anwendung der Hochdruckflüssigkeitschromatographie

Die Arbeitsbedingungen dieser Methode machen sie zu einer idealen Ergänzung zur Gaschromatographie. Sie gestattet gerade die Trennung jener Verbindungsklassen, die aufgrund ihrer geringen Flüchtigkeit oder thermischen Instabilität der gaschromatographischen Untersuchung nicht zugänglich sind. Darunter fallen ionische Verbindungen, polymere Substanzen oder empfindliche Substanzen

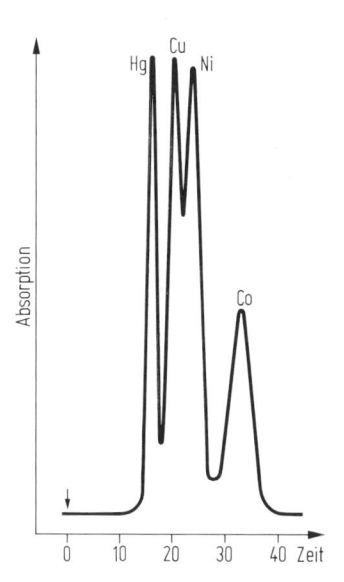

Abb. 3-7. Beispiel eines HPLC-Chromatogramms von Metalldithizonaten
Aus: P. Heizmann und K. Ballschmitter, Journal of Chromatography **137**, 153 (1977).

aus dem Bereich der Naturstoffe und Biochemie sowie hochpolare Verbindungen, die erst durch Derivatisierung gaschromatographisch untersucht werden können.

Die meisten heute bekannten Beispiele kommen aus dem Bereich der organischen Chemie, doch wird in Zukunft die Methode sicher auch bei der Analyse anorganischer Substanzen stark an Bedeutung gewinnen.

Literatur

H. Engelhardt, Hochdruckflüssigkeitschromatographie, Springer Verlag, Berlin–Heidelberg–New York 1975.
S. G. Perry, R. Amos und P. J. Brewer, Practical Liquid Chromatography, Plenum Press, New York–London 1972.
J. N. Done, J. H. Knox und J. Loheac, Applications of High-speed Liquid Chromatography, J. Wiley and Sons, London–New York–Sydney–Toronto 1974.
L. R. Snyder und J. J. Kirkland, Introduction to modern liquid chromatography, 2. Auflage, J. Wiley and Sons, Inc., New York–Chichester–Brisbane–Toronto 1979.

3.5 Gaschromatographie

Allgemeine Beschreibung der Methode

Von allen chromatographischen Methoden ist die Gaschromatographie heute am besten theoretisch erfaßt und apparativ auf sehr hohem technischen Niveau. Da sowohl qualitative als auch quantitative Informationen geliefert werden, ist die Gaschromatographie aus dem Forschungsbereich und den verschiedenen anwendungsorientierten Bereichen nicht mehr wegzudenken.

Die gaschromatographische Trennung erfolgt durch unterschiedliche Adsorption oder Verteilung eines gasförmigen Substanzgemisches an einer stationären

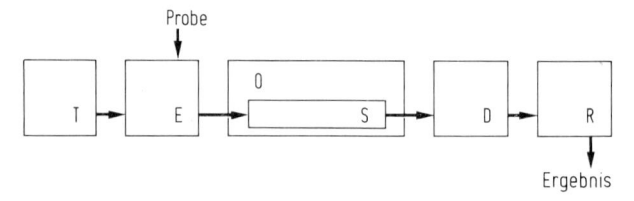

Abb. 3-8. Blockschema eines Gaschromatographen
T   Trägergasversorgung mit Druck und/oder Strömungsregelung
E   Probenaufgabeteil mit und ohne Stromteilung (T = const)
O   Säulenofen für T = const. oder Temperaturprogramm
S   Gaschromatographische Trennsäule
D   Detektor
R   Registriersystem: Schreiber, Integrator oder EDV

Phase eines Adsorptionsmittels oder einer Trennflüssigkeit, die sich in einer Trennsäule befinden. Als mobile Phase dient ein inertes Trägergas, das kontinuierlich die Säule durchströmt. Das zu trennende Stoffgemisch wird am Anfang der Säule aufgegeben, unterliegt dem Trennprozeß und die einzelnen Substanzen verlassen nacheinander die Säule nach bestimmter Zeit. Sie werden am Säulenausgang in geeigneter Weise nachgewiesen und die Signale des Nachweissystems werden zur Aufzeichnung des Chromatogramms herangezogen, die bei Mehrstoffgemischen aus einer Anzahl von Peaks bestehen. Zeitliche Abfolge der Peaks und ihre Flächen können zur Gewinnung qualitativer und quantitativer Aussagen herangezogen werden.

Aufbau eines Gaschromatographen

Das Trägergas

Als Trägergas werden bevorzugt Gase niedriger Viskosität herangezogen, die außerdem weder die Säule noch das Säulenfüllmaterial angreifen dürfen und deren Kosten niedrig sind. Häufig benutzt werden Stickstoff, Wasserstoff, Helium oder Argon und in besonderen Fällen Kohlendioxid. Das Trägergas wird über einen Druckminderer einer Stahlbombe entnommen. Um unerwünschte Effekte in der Säule oder im Detektor zu vermeiden, werden Feuchtigkeitsspuren, Sauerstoff und andere gasförmige Verunreinigungen mit Silikagel, Molekularsieben oder Kupferkatalysatoren entfernt.

Regulierung und Messung des Trägergasstromes

Zum einwandfreien Betrieb eines Gaschromatographen und zur Erzielung quantitativ befriedigender Ergebnisse muß der Mengenstrom des Trägergases möglichst konstant gehalten werden und darf nur geringfügigen Schwankungen unterliegen. Man erreicht dies durch die Kombination von Druckminderern und Differenzdruckreglern, die vor der Säule einen konstanten Gasmengenstrom erzeugen. Die Messung des Gasmengenstromes, die kontinuierlich und diskontinuierlich erfolgen kann, wird meist durch Rotameter (kontinuierlich) und Seifenblasenströmungsmesser (diskontinuierlich) vorgenommen. Rotameter werden vor dem Probeneinlaß eingebaut, während Seifenblasenströmungsmesser hinter dem Detektor am Gasaustritt angebracht werden. Da die Bedienung der Seifenblasenströmungsmesser einfach und recht genau ist, werden sie besonders häufig benutzt.

38   3 Chromatographische Methoden

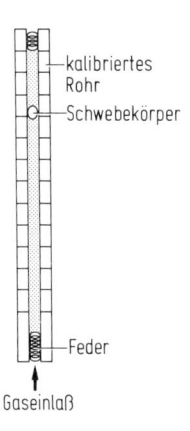

Abb. 3-9. Rotameter
Aus: D.W. Grant, Gas-Liquid-Chromatography, Van Norstrand Reinhold Company, London 1971.

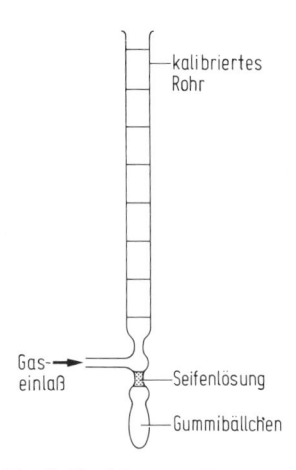

Abb. 3-10. Seifenblasenströmungsmesser
Aus: D.W. Grant, Gas-Liquid-Chromatography, Van Norstrand Reinhold Company, London 1971.

Probeneinlaß

Gasförmige und flüssige Substanzen (Feststoffe werden als solche selten zugegeben, sondern in Lösung) müssen der Trennsäule so zugeführt werden, daß die Zugabe einmal möglichst genau reproduzierbar ist und zudem die Strömungs- und Gleichgewichtsverhältnisse im System nicht gestört werden.

Probeneinlaß von Gasen
Gase lassen sich zum einen mit speziell abgedichteten Gasspritzen dosieren, die vor allem bei geringen Gasmengen von Vorteil sind. Stehen größere Gasmengen zur Verfügung, kommen sogenannte Gasschleifen oder Gasdosierhähne zur An-

wendung, mit denen konstante Volumina mit großer Genauigkeit zugeführt werden können.

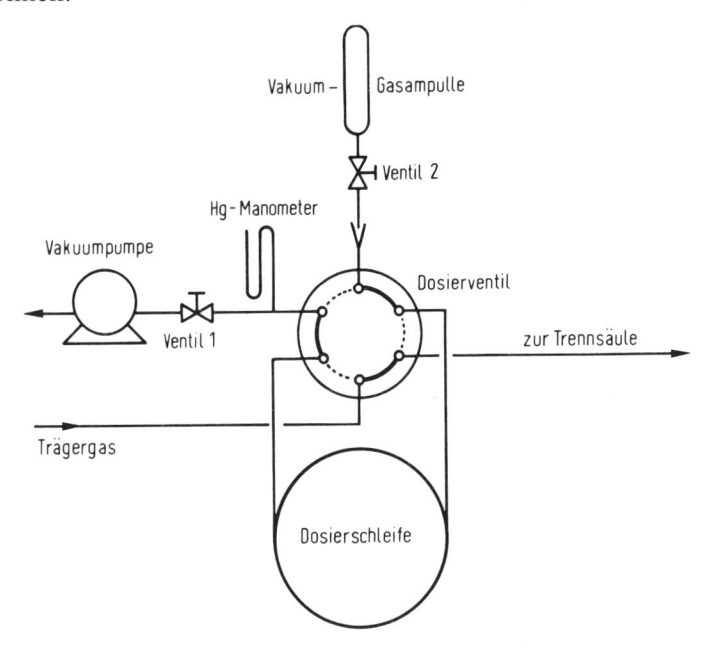

Abb. 3-11. Aufgabe gasförmiger Proben mit einer variierbaren Proben- oder Dosierschleife. Anwendbar auch für Proben, die unter niedrigeren Drucken als Atmosphärendruck stehen. Variation der Dosiermenge ist sowohl durch Auswechseln der Dosierschleife (anderes Volumen) als auch durch Einlassen von mehr oder weniger Probengas (Druck am Hg-Manometer ablesbar) möglich.
Aus: G. Schomburg, Gaschromatographie, Taschentext 48, Verlag Chemie, Weinheim 1977.

Probeneinlaß von Flüssigkeiten
Die übliche Zuführung von Flüssigkeiten erfolgt durch Einspritzung der Probe mit geeigneten Injektionsspritzen, da die Handhabung einfach ist und nur geringe Störungen des Trägergasstromes verursacht. Die Dosierspritze wird durch eine selbstdichtende Membran (Septum) gestochen und anschließend die Flüssigkeit eingespritzt. Bei modernen Gaschromatographen genügen 0,1 µl bis 1 µl.

Die Flüssigkeiten werden in den Einspritzblock dosiert, der auf eine Temperatur gebracht wird, die eine sofortige Verdampfung der Probe ohne Zersetzung gewährleisten soll. Dazu genügt gewöhnlich eine Temperatur, die etwa 10 °C bis 50 °C über dem Siedepunkt der Probensubstanzen liegt.

Die Trennsäule

Bei den Trennsäulen für die Gaschromatographie ist zu unterscheiden zwischen den gepackten Säulen und den Kapillarsäulen.

Die gepackte Säule, die häufiger Verwendung findet, kann eine Länge von 0,5 m bis 10 m bei einem Innendurchmesser von 1 mm bis 6 mm aufweisen. Das Säulenmaterial ist bevorzugt Edelstahl oder Glas.

Kapillarsäulen haben eine Länge von etwa 30 m bis 300 m bei Innendurchmessern von 0,2 mm bis 0,5 mm.

Bei den seltener durchgeführten Trennungen aufgrund von Adsorptionsvorgängen besteht die stationäre Phase aus einem der auch bei anderen chromatographischen Verfahren benutzten Adsorptionsmittel wie Kieselgel, Aluminiumoxid oder Molekularsieb.

Bei der im allgemeinen angewandten Verteilungschromatographie mit gepackten Säulen setzt sich die Säulenfüllung aus einem inerten Trägermaterial und der darauf fixierten Trennflüssigkeit zusammen.

Als übliches Trägermaterial zur Aufnahme von Trennflüssigkeit ist Kieselgel mit Korngrößen von 0,1 mm bis 0,3 mm im Gebrauch. Da es eine fast nicht zu übersehende Zahl an Trennflüssigkeiten gibt, soll neben einer kleinen Auswahl nur auf einige Eigenschaften hingewiesen werden, die sie im allgemeinen besitzen sollten:
a) die Viskosität sollte möglichst gering sein,
b) der Dampfdruck bei der Arbeitstemperatur der Trennsäule sollte möglichst gering sein ($\approx 0,5$ mbar),
c) sie sollte sich gleichmäßig auf das Trägermaterial auftragen lassen und fest darauf haften,
d) chemische Reaktionen mit dem Trägermaterial und dem zu trennenden Stoffgemisch sollten ausgeschlossen sein.

Tabelle einiger häufig verwendeter Trennflüssigkeiten:

Trennflüssigkeit	Polarität	Maximale Arbeitstemperatur	Anwendung
Squalan	unpolar	150 °C	Kohlenwasserstoffe
Apiezon L	unpolar	250 °C	Kohlenwasserstoffe
Silikonöl	schwach polar	200 °C bis 250 °C	schwach polare Verbindungen
Silikongummi	schwach polar	300 °C bis 350 °C	schwach polare Verbindungen
Dinonylphthalat	polar	120 °C bis 140 °C	Ester, Ether, Kohlenwasserstoffe
Polyethylenglykol (Carbowax)	sehr polar	100 °C bis 200 °C	polare Verbindungen (Amine, Alkohole)
Polyethylenglykolester	polar	100 °C bis 200 °C	polare Verbindungen

Kapillarsäulen (aus Edelstahl, Glas) enthalten an Stelle der auf einem Trägermaterial aufgebrachten Trennflüssigkeit auf der Innenwand der Säule eine dünne

Schicht der reinen Trennflüssigkeit (*Dünnfilm*) oder die Innenwand ist mit einem Trägermaterial (*Dünnschicht*) belegt, das die Trennflüssigkeit fixiert oder selbst aktiv in den Trennprozeß eingreift.

Die größere Trennwirkung der Kapillarsäule ist verbunden mit geringerer Belastbarkeit an zu trennendem Substanzgemisch. Daher sind modifizierte Probeneinlaßteile (Splitting-Systeme) notwendig, die nur Bruchteile der injizierten Probenmenge der Säule zuführen. Weiter werden die Substanzen geschont, da sie bei ca. 50 °C bis 80 °C niedrigeren Säulentemperaturen als bei gepackten Säulen chromatographiert werden können.

Detektoren

Als Abschluß des chromatographischen Trennprozesses müssen die eluierten Komponenten im Trägergasstrom nachgewiesen werden. Der Nachweis muß zu einem auswertbaren Signal führen. Detektoren, die diese Aufgabe übernehmen, sind in beträchtlicher Anzahl konstruiert worden, für den allgemeinen Gebrauch haben sich nur einige wenige durchgesetzt.

a) Wärmeleitfähigkeitsdetektor (WLD)

Detektoren dieser Art reagieren auf den Unterschied der Wärmeleitfähigkeit von reinem Trägergas und dem mit einer Komponente beladenen Trägergas in zwei identisch aufgebauten Metallzellen, die jeweils mit einem Widerstandsdraht oder Thermistor versehen sind. Durch eine der Zellen strömt kontinuierlich reines Trägergas, während die andere Meßzelle von dem die Säule verlassenden Gasstrom passiert wird. Der Widerstand der Drähte, die elektrisch beheizt werden, ist abhängig von ihrer Temperatur, und diese wiederum von der Zusammensetzung der Umgebung. Reines Trägergas führt zu einer anderen Wärmeübertragung als eine Fremdkomponente. Damit kommt es zur Ausbildung von Widerstandsdifferenzen zwischen den beiden Zellen, die durch eine entsprechende Brückenschaltung abgeglichen werden können. Dieser Vorgang liefert das Meßsignal, das nach elektronischer Verstärkung mit üblichen Schreibern aufgezeichnet wird und als Peak erscheint. Der Wärmeleitfähigkeitsdetektor ist auf alle Substanzen anwendbar, die sich in ihrer Wärmeleitfähigkeit vom Trägergas unterscheiden.

b) Flammenionisationsdetektor (FID)

Beim Flammenionisationsdetektor wird das die Säule verlassende Trägergas einer Hilfsflamme (Wasserstoff-Luft oder Sauerstoff) zugeführt. In der Hilfsflamme verbrennt die im Trägergas mitgeführte Substanz, die C—H-Anteile enthalten muß. Durch den Verbrennungsvorgang wird eine Ionisation der Flammengase hervorgerufen, was zu einem Ionenstrom zwischen zwei Elektroden führt, die über der Düse angebracht sind und an die ein Potential von 60 V bis 200 V angelegt wird.

Der Flammenionisationsdetektor ist wesentlich empfindlicher als der Wärme-

42   3 Chromatographische Methoden

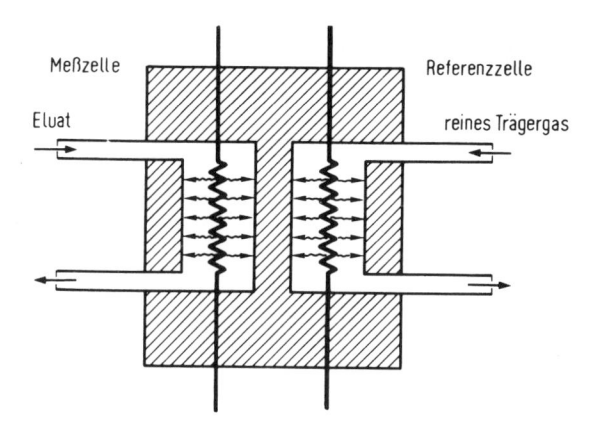

Abb. 3-12. Wärmeleitfähigkeitszelle zur differentiellen Detektion gaschromatographisch getrennter Komponenten (WLD)

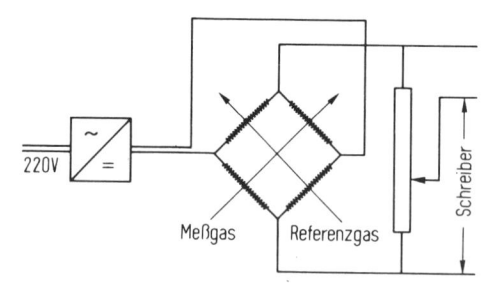

Abb. 3-13. Wheatstonesche Brückenschaltung für Doppelhitzdrahtdetektor
Aus: G. Schomburg, Gaschromatographie, Taschentext 48, Verlag Chemie, Weinheim 1977.

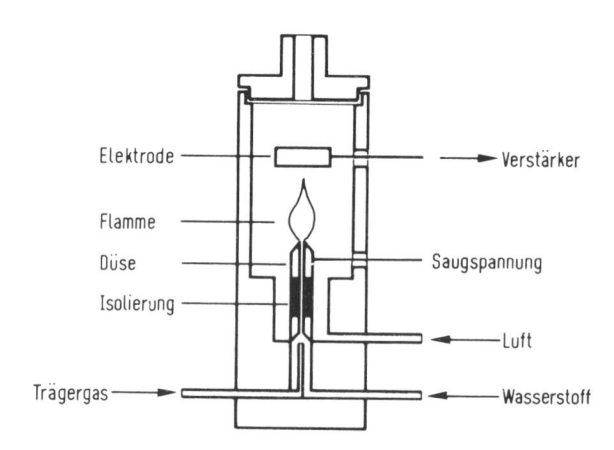

Abb. 3-14. Flammenionisationsdetektor (FID)
Aus: G. Schomburg, Gaschromatographie, Taschentext 48, Verlag Chemie, Weinheim 1977.

leitfähigkeitsdetektor, Substanzen ohne C—H-Bindungen wie Edelgase, typisch anorganische Verbindungen, Wasser und andere werden aber nicht angezeigt. Weiterhin sind Hilfsgase zur Erzeugung der Verbrennungsflamme erforderlich.

c) Weitere Detektoren

Zunehmende Bedeutung zum Nachweis bestimmter Substanzklassen hat der Elektroneneinfangdetektor (Electron capture detector, ECD) für halogenhaltige Verbindungen und der sogenannte Alkalielementdetektor für Phosphor und Stickstoff erlangt.

Arbeitsweise der Gaschromatographie

Der Ablauf der gaschromatographischen Trennung wird in hohem Maße beeinflußt von der Temperatur der Trennsäule. Zur Temperaturkontrolle und -einstellung ist in handelsüblichen Gaschromatographen die Trennsäule in einer thermostatisierbaren Zelle, dem Ofenraum, des Gerätes untergebracht, in der die Säule auf jede gewünschte Temperatur im Bereich von Raumtemperatur bis ca. 450 °C je nach Art der Säule erwärmt werden kann.

Wird bei einer gaschromatographischen Trennung eine bestimmte Säulentemperatur während des gesamten Trennvorganges konstant gehalten, so bezeichnet man diese Bedingungen als isotherme Arbeitsweise.

Unterscheiden sich in einem Substanzgemisch die Retentionszeiten der einzelnen Komponenten beträchtlich, so ist die isotherme Trennung mit hohem Zeitaufwand verbunden und führt in vielen Fällen auch zu schlecht auswertbaren Chromatogrammen aufgrund starker Peakverbreiterung. Es wird dann eine Temperaturprogrammierung vorgenommen, das heißt, während des Trennvorganges wird kontinuierlich die Temperatur der Trennsäule mit konstanter Aufheizgeschwindigkeit in einem vorgewählten Bereich erhöht.

Auswertung eines Gaschromatogramms

Bei der qualitativen Auswertung eines Gaschromatogramms wird entweder die Nettoretentionszeit t_s (Strecke BC) oder aber die Bruttoretentionszeit t_{m+s} (Strecke AC) dem Gaschromatogramm entnommen.

Aus diesen kann man für theoretische Betrachtungen die entsprechenden Retentionsvolumina ermitteln, die aussagekräftiger sind als die Retentionszeiten und die das Produkt aus der Retentionszeit und dem Gasmengenstrom darstellen. Sie müssen korrigiert werden unter Berücksichtigung von Druck und Temperatur des Gases und der Säule.

Im allgemeinen wird die Identifizierung meist mit Hilfe von Vergleichssubstanzen vorgenommen.

Die quantitative Auswertung beruht auf der Ausmessung der Fläche unter den

44   3 Chromatographische Methoden

Peaks des Chromatogramms. Die Fläche kann manuell ermittelt werden oder mit Hilfe von Integratoren erfaßt werden.

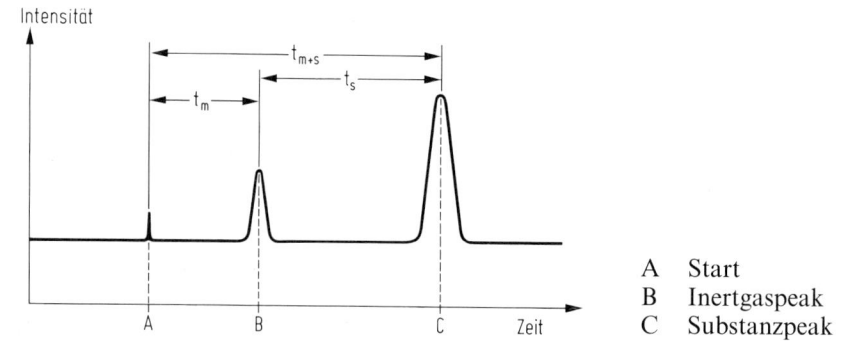

A   Start
B   Inertgaspeak
C   Substanzpeak

Abb. 3-15. Retentionszeiten

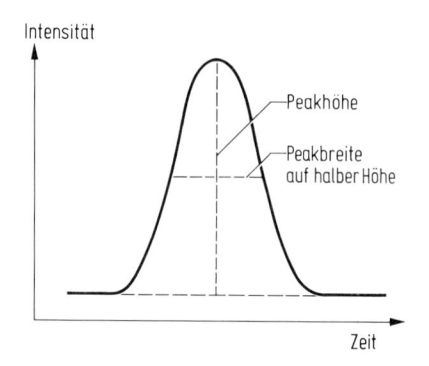

Abb. 3-16. Beispiel für manuelle Auswertung

Anwendung der Gaschromatographie in der anorganischen Chemie

Obwohl der Einsatz der Gaschromatographie durch die physikalischen und chemischen Eigenschaften der typisch anorganischen Verbindungsklassen begrenzt ist, hat sich dennoch ein großer Anwendungsbereich gefunden. Für viele Zwecke mußten neue stationäre Phasen gefunden und besondere Maßnahmen getroffen werden, da geringe Flüchtigkeit, hohe chemische Reaktivität und Empfindlichkeit gegenüber Feuchtigkeit eine Arbeitsweise unter üblichen Bedingungen verhindert. Beispielsweise wurden folgende Substanzklassen intensiv gaschromatographisch untersucht:

Nichtmetalloxide (CO, CO_2, NO, NO_2, SO_2, SO_3)
Halogene

Nichtmetallhalogenide (HX, BX$_3$, PX$_3$)
Metallhalogenide (Übergangsmetallhalogenide)
Metallorganische Verbindungen
Flüchtige Komplexverbindungen (Chelate)

Literatur

R. Kaiser, Chromatographie in der Gasphase, Bd. I, 2. Auflage, Bibliographisches Institut, Mannheim–Zürich 1973.
E. Leibnitz und H. G. Struppe, Handbuch der Gaschromatographie, 2. Auflage, Verlag Chemie, Weinheim 1970.
D. W. Grant, Gas-Liquid-Chromatography, Van Norstrand Reinhold Company, London 1971.
G. Guiochon und C. Pommier, Gas Chromatography of Inorganics and Organometallics, Ann Arbor Science Publishers Inc., Ann Arbor 1973.
G. Schomburg, Gaschromatographie, Taschentext 48, Verlag Chemie, Weinheim 1977.

4 Ionenaustauscher

Einleitung

Wird durch den Zusatz einer aktiven Substanz zu einer ionenhaltigen Lösung ein Austausch der Ionenart(en) vorgenommen, so wird dieser Vorgang als Ionenaustausch bezeichnet.

Die Befähigung zum Ionenaustausch besitzt eine Anzahl natürlicher Produkte aus dem Bereich der organischen wie mineralischen Stoffe. Ihre Eigenschaften waren lange bekannt, konnten jedoch nur begrenzt genutzt werden, da eine Reihe physikalischer und chemischer Eigenschaften ihren Einsatz einschränkte.

Die Vorteile des Ionenaustauschers konnten erst dann umfassender genutzt werden, als es gelang, hochpolymere Kunstharze zu synthetisieren, die in ihren Eigenschaften die natürlichen Ionenaustauscher weit übertrafen.

Aufbau und Wirkungsweise

Moderne Ionenaustauscher bestehen aus einem elastischen dreidimensionalen Netzwerk (Matrix), das bei den heute zumeist gebräuchlichen Austauschern aus einem Copolymerisat von Styrol und Divinylbenzol oder Methacrylsäure und Divinylbenzol gebildet wird. Die Matrix ist mit funktionellen Gruppen verknüpft, an denen der eignetliche Ionenaustausch stattfindet. Die hochpolymere Matrix bewirkt, daß die Austauscher in den meisten üblichen Lösungsmitteln unlöslich und chemisch relativ inert sind.

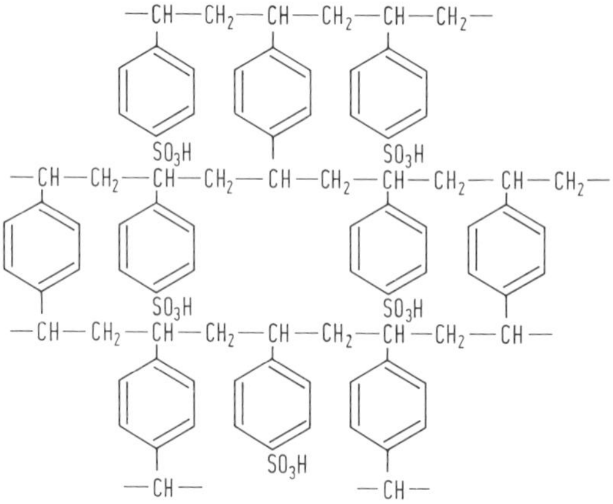

Abb. 4-1. Typ eines stark-sauren Polystyrol-Kationenaustauschers

Die chemischen Eigenschaften werden durch die Natur der funktionellen Gruppen bestimmt. Kationenaustauscher vermögen mit Kationen in der umgebenden Lösung zu reagieren, während Anionenaustauscher mit Anionen in Wechselwirkung treten. Diese Gruppen mit ionischer Funktion können wie gelöste Säuren oder Basen von unterschiedlicher Stärke sein, das heißt, es gibt eine große Zahl von funktionellen Gruppen mit unterschiedlicher Austauschfähigkeit, die häufig stark pH-abhängig sein kann.

Kationenaustauscher

stark sauer	schwach sauer	
RSO_3^- H^+	RCOOH	H^+-Form
RSO_3^- Na^+	$RCOO^-$ Na^+	Na^+-Form

Anionenaustauscher

stark basisch	schwach basisch	
$[RN(CH_3)_3]^+ OH^-$	$[RNH(CH_3)_2]^+ OH^-$	OH^--Form
$[RN(CH_3)_3]^+ Cl^-$	$[RNH(CH_3)_2]^+ Cl^-$	Cl^--Form

Physikalische Eigenschaften

Ionenaustauscher werden fast immer in Form von Granulaten mit unregelmäßiger Form oder kugelförmiger Gestalt benutzt. Der Durchmesser der Teilchen kann in trockenem Zustand für den Laboreinsatz zwischen 1 mm und etwa 0,04 mm liegen. Die Partikel mit geringerem Durchmesser werden vor allem im chromatographischen Bereich eingesetzt.

Da Austauscherharze elastische dreidimensionale Polymere darstellen, sind sie weitgehend unlöslich in konzentrierten Säuren, Basen und Salzlösungen, darüber hinaus aber befähigt, durch Aufnahme von Wasser ihr Volumen zu vergrößern. Die Quellung ist zurückzuführen auf die Tendenz der funktionellen Gruppen zu hydratisieren. Die Hydratation wiederum wird durch den unterschiedlichen osmotischen Druck in der Lösung und im Harz hervorgerufen. Die Stärke der Quellung ist abhängig von der Struktur des Austauschers. Eine schwache Vernetzung ermöglicht eine starke Quellung und umgekehrt.

Chemische Eigenschaften

Ein Kenndatum von besonderem Gewicht ist die Kapazität eines Austauschers, da es benötigt wird zur Bestimmung des Verhältnisses von Austauscher zu Substanz bei gegebener Problemstellung. Mit der Kapazität wird die Anzahl der austauschfähigen Gruppen pro Gewichtseinheit angegeben und durch die Menge an Gegenionen ausgedrückt. Die Kapazitätsangabe kann auf die Menge an trockenem oder in Wasser gequollenem Austauscher bezogen werden; durch Angabe der Gesamtmenge an austauschfähigen Gruppen oder der unter bestimmten Bedingungen nutzbaren Gruppen kann die Kapazitätsangabe differenziert werden.

Am gebräuchlichsten ist die Kapazitätsangabe in $mmol \cdot g^{-1}$. Bei Kationenaustauschern bezieht sich die Angabe auf die H^+-Form, bei Anionenaustauschern auf die Cl^--Form. Die Maße gelten für den trockenen Austauscher, bei gequollenem Harz benutzt man statt der Gewichtskapazität die Volumenkapazität in $gCaO \cdot L^{-1}$ oder $gCaO \cdot m^{-3}$.

Eine weitere chemische Eigenschaft von Ionenaustauschern ist die Selektivität, die es zu berücksichtigen gilt. Unter gleichen äußeren Bedingungen werden die verschiedenen Kationen und Anionen in unterschiedlichem Maße ausgetauscht. Für stark saure bzw. basische Austauscher für allgemeine Zwecke gelten zum Beispiel folgende Austauschtendenzen in der Reihe einfach geladener Ionen:

$$Li^+ < H^+ < Na^+ < NH_4^+ < K^+ < Rb^+ < Cs^+ < Ag^+$$

$$F^- < CH_3COO^- < HCOO^- < Cl^- < Br^- < I^- < NO_3^-$$

Für einige zweifach geladene Kationen gilt:

$$Cu^{2+} < Cd^{2+} < Ni^{2+} < Ca^{2+} < Sr^{2+} < Pb^{2+} < Ba^{2+}$$

Solche Selektivitätsreihen sind natürlich abhängig von der funktionellen Gruppe des Austauschers.

Die Selektivität ist abhängig von verschiedenen Faktoren. Einige Faustregeln sind nützlich zur Abschätzung:

a) Bei niedriger Konzentration und Raumtemperatur steigt in wäßrigen Lösungen die Selektivität für ein Ion mit dessen Ladung ($Na^+ < Ca^{2+} < La^{3+} < Th^{4+}$). Die bevorzugte Aufnahme der mehrfach geladenen Ionen ist aber konzentrationsabhängig und nimmt ab, je größer die Konzentration wird.

b) Bei Ionen gleicher Ladung steigt die Affinität zum Austauscher mit zunehmendem Radius des nicht hydratisierten Ions. Größere Ionen, vor allem organische, werden bevorzugt aufgenommen.

c) Mit steigendem Vernetzungsgrad nimmt die Selektivität zu. Sie erreicht bei 15% Vernetzung ein Maximum.

Obwohl, wie bereits angedeutet, Kunstharzaustauscher bemerkenswert resistent gegenüber vielen Einflüssen sind, gibt es doch einige chemische Systeme, die zur Zerstörung führen. So erfolgt durch stark oxidierende Reagenzien wie heiße Salpetersäure oder Chromsäure-Salpetersäure-Mischungen Zersetzung. Außerdem reagieren Austauscher, die Sulfonsäuregruppen enthalten und in der H^+-

Form vorliegen, mit Wasser oberhalb 150 °C unter Bildung von Schwefelsäure; Anionenaustauscher in der OH⁻-Form zersetzen sich in Wasser oberhalb 50 °C. Starke γ-Strahlung hat ebenfalls Zerstörung zur Folge.

Arbeitsweise

Ionenaustauschprozesse werden im allgemeinen (Membranaustausch nicht berücksichtigt) nach zwei Verfahren durchgeführt:
a) Absatzweiser Austausch (batch method)
b) Dynamisches Verfahren oder Säulenverfahren (column method)

zu a): Beim absatzweisen Verfahren wird der Austauscher mit der Lösung in Kontakt gebracht und durch Rühren oder Schütteln eine möglichst intensive Durchwirbelung erzielt. Nach Einstellung des Austauschgleichgewichtes wird der Austauscher durch Filtrieren, Sedimentieren oder Zentrifugieren abgetrennt und die Lösung weiter verarbeitet. Da bei einer einmaligen Gleichgewichtseinstellung häufig nur unvollständiger Austausch zu erzielen ist, muß zur Vervollständigung eine mehrfache Behandlung der Lösung vorgenommen werden, was mit Zeitaufwand und Verlusten gekoppelt ist. Deshalb findet diese Technik nur relativ wenig Anwendung, zum Beispiel zur Ermittlung von Austauschgleichgewichten.

Zu b): Wesentlich effektiver ist eine Arbeitsweise, bei der der Ionenaustauscher in einer vertikal angeordneten Säule untergebracht ist und die Lösung die Säule durchströmt. Dabei kommt es zu vielfacher Einstellung des Gleichgewichts und selbst Ionen mit geringer Austauschtendenz werden vollständig ausgetauscht.

Der Austausch in der Säule kann als Frontal- oder Elutionstechnik betrieben werden.

Die Frontaltechnik stellt die einfachste Art des Austausches in der Säule dar, bei der am oberen Ende der Säule die Lösung mit der auszutauschenden Ionenart kontinuierlich aufgegeben und am unteren Ende die entsprechende Menge abgenommen wird. Die Operation kann so lange fortgesetzt werden, bis in den am unteren Ende der Säule abgenommenen Fraktionen Ionen der ursprünglichen Lösung auftreten. Der Durchbruch der auszutauschenden Ionen zeigt an, daß unter den gegebenen Bedingungen die Kapazität der Säule für einen vollständigen Austausch nicht mehr ausreicht. Das Aufnahmevermögen des Ionenaustauschers in der Säule bis zum Durchbruch nennt man Durchbruchskapazität. Sie ist stets kleiner als die Gesamtkapazität.

Um eine maximale Ausnützung der Säule zu erreichen, ist man bestrebt, die Durchbruchskapazität der Gesamtkapazität anzugleichen. Wird ein Gemisch verschiedener auszutauschender Ionen aufgegeben, so richtet sich der Austausch der verschiedenen Ionen nach der relativen Selektivität des Austauschers. Die Ionensorte mit der geringsten Selektivität durchläuft die Säule am schnellsten.

Bei der Elutionstechnik (eine echte Elution ist nicht möglich) wird zuerst die Lösung mit der auszutauschenden Ionenart (oder eines Gemisches verschiedener Ionen) auf die Säule aufgegeben und anschließend wird mit einer Lösung mit verdrängenden Eigenschaften nachgespült. Diese Methode wird vor allem zur Trennung von Ionengemischen angewandt, da bei der Elution eine Art chromatographische Auftrennung erfolgen kann und die einzelnen Komponenten getrennt im Eluat erscheinen. Bei diesem Verfahren können allerdings nur kleine Mengen an Ionen im Verhältnis zur Gesamtkapazität getrennt werden, etwa 5 % der Säulenkapazität.

Auswahl des geeigneten Ionenaustauschers

Unter der Vielzahl von Ionenaustauschern kommt, wie bereits zu Anfang ausgeführt, den Kunstharzaustauschern die größte Bedeutung zu. Für fast alle praktischen Zwecke entsprechen vier Typen den gestellten Anforderungen. Eine Übersicht über Aufbau, vorliegende Form und Handelsname ist in der folgenden Tabelle enthalten.

Über diese Angaben hinaus müssen noch die Korngröße, der Vernetzungsgrad, die Kapazität und Art der Ionenbeladung berücksichtigt werden.

Für präparative Zwecke im *batch*-Verfahren oder auch bei der drucklosen Arbeitsweise in der Säule haben sich Teilchengrößen von 100 mesh bis 200 mesh (0,149 mm bis 0,074 mm) bewährt, für Trennverfahren in der Säule werden Teilchen von 200 mesh bis 400 mesh (0,074 mm bis 0,038 mm) bevorzugt.

Da der Vernetzungsgrad eines Austauschers seine Eigenschaften entscheidend mitbestimmt, wird diese Größe im Handelsnamen häufig mitaufgeführt. Der Prozentanteil an Divinylbenzol (% DVB) wird durch das Symbol X, gefolgt von einer Zahl, angegeben. So bedeutet Amberlite IR-120-X 8, daß dieser Austauscher aus einem Copolymerisat mit 8 % Divinylbenzol besteht. Der Anteil an DVB bestimmt das Ausmaß der Kontraktion oder Ausdehnung eines Austauschers und damit die *Porengröße* der Matrix. Ein hoher Anteil an DVB bedeutet geringeres Quellvermögen und umgekehrt. Mit zunehmender Vernetzung wird die Diffusion der Ionen in die Matrix geringer und damit die Einstellung des Gleichgewichts verzögert und vor allem größere Ionen werden vom Austausch zurückgehalten. Mit zunehmendem Vernetzungsgrad wird die Kapazität, bezogen auf den trockenen Austauscher, herabgesetzt.

Zur Charakterisierung eines Austauschers gehört schließlich auch die Angabe über die Ionenart im vorliegenden Zustand. Kationenaustauscher werden gewöhnlich in der H^+- oder Na^+-Form angeboten, während Anionenaustauscher als Cl^--Form vorliegen.

Handelsnamen und Hersteller der gebräuchlichsten und im Handel erhältlichen Ionenaustauscher

Austauschertyp	Chemische Konstitution	Gewöhnlich vorliegende Form	Handelsnamen äquivalenter Austauscher*					
Stark saurer Kationenaustauscher	Sulfonsäuregruppen, gebunden an ein Copolymerisat von Styrol/Divinylbenzol	$R-SO_3^- H^+$	Amberlite IR-120	Dowex 50W	Duolite C-20	Lewatit S-100	Ionac C-240 oder Permutit Q	Zeocarb 225
Schwach saurer Kationenaustauscher	Carboxylgruppen, gebunden an ein Copolymerisat von Acrylsäure/Divinylbenzol	$R-COO^- Na^+$	Amberlite IRC-50	–	Duolite CC-3	Lewatit C	Ionac C-270 oder Permutit Q-210	Zeocarb 226
Stark basischer Anionenaustauscher	Quartäre Ammoniumgruppen, gebunden an ein Copolymerisat von Styrol/Divinylbenzol	$[R-N(CH_3)_3]^+ Cl^-$	Amberlite IRA-400	Dowex 1	Duolite A-101D	Lewatit M-500	Ionac A-450 oder Permutit S-1	Zeocarb FF oder De-Acidite FF
Schwach basischer Anionenaustauscher	Polyalkylamingruppen, gebunden an ein Copolymerisat von Styrol/Divinylbenzol R = Polymergerüst	$R-NH(R')_2^+ Cl^-$	Amberlite IR-45	Dowex 3	Duolite A-7	Lewatit MP-60	Ionac A-315 oder Permutit W	Zeocarb G

* Hersteller:
Amberlite, Rohm & Haas Co., Philadelphia, Pa., USA
Dowex, Dow Chemical Co., Midland, Mich., USA
Duolite, Diamond Alkali Co., Redwood City, Calif., USA
Lewatit, Farbenfabrik Bayer, Leverkusen
Ionac (oder Permutit of USA), Ionac Chemical Co., New York, N.Y., USA
Zeocarb, The Permutit Co. Ltd., London, England

Entnommen: J.X. Khym, Analytical Ion-Exchange Procedures in Chemistry and Biology, Prentice-Hall, Inc., Englewood Cliffs, N.J. 1974.

Hinweise zum praktischen Arbeiten

Wird ein Ionenaustauscher zum ersten Mal benutzt, muß er entsprechend vorbehandelt werden. Da in den meisten Fällen bereits eine bestimmte Korngröße vorliegt, wird durch mehrfaches Suspendieren in Wasser und Abdekantieren feinkörniges Material (Abrieb) entfernt. Gleichzeitig wird auf diese Weise Quellung des Austauschers erreicht und verhindert, daß der trockene Austauscher beim Einfüllen zerstört wird.

Nach der Vorbehandlung wird der Austauscher als Suspension unter Vermeidung von Lufteinschlüssen in die Säule gebracht, durch mehrfaches Beladen und Regenerieren gereinigt und auf seine volle Kapazität gebracht. Schließlich wird er in die gewünschte Ausgangsform gebracht. Das kann bei einem Kationenaustauscher beispielsweise durch Behandeln mit einem Säureüberschuß nach folgender Gleichung verlaufen:

$$RX + H^+ \underset{\text{Austauschvorgang}}{\overset{\text{Beladen}}{\rightleftarrows}} R{-}H + X^+$$

Die Säule wird nach dem Beladen mit Wasser säurefrei gewaschen und ist dann einsatzbereit. Die Probe wird nun aufgegeben und kann nach dem Frontalverfahren mit Wasser oder einem anderen Elutionsmittel durch die Säule bewegt werden. Die austretende Lösung am Ende der Säule wird entweder als Gesamtheit oder in Fraktionen aufgefangen und muß natürlich mit geeigneten Methoden auf ihren Gehalt geprüft werden.

Bestimmung der Kapazität eines Ionenaustauschers

Das von Fisher und Kunin angegebene Verfahren zur Bestimmung der Gewichtskapazität in mmol · g^{-1} Austauscher eignet sich für Routineuntersuchungen und liefert gute Werte.

Als Apparatur wird die in Abbildung 4-2 gezeigte Anordnung verwendet.

Bestimmung der Kapazität eines Kationenaustauschers
5 g Kationenaustauscher werden in einem Trichter (s. Abb. 4-2) durch langsame Behandlung mit etwa 1 L HNO$_3$-Lösung (c(HNO$_3$) = 0,1 mol · L^{-1}) in die H$^+$-Form überführt, mit destilliertem Wasser neutral gewaschen, abgesaugt und an der Luft getrocknet. Davon werden 1,000 ± 0,005 g im Wägegläschen eingewogen und in einem trockenen 250 mL Erlenmeyerkolben mit V_B = 200 mL NaOH-Lösung (c(NaOH) = 0,1 mol · L^{-1}) in 5%iger Natriumchloridlösung über Nacht stehengelassen. Getrennt davon wird 1 g der gleichen Austauscherprobe in ein Wägegläschen eingewogen, über Nacht bei 110 °C getrocknet und durch Zurückwiegen der Prozentgehalt Trockensubstanz bestimmt. Aus dem Erlenmeyerkolben werden von der überstehenden Lösung V = 50 mL mit V_S mL H$_2$SO$_4$-Lösung (c($\frac{1}{2}$H$_2$SO$_4$) = 0,1 mol · L^{-1}) gegen Phenolphthalein zurückti-

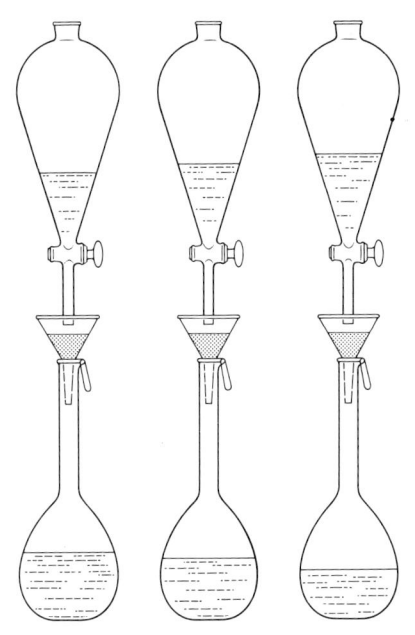

Abb. 4-2. Apparatur zur Kapazitätsbestimmung nach Fisher und Kunin
Aus: K. Dorfner, Ionenaustauscher, 3. Auflage, W. de Gruyter & Co., Berlin 1970.

triert. Die Kapazität berechnet sich dann nach der Formel

$$C = \frac{V_B \cdot c(NaOH) - \frac{V_B}{V} \cdot V_S \cdot c(\frac{1}{2}H_2SO_4)}{E \cdot \frac{\%T}{100}}$$

C = Kapazität in mmol · g^{-1}
V_B = Volumen der NaOH-Lösung
V_S = Volumen der H$_2$SO$_4$-Lösung
V = abpipettiertes Volumen
$c(NaOH)$ = Stoffmengenkonzentration von NaOH-Äquivalenten
$c(\frac{1}{2}H_2SO_4)$ = Stoffmengenkonzentration von H$_2$SO$_4$-Äquivalenten
E = Einwaage in g
$\%T$ = Prozent an Trockensubstanz

und stellt die Gesamtgewichtskapazität des Austausches in der trockenen H$^+$-Form dar.

Zur Überführung in die H$^+$-Form wird Salpetersäure verwendet, da Salzsäure und Schwefelsäure mit am Austauscher vorhandenen Schwermetallkationen zu Fällungen führen können. Das Harz muß vor der Einwaage vollständig in der

H⁺-Form vorliegen, da die Unterschiede in den molaren Massen von Äquivalenten verschiedener Ionen zu Fehlern führen würden. Der eingestellten Natriumhydroxidlösung werden 5 % Natriumchlorid zugefügt, um durch den Überschuß an Na⁺-Ionen das Austauschgleichgewicht vollständig einzustellen. Dadurch kann eine Reproduzierbarkeit von ±1 % erreicht werden.

Bestimmung der Kapazität eines Anionenaustauschers
10 g lufttrockner Anionenaustauscher werden im Trichter der Abb. 4-2 durch langsame Behandlung mit 1 L HCl-Lösung (c(HCl) = 1 mol·L⁻¹) in die Cl⁻-Form überführt, mit Alkohol gewaschen, bis das Filtrat neutral gegen Methylorange ist, und an der Luft getrocknet. 5,000 ± 0,005 g dieser Probe werden in einen neuen Trichter eingewogen und daraus mit 1 L 4%iger Natriumsulfatlösung das Chloridion eluiert, wozu das Eluat in einem V_1 = 1 L Meßkolben aufgefangen wird. In aliquoten Mengen von je V_2 = 100 mL des Filtrats wird das Chlorid durch Titration mit Silbernitratlösung (c(AgNO₃) = 1 mol·L⁻¹) und Kaliumchromat als Indikator titriert. Getrennt davon wird 1 g der gleichen Austauscherprobe in ein Wägegläschen eingewogen und durch Zurückwiegen der Prozentgehalt Trockensubstanz bestimmt.

Die Kapazität berechnet sich dann nach der Formel

$$C = \frac{V_{AgNO_3} \cdot c(AgNO_3) \cdot \frac{V_1}{V_2}}{E \cdot \frac{\%T}{100}}$$

C = Kapazität in mmol·g⁻¹
V_{AgNO_3} = Volumen an Silbernitratlösung
V_1 = Gesamtvolumen
V_2 = abpipettiertes Volumen
E = Einwaage in g
%T = Prozent an Trockensubstanz

und stellt die Gesamtgewichtskapazität des Austauschers in der trockenen Cl-Form dar.

Der Austauscher wird in die Cl-Form überführt, um Fehler durch die verschiedenen molaren Massen von Äquivalenten verschiedener Anionenformen und den möglichen Abbau der freien Basenform beim Trocknen zu vermeiden. Der Austauscher wird an Stelle von Wasser mit Alkohol gewaschen, um die mögliche Hydrolyse der Salzform schwach basischer Ionenaustauscher zu umgehen.

Die Kapazität hängt von verschiedenen äußeren Bedingungen ab, unter denen der Einfluß des pH-Wertes an erster Stelle zu nennen ist. Da die funktionellen Gruppen schwache oder starke Säuren und starke oder schwache Basen darstellen, sind sie naturgemäß pH-abhängig.

Literatur

K. Dorfner, Ionenaustauscher, 3. Auflage, W. de Gruyter & Co., Berlin 1970.
Autorenkollektiv, Analytikum, VEB Deutscher Verlag für Grundstoffindustrie, Leipzig 1972.
J. X. Khym, Analytical Ion-Exchange Procedures in Chemistry and Biology, Prentice-Hall, Inc., Englewood Cliffs, N. J. 1974.
F. Helfferich, Ionenaustauscher Bd. 1, Verlag Chemie, Weinheim 1959.
F. Seel, Grundlagen der Analytischen Chemie, 4. Auflage, Verlag Chemie, Weinheim 1965.
R. Bock, Methoden der Analytischen Chemie, Band 1: Trennungsmethoden, Verlag Chemie, Weinheim 1974.

5 Spektroskopische Methoden

5.1 Infrarotspektroskopie

Präparation der Proben zur Infrarotspektroskopie

Die Aufnahme von Infrarotspektren zur Lösung der verschiedensten Probleme zählt zu den am häufigsten durchgeführten Operationen aus dem Bereich der Instrumentellen Analytik. Die Qualität des erhaltenen Spektrums wird von einer Anzahl von Faktoren beeinflußt und nur die Einhaltung bestimmter Aufnahmebedingungen liefert ein befriedigendes Ergebnis.

Die heute im Handel angebotenen Spektrometer erlauben eine zugleich schnelle und einfache wie sichere und genaue Einstellung der Gerätevariablen wie Verstärkereinstellung, Verstärkerdrift, Spaltprogramm und Registriergeschwindigkeit.

Von großem Einfluß auf das Spektrum sind weiter der Aggregatzustand der Probe, die Konzentration und Homogenität bei gelösten Substanzen und die durchstrahlte Schichtdicke.

Diese Parameter werden so gewählt, daß die Absorptionsbanden, die vornehmlich zur Auswertung herangezogen werden, in den Durchlässigkeitsbereich von 20–60% fallen.

Bei der Vorbereitung der zur Vermessung hergestellten Probe soll möglichst wasserfrei gearbeitet werden, da selbst geringe Wassermengen in gewissen Spektralbereichen störende Eigenabsorptionen zeigen und die meisten der gebräuchlichen Fenstermaterialien empfindlich gegenüber Feuchtigkeit sind.

Die Auswahl der Fenstermaterialien erfolgt aufgrund der Eigenschaften der Substanz und im Hinblick auf den zu untersuchenden Spektralbereich.

Die benötigten Substanzmengen sind im allgemeinen sehr gering und können im Bedarfsfall häufig zurückgewonnen werden.

Untersuchung von Gasen

Bei der Vorbereitung einer gasförmigen Probe zur Aufnahme eines IR-Spektrums ist die homogene Verteilung der Substanzen gewährleistet. Die Konzentration ist über den Druck des Gases im Probenraum und die unterschiedliche variable Schichtdicke der Küvetten steuerbar.

IR-Gasküvetten bestehen aus zylindrischen Röhren, zumeist aus Glas, von unterschiedlicher Länge. Die Enden der Küvetten sind mit IR-durchlässigen Fenstern versehen, die entweder fest mit der Küvette verkittet sind oder aber durch Schraubverschlüsse gehalten werden (Abb. 5-1). Zur Einführung der Probe ist die Küvette mit Gaseinlaß- und -auslaßhähnen versehen. Für die Aufnahme von Übersichtsspektren werden normalerweise Küvetten von 5 (10) cm Länge und einem Volumen von 75 bis 90 (150 bis 180) cm^3 verwendet. Daneben gibt es noch spezielle Küvetten zur Aufnahme von geringen Gasmengen, beispielsweise gaschromatographischer Fraktionen, mit Schichtdicken von 1 cm bis 3 cm und Inhalten von einigen Millilitern. Zur Spurensuche in Gasen oder zur Untersuchung intensitätsschwacher Schwingungen werden hingegen Langwegküvetten verwendet, in denen durch Mehrfachreflexion bei handlicher Größe der Küvette Weglängen von 10 m oder mehr erreicht werden können.

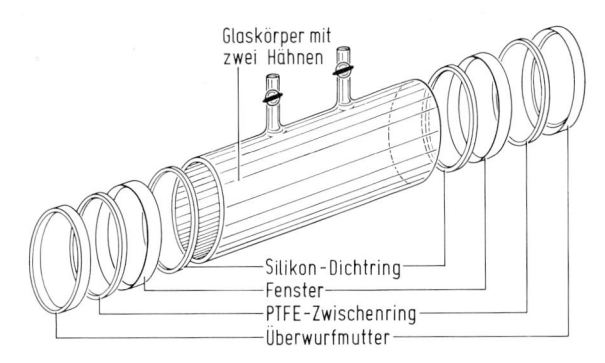

Abb. 5-1. Gasküvette, zerlegt

Abb. 5-2. Gassammelgefäß
Aus: H. Günzler und H. Böck, IR-Spektroskopie, Taschentext 43/44, Verlag Chemie, Weinheim 1975.

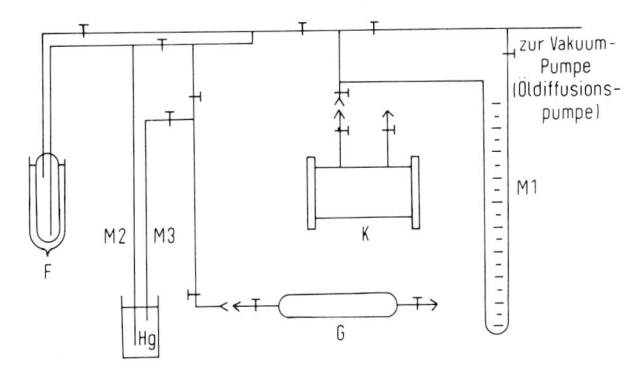

Abb. 5-3. Vakuumapparatur zur Füllung von Gasküvetten (Beschreibung siehe Text)
Aus: G. Günzler und H. Böck, IR-Spektroskopie, Taschentext 43/44, Verlag Chemie, Weinheim 1975.

Zur Aufnahme der Spektren müssen die Küvetten von den Resten vorheriger Messungen vollständig befreit werden. Dazu wird die Küvette meistens mit einer Vakuumpumpe evakuiert und in manchen Fällen ist die Reinigung und Neufettung der Hähne erforderlich.

Vorgang des Küvettenfüllens

Abb. 5-3 zeigt das Prinzip der Apparatur zur Füllung von Gasküvetten. Sie besteht aus einem Leitungssystem (Glasrohr, Durchmesser 6 mm) mit zwei Anschlußmöglichkeiten für die Küvette K und das Gassammelgefäß G, einem zweischenkligen Quecksilber-Feinmanometer M1 zur genauen Druckmessung in der Küvette, einer Kühlfalle F und zwei einschenkligen Hg-Manometern M2 und M3 zur Druckmessung in F bzw. G.

Nach Evakuieren des Leitungssystems wird durch Öffnen der entsprechenden Hähne die Probe von G nach K überführt, bis in K der gewünschte Partialdruck erreicht ist. Nach Anschluß eines Stickstoffbehälters (Gassammelgefäß) kann die Probe auf dieselbe Weise mit Stickstoff auf den gewünschten Partialdruck (zum Beispiel 500 mbar) aufgefüllt werden.

Die Kühlfalle dient zur Befreiung der Proben von Inertgasen (Luft) durch Tiefkühlung und Abpumpen sowie zur Rückgewinnung der Probe.

Zusatz: Ungenutzt sollte die Küvette in einem Exsikkator oder in einer Trockenbox aufbewahrt werden.

Untersuchung von Flüssigkeiten

Die Technik der IR-spektroskopischen Vermessung von Flüssigkeiten wird bestimmt durch die dichtere Molekülpackung und die damit verbundenen wesentlich stärkeren Absorptionen. Um zu auswertbaren Spektren zu kommen, ist es deshalb notwendig, die Flüssigkeit in sehr geringer Schichtdicke in den Strahlengang des Gerätes zu bringen.

Die Realisierung geringer Schichtdicken wird durch die Verwendung von Flüssigkeitsküvetten erreicht. Diese bestehen aus zwei IR-durchlässigen Abschlußfenstern, deren Abstand durch verschiedene Distanzscheiben unterschiedlicher Dicke $\geq$ 0,025 mm geregelt werden kann. Die gesamte Anordnung wird durch einen Metallrahmen zusammengehalten, der die Einfüllöffnung für die Substanz besitzt und den Einbau in das Spektrometer ermöglicht. Die Verwendung von Küvetten mit auswechselbaren Distanzscheiben hat den Vorteil, daß die Fenster- und Dichtungsmaterialien dem jeweiligen Problem angepaßt werden können und zudem durch Zerlegung der Küvette eine gründliche Reinigung der Teile gewährleistet ist. Hinzu kommt die Möglichkeit, die Fenster von Zeit zu Zeit durch Polieren wieder voll einsatzbereit zu machen, wenn mit aggressiven Proben gearbeitet worden ist.

Für bestimmte Probleme, zum Beispiel Reihenuntersuchungen von Lösungen unbekannter Konzentration, eignen sich Küvetten mit beliebig einstellbarer Schichtdicke innerhalb gewisser Grenzen. Nachteilig wirkt sich bei diesen Küvetten die schwierigere Säuberung aus. Zudem tritt nach häufiger Benutzung eine Veränderung des Fenstermaterials auf, so daß eine genaue Einhaltung der Schichtdicken, die auf der Küvette angegeben sind, nicht mehr gegeben ist.

Zur Vermessung von chemisch reinen flüssigen Substanzen sind im Normalfall Schichtdicken von < 25 μm erforderlich. Da diese Schichtdicken aber nur sehr schwierig genau reproduzierbar sind, verzichtet man für qualitative Messungen häufig auf die Benutzung von Distanzscheiben bestimmter Dicke und vermißt die Probe als kapillaren Film. Zu diesem Zweck gibt man einen oder einige Tropfen der Flüssigkeit auf ein Fenster einer zerlegbaren Küvette und preßt das zweite Fenster darauf. Es breitet sich ein dünner Film zwischen den Scheiben aus und nach Montage der Küvette kann das Spektrum aufgenommen werden. Um die Wechselbeziehungen benachbarter Moleküle herabzusetzen und damit ein besser aufgelöstes Spektrum zu erhalten, werden für quantitative Aufgaben Flüssigkeiten bei geringerer Konzentration, aber bei größerer Schichtdicke in Lösung vermessen. Zu diesem Zweck werden Lösungsmittel benutzt, die möglichst keine Wechselwirkung mit der Substanz eingehen. Erschwerend kommt aber hinzu, daß das Eigenspektrum der Substanz von dem Spektrum des Lösungsmittels überdeckt wird. Bei geringer Wechselwirkung addieren sich die Spektren von Substanz und Lösungsmittel. Bei sorgfältiger Arbeitsweise kann man das Lösungsmittelspektrum eliminieren, indem man das reine Lösungsmittel bei den üblichen Doppelstrahlgeräten in den Vergleichsstrahl bringt. Hierzu eignen sich besonders Küvetten mit variabler Schichtdicke. Häufig ist man aber zur Aufnahme eines kompletten Spektrums zur Benutzung verschiedener Lösungsmittel gezwungen, die an unterschiedlichen Stellen keine Absorption zeigen. Damit kann man ungestört von Fremdabsorptionen alle Teilbereiche des Spektrums vermessen.

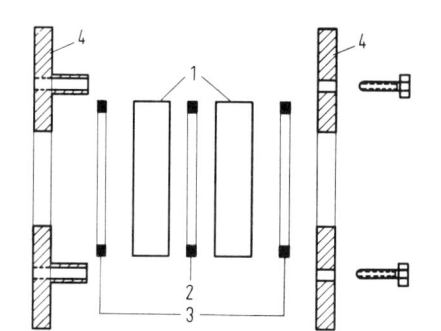

1 Küvetten-Fenster
2 Abstandsring
3 Zwischenring
4 Halterung

Abb. 5-4. Zerlegbare Küvette
Aus: H. Günzler und H. Böck, IR-Spektroskopie, Taschentext 43/44, Verlag Chemie, Weinheim 1975.

Untersuchung von Feststoffen

Wie bei der Vermessung von flüssigen Proben ergibt sich auch bei festen Proben die Notwendigkeit, dünne homogene Schichten der Substanz herzustellen, deren Durchlässigkeit im Bereich von 20% bis 60% liegt. Zur Erfüllung dieser Forderung bedient man sich je nach Art der Substanz und ihren physikalischen Eigenschaften dreier Präparationsmethoden:

a) KBr-Preßtechnik

Bei diesem Verfahren der Probenpräparation macht man sich die Tatsache zunutze, daß Alkalihalogenide wie KBr, KI, CsI, CsBr unter dem Einfluß von Drücken über 7 kbar plastisch werden und zu einer durchsichtigen klaren Masse zusammenfließen. Am gebräuchlichsten ist Kaliumbromid, das im üblichen IR-Bereich keine Eigenabsorption besitzt. Durch Vermengen des Kaliumbromids mit der Substanz wird bei dem Preßvorgang eine homogene Einbettung erzielt. Um zu scharfen Banden zu gelangen, müssen jedoch einige Voraussetzungen erfüllt sein: Das verwendete Kaliumbromid muß absolut trocken und sehr rein sein, darf nicht mit der zu vermessenden Substanz reagieren und muß während des Preßvorganges durch Abpumpen entgast werden. Von großem Einfluß auf die Qualität der Spektren ist weiterhin der Verteilungsgrad der Substanz im Kaliumbromid. Durch gutes Verreiben in einem Mörser oder noch besser durch Zerkleinerung und Mischung in einer Schwingmühle läßt sich diese Schwierigkeit überwinden. Substanzen, die einen im Vergleich zu Kaliumbromid wesentlich größeren Brechungsindex besitzen, führen häufig zu trüben Preßlingen, deren Durchlässigkeit in Richtung größerer Wellenzahlen stark abnimmt (Christiansen-Effekt). Um diese Erscheinung zu vermeiden, müssen die Teilchen weiter zerkleinert werden. Dazu kann man die Stoffe in einem Lösungsmittel aufnehmen, zum Kaliumbromid zugeben, bis zum Eintrocknen verreiben und erneut einen Preßling herstellen.

Arbeitsvorgang:

Zur Herstellung eines üblichen Preßlings von 13 mm Durchmesser gibt man 0,5 mg bis 2 mg gepulverte Substanz und ca. 300 mg KBr in eine Achatreibschale. Nach dem Durchmischen mit dem Spatel wird verrieben, bis die Mischung eine mehlige Konsistenz annimmt. Im Laufe der Verreibung schabt man mehrmals die Probe mit dem Spatel vom Pistill ab und schiebt sie in der Mitte der Schale zu einem Häufchen zusammen. Dadurch wird für gute Durchmischung gesorgt. Die fertige Mischung überführt man in das Preßwerkzeug. Dazu setzt man das Preßwerkzeug bis auf den Oberstempel zusammen und füllt die Probe mit Hilfe von Spatel und Trichter in die Gehäusebohrung ein. Anschließend wird der Oberstempel eingesetzt, einige Male hin- und hergedreht, damit sich die Probe verteilt und dann das Werkzeug in die Presse gebracht. Vor dem Pressen wird erst 2 Minuten bis 5 Minuten auf ca. 10 mbar bis 20 mbar evakuiert und dann unter

Vakuum 2 Minuten bei ca. 10 kbar Belastung gepreßt. Den fertigen Preßling drückt man mit dem Oberstempel – nach Belüftung und Druckentlastung – vorsichtig aus dem Gehäuse. Die Tablette soll durchsichtig sein; trübe Preßlinge verreibt und preßt man erneut. Der Vorgang des Verreibens und Zerkleinerns kann auch in einer Schwingmühle vorgenommen werden. In vielen Fällen wird der Preßling in einem Messingring hergestellt, der verhindert, daß der Preßling rissig wird oder zerbricht.

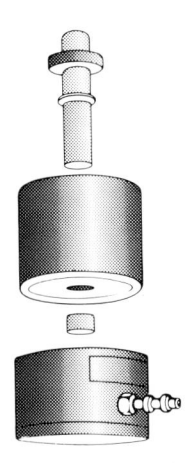

Abb. 5-5. Preßform (zerlegt)
Aus: Perkin-Elmer, IR-Zubehörkatalog

b) Paraffinöl-(Nujol-)Verreibung

Zur Präparation von festen Proben, die bei der KBr-Preßtechnik zu unbefriedigenden Resultaten führen, indem sie zum Beispiel mit dem KBr reagieren, greift man auf eine andere Einbettungstechnik zurück. Die feste Probe wird in Paraffinöl (Nujol) homogen suspendiert. Nujol besitzt starke Absorptionen bei 1380 cm^{-1} und 1460 cm^{-1} und sehr starke bei 2930 cm^{-1} und 2960 cm^{-1} und überdeckt in diesen Bereichen das Spektrum der Probe. Für Messungen im Bereich dieser Banden können Suspensionsmittel wie Perchlorbutadien oder perfluorierte Kohlenwasserstoffe (Hostaflonöl®, Kel-F-Öl® o.ä.) verwendet werden.

Arbeitsvorgang:

Man gibt etwa 0,5 mg bis 2 mg feinstgepulverte Substanz in eine kleine Achatreibschale und fügt 1 bis 2 Tropfen Nujol hinzu. Das Gemisch wird gut verrieben, bis eine milchige Paste entstanden ist. Sie wird mit einem Spatel oder Glasstab in die Mitte einer Küvettenplatte gebracht und vorsichtig durch Aufdrücken der zweiten Küvettenplatte kapillar zwischen den Platten verteilt. Die Platten werden in einer Halterung für die Küvette eingesetzt und vermessen. Die Substanz ist in der richtigen Korngröße suspendiert, wenn sich zwischen den Küvettenfenstern kein *Federmuster* zeigt.

c) Untersuchung von Folien

Manche Festkörper, zum Beispiel Kunststoff, lassen sich als Folien geeigneter Dicke direkt vermessen. Die Herstellung der Folien erfolgt meist durch Lösen des polymeren Stoffes in einem geeigneten Lösungsmittel, anschließendem Abgießen der Lösung auf eine ebene Fläche und Verdampfen des Lösungsmittels. Der zurückbleibende Film kann direkt vermessen werden. Unlösliche plastische Polymere werden zwischen zwei geheizten Stahlplatten zu Filmen gepreßt.

Auswertung der Spektren

Die weitaus größte Anzahl von Substanzen liefert ein so kompliziertes Spektrum, daß man auf die Zuordnung aller Absorptionsbanden verzichten muß und entweder nur auf charakteristische Banden eingeht, sogenannte Schlüssel- oder Gruppenfrequenzen, oder in vielen Fällen zur Beschreibung des Spektrums alle auftretenden Banden angibt. Die Lage der Banden wird gekennzeichnet durch die Angabe der Wellenzahl $\tilde{\nu}$ der Absorptionsmaxima, die bei den gebräuchlichen Geräten auf den vorgedruckten Registrierpapieren mit Koordinateneinteilung bei exakter Einstellung ohne Korrektur direkt ablesbar sind. Die Intensitätsangaben erfolgen nach einem Katalog, der in der Literatur häufig Anwendung findet:

sst	sehr stark	vs	very strong
st	stark	s	strong
m	mittelstark	m	medium
s	schwach	w	weak
ss	sehr schwach	vw	very weak
(s)br	(sehr) breit	(v)b	(very) broad
Sch	Schulter	sh	shoulder

Literatur

W. Brügel, Einführung in die Ultrarotspektroskopie, IV. Auflage, Dr. D. Steinkopff Verlag, Darmstadt 1969.
H. Volkmann, Handbuch der Infrarot-Spektroskopie, Verlag Chemie, Weinheim 1972.
G. Kemmer, Infrarotspektroskopie, Franck'sche Verlagshandlung, Stuttgart 1969.
H. Günzler und H. Böck, IR-Spektroskopie, Taschentext 43/44, Verlag Chemie, Weinheim 1975.

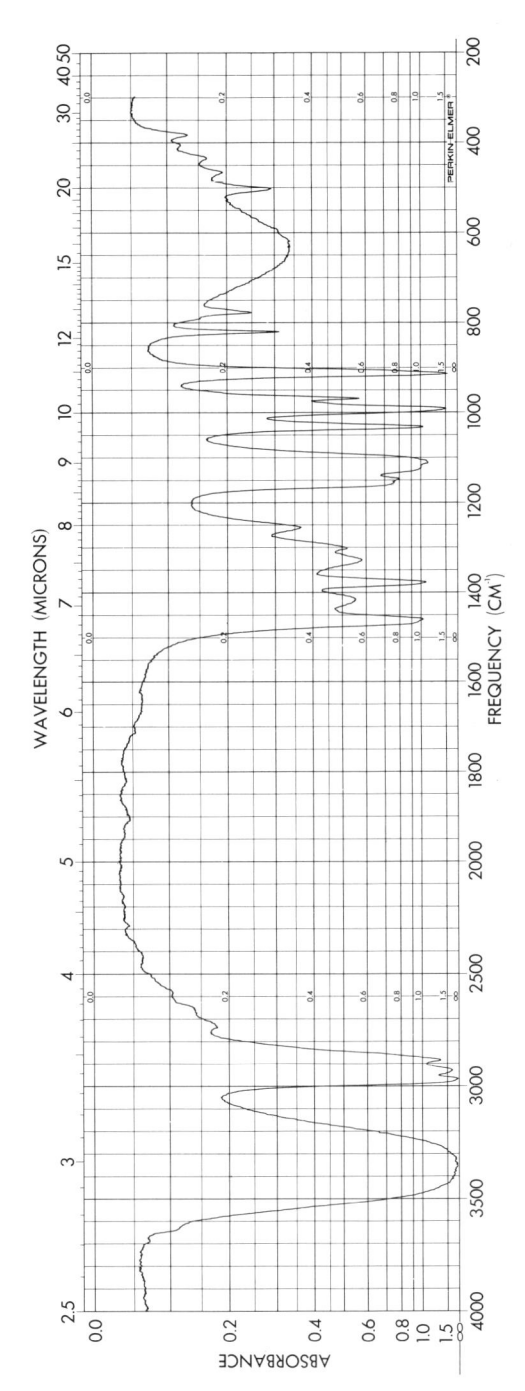

Abb. 5-6. Beispiel eines IR-Spektrums
Aus: N.L. Alpert, W.E. Keiser, H.A. Szymanski, IR-Theory and Practice of Infrared
   Spectroscopy, 2. Auflage, Plenum Press, New York 1970.

5.2 Ramanspektroskopie

Die Ramanspektroskopie ist ein weiteres wichtiges Feld der Schwingungsspektroskopie. Sie lag und liegt besonders mit der IR-Spektroskopie im *Wettbewerb*, obwohl sich die beiden Methoden in vieler Hinsicht komplementär ergänzen. Der Begriff *Wettbewerb* bezieht sich deshalb auch mehr auf die apparative Entwicklung, in der die IR-Spektroskopie in der Zeit nach 1945 lange Jahre in der Vorhand war. Erst seitdem mit der Entwicklung der kontinuierlichen Gas-Laser eine ebenso intensive wie monochromatische Anregungslichtquelle zur Verfügung steht, vermag die Ramanspektroskopie ihr Anwendungspotential annähernd voll auszuschöpfen.

Die Hauptvorteile der Ramanspektroskopie im heutigen Entwicklungsstand liegen im geringen Probenbedarf, der Verfügbarkeit eines weiten Meßbereichs (mindestens 50 cm^{-1} bis über 3000 cm^{-1}) eines einzigen Gerätes, der Möglichkeit, Anregungsstrahlung unterschiedlicher Wellenlänge zur Vermeidung von Fluoreszenzerscheinungen oder Eigenabsorptionen gefärbter Proben einzusetzen sowie in der Vermeßbarkeit von Lösungen in polaren Lösungsmitteln, die bei IR-Messungen wegen der Behälterschwierigkeiten oder der intensiven Eigenabsorption des Lösungsmittels ausscheiden.

Hinzu kommt die vereinfachte Wahl des Behältermaterials. Da die Schwingungsfrequenzen im sichtbaren Bereich des Spektrums anfallen, können als optisch einwandfreie Behälter-, Fenster- und Linsenmaterialien chemisch widerstandsfähige Gläser etc. verwendet werden. Dies ermöglicht auch die leichte Anfertigung heizbarer oder kühlbarer Probenbehälter.

Probenpräparation

Die heute verwendeten Laser-Lichtquellen lassen als Probenbehälter einfache Schmelzpunktkapillaren zu. Diese werden gegebenenfalls unter Schutzgas oder Vakuum abgeschmolzen und schützen so die Probe auf Dauer.

Die Intensität der Ramanstreuung von Festkörpern nimmt generell in der Sequenz: Pulver < Preßling aus reinem Pulver < KBr-Preßling mit Pulver < polykristalliner Festkörper < Einkristall zu. Dies sollte man bei der Probenvorbereitung berücksichtigen. Bei Anwendung der KBr-Preßtechnik ist auf eine gegenüber der IR-Spektroskopie erhöhte Konzentration an Probensubstanz (5 Gew.% und mehr) zu achten.

Bei Vorliegen flüssiger Proben wird heute routinemäßig mit Probevolumina von 2 µl bis 25 µl gearbeitet, in spezialisierten Mikroprobenbehältern kommt man schon mit 0,05 µl aus.

Falls Gase oder niedrig konzentrierte Lösungen untersucht werden sollen, stehen für die einzelnen Gerätetypen speziell entwickelte Zellen zur Verfügung, in denen durch Mehrfachreflexion entsprechende Weglängen erreichbar sind.

5.2 Ramanspektroskopie 65

Polymere können in Substanz vermessen werden, soweit nicht deren Fluoreszenz zu stark stört.

Auswertung der Spektren

Im Prinzip gilt das bereits zur IR-Spektroskopie Gesagte, wobei man allerdings berücksichtigen muß, daß bei Vorliegen gewisser Symmetriebedingungen eine Koinzidenz zwischen IR- und Ramanspektren nicht besteht.

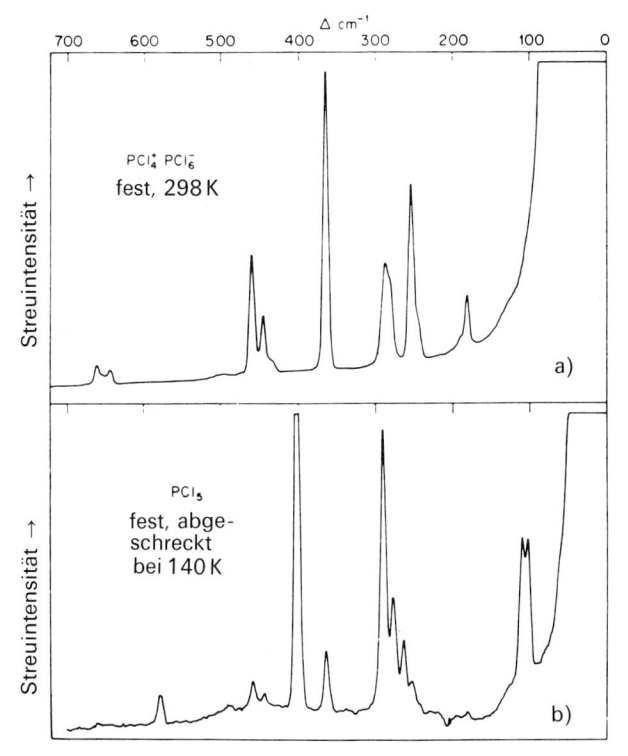

Abb. 5-7. Ramanspektrum von festem Phosphorpentachlorid
   a) bei Raumtemperatur
   b) aus dem gasförmigen Zustand auf eine 140 K kalte Oberfläche abgeschreckt
Aus: Raman Spectroscopy, Theory and Practice, Editor H. A. Szymanski, Bd. 2, Plenum Press, New York 1967 und 1970.

Wie die Abbildung zeigt, erfolgt die Registrierung eines Ramanspektrums im Sinn der Aufzeichnung von Strahlungsemissionen (im Gegensatz dazu bei IR-Strahlungsabsorption). Üblicherweise wird die gegenüber der Erregerlinie frequenzverminderte Stokes-Strahlung registriert, deren Intensität gegenüber der frequenzerhöhten Anti-Stokes-Strahlung größer ist. Die Frequenzangabe erfolgt in $\Delta \bar{\nu}$ in cm^{-1} gegen die Frequenz der Erregerlinie. Intensitätsangaben entsprechen den bei der IR-Spektroskopie gebräuchlichen.

Polarisationsmessungen

Für die Zuordnung der Ramanfrequenzen von außerordentlicher Bedeutung ist die Messung des Polarisationsgrades der einzelnen Frequenzen. Hierzu wird die Intensität der Streulinien einmal mit parallel zur Beobachtungsrichtung polarisiertem Erregerlicht ($I_\parallel$) und einmal mit senkrecht hierzu polarisiertem Erregerlicht ($I_\perp$) bestimmt. Das Verhältnis

$$\frac{I_\parallel}{I_\perp} = \varrho_s$$

für vollständig polarisierte Banden ist $\varrho_s \to 0$, für depolarisierte Banden liegt es bei etwa 0,75.

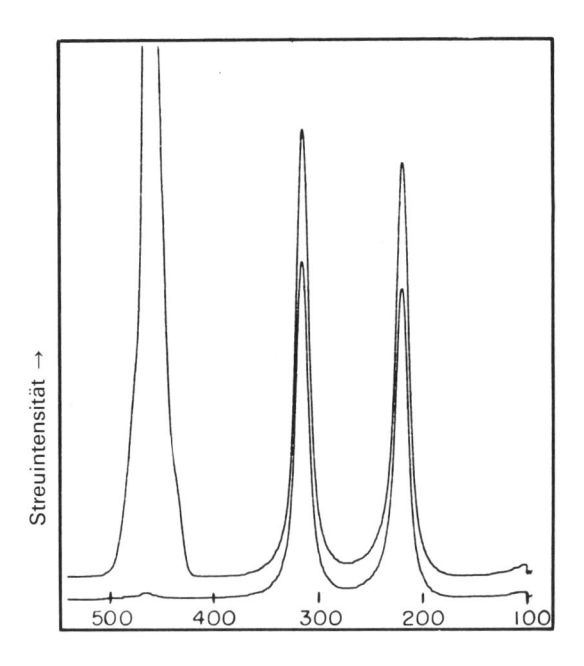

Abb. 5-8. Ramanspektrum von CCl_4
  a) Erregerlicht senkrecht zur Beobachtungsrichtung polarisiert (obere Kurve)
  b) Erregerlicht parallel zur Beobachtungsrichtung polarisiert (untere Kurve)
  Die Linien bei 218 und 314 cm^{-1} sind depolarisiert und haben

$$\varrho_s = \frac{I_\parallel}{I_\perp} \approx 0{,}74,$$

  die Linie bei 459 cm^{-1} ist polarisiert mit $\varrho_s = 0{,}006$.
Aus: I. R. During und W. C. Harris in Physical Methods of Chemistry, Editors A. Weissberger und B. W. Rossiter, Bd. I, Teil III B, Wiley Interscience, New York 1972.

Literatur

I. R. During und W. C. Harris in Physical Methods of Chemistry, Editors A. Weissberger und B. W. Rossiter, Band I, Teil III B, Wiley Interscience, New York 1972.
Raman Spectroscopy, Theory and Practice, Editor H. A. Szymanski, Band 1 und 2, Plenum Press, New York 1967 und 1970.
S. K. Freeman, Application of Laser Raman Spectroscopy, Wiley Interscience, New York 1974.

5.3 Spektroskopie im ultravioletten und sichtbaren Bereich

Probenvorbereitung

Die spektroskopische Untersuchung von Substanzen im sichtbaren und ultravioletten Bereich von etwa 190 nm bis 900 nm, auch als Elektronenanregungsspektroskopie bezeichnet, erfordert nur sehr geringe Substanzmengen. Prinzipiell können Spektren von Substanzen in gasförmiger, flüssiger oder fester Form erhalten werden, die hier gegebenen Hinweise beziehen sich jedoch auf die Vermessung von Lösungen, da sie die häufigste Art der Untersuchung darstellt.

Als Aufnahmegefäße für die Lösungen dienen Flüssigkeitsküvetten mit planparallelen, optisch geschliffenen Fenstern im Strahlengang. Als Küvettenmaterial für die Spektroskopie im sichtbaren Spektralbereich genügt Glas. Als Wegwerfküvette sind heute solche aus Kunststoff auf dem Markt. Ihre Verwendung ist begrenzt einmal auf qualitative Untersuchungen, zum anderen auf solche Lösungsmittel, die das Küvettenmaterial nicht angreifen. Im UV-Bereich hat normales Glas keine Durchlässigkeit mehr. Hier greift man auf Quarzküvetten zurück, die etwa bis 190 nm keine Absorption zeigen. Die Schichtdicken der Küvetten betragen je nach Konzentration und Extinktion der untersuchten Substanz 0,1 cm bis 10 cm; häufig werden 1 cm Küvetten verwandt.

Zur Lösung der Substanzen werden Verbindungen benutzt, die in dem zu vermessenden Spektralbereich keine Absorption hervorrufen. Man bevorzugt hierzu vor allem unpolare Verbindungen wie gesättigte Kohlenwasserstoffe (n-Hexan, n-Heptan, Cyclohexan), da bei ihrer Verwendung Wechselwirkungen mit den gelösten Substanzen weitgehend vermieden werden, die zu fehlerhaften Ergebnissen führen würden. Nicht immer ist die Verwendung dieser Lösungsmittel möglich, so daß auch solche mit höherer Polarität benutzt werden. Aus der großen Anzahl der infrage kommenden Lösungsmittel seien nur einige wie Methylenchlorid, Ethanol oder Dioxan genannt. Voraussetzung bei der Verwendung aller Lösungsmittel ist deren hoher Reinheitsgrad. Um die zeitaufwendige Arbeit der Reinigung von Lösungsmitteln zu umgehen, können von Chemikalienherstellern eigens für diesen Zweck angebotene Lösungsmittel erworben werden.

68   5 Spektroskopische Methoden

Zur vollständigen quantitativen Auswertung der Spektren ist es erforderlich, die zu vermessende Substanz einzuwägen, um Lösungen mit definierter Konzentration herzustellen.

Aufnahme des Spektrums und Entnahme der Meßdaten

Die zur Aufnahme von Absorptionsspektren benutzten Geräte werden als Spektralphotometer bezeichnet und werden in unterschiedlicher Ausführung hergestellt und vertrieben. Bei vielen Geräten ist es üblich, gleichzeitig mit der Substanzlösung in einem Vergleichsstrahl die Eigenabsorption des reinen Lösungsmittels mitzubestimmen.

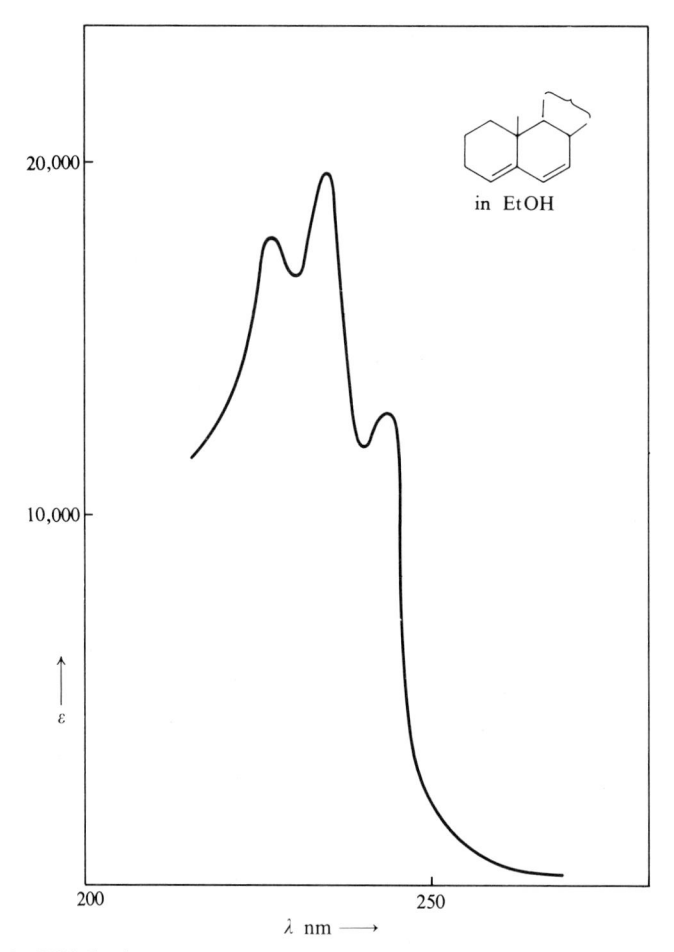

Abb. 5-9. UV-Spektrum
Aus: D.H. Williams und J. Fleming, Spectroscopic methods in organic chemistry, 2. Auflage, Mc Graw-Hill Book Company (UK) Limited, Maidenhead, Berkshire 1973.

Die Aufnahme des Spektrums, die Bestimmung der Absorption der Substanz in Abhängigkeit von der Wellenlänge der Strahlung, kann je nach Art des Gerätes manuell oder bei registrierenden Spektralphotometern automatisch erfolgen. Bei manuell hergestellten Spektren wird die Absorption punktweise gemessen und die erhaltenen Extinktionswerte werden gegen die Wellenlänge der verwendeten Strahlung aufgetragen. Die Einstellung der Wellenlänge kann beispielsweise in Abständen von 5 nm bis 10 nm vorgenommen werden, wobei in Bereichen besonderer Extinktionsänderungen kleinere Abstände gewählt werden.

$$\varepsilon = \frac{E}{c \cdot l}$$

ε = molarer Extinktionskoeffizient in L · mol^{-1} · cm^{-1}
E = gemessene Extinktion
c = Konzentration der Lösung in mol · L^{-1}
l = Schichtdicke der Lösung in cm

Aus den erhaltenen Kurven, den Übersichtspektren, können die Extinktionswerte entnommen werden und bei Kenntnis der Schichtdicke und der Konzentration der Lösung kann hiermit der molare Extinktionskoeffizient oder dessen dekadischer Logarithmus berechnet werden; dieser stellt eine von der Konzentration unabhängige substanzspezifische Konstante dar.

Gemäß dem Lambert-Beer'schen Gesetz wählt man die veränderlichen Parameter, Schichtdicke und Konzentration so (siehe oben), daß die Meßgröße Extinktion $0,1 < E < 2,0$ wird.

In vielen Fällen wird man sich entschließen, einzelne Bereiche des Spektrums mit unterschiedlicher Schichtdicke oder veränderter Konzentration der Lösung gesondert zu vermessen, um bei schwach ausgeprägten Extinktionsmaxima zu genaueren Ergebnissen zu gelangen.

Literatur

J. Derkosch, Absorptionsspektralanalyse im ultravioletten, sichtbaren und infraroten Gebiet, Akademische Verlagsgesellschaft, Frankfurt/Main 1967.
M. Pestemer, Anleitung zum Messen von Absorptionsspektren im Ultravioletten und Sichtbaren, Georg Thieme Verlag, Stuttgart 1964.
B. Hampel, Absorptionsspektroskopie im ultravioletten und sichtbaren Spektralbereich, Fried. Vieweg & Sohn, Braunschweig 1962.

5.4 Magnetische Kernresonanz-Spektroskopie (NMR-Spektroskopie)

Präparation der Proben

Die Aufnahme von NMR-Spektren erfolgt in der Regel von flüssigen Proben. Festsubstanzen werden zu diesem Zweck in geeigneten Lösungsmitteln gelöst, flüssige Reinsubstanzen werden verdünnt, um zwischenmolekulare Wechselwirkungen zu verringern. Im allgemeinen genügen 5 mg bis 100 mg Substanz, die mit etwa 0,5 mL Lösungsmittel verdünnt werden, das entspricht Konzentrationen von 1% an aufwärts. Zur Aufnahme der Proben dienen spezielle zylindrische Glasröhrchen mit einem äußeren Durchmesser von 5 mm und einer Länge von 150 mm bis 180 mm. Bei der Vermessung bestimmter Kernsorten braucht man Röhrchen anderer Dimension, zum Beispiel 10 mm Durchmesser. Ihre Qualität muß beachtet werden, da bei ungleichmäßiger Wandung eine erforderliche einwandfreie Rotation während der Messung nicht mehr gewährleistet ist. Zum Verschluß der Meßröhrchen werden Kunststoffkappen benutzt oder das Röhrchen wird abgeschmolzen. Für hochaufgelöste Präzisionsmessungen werden die Proben durch Evakuieren von gelöstem Sauerstoff befreit, um eine Linienverbreiterung zu vermeiden.

An die Lösungsmittel werden einige Anforderungen gestellt:
a) möglichst geringe Viskosität,
b) großes Lösungsvermögen,
c) diamagnetisches Verhalten; paramagnetische Verbindungen führen gewöhnlich zu einer Linienverbreiterung,
d) möglichst keine eigenen Signale in dem gewünschten Meßbereich,
e) möglichst geringe Substanz-Lösungsmittel-Wechselwirkungen, vor allem müssen chemische Reaktionen ausgeschlossen sein.

Für die Aufnahme von Protonenresonanzspektren werden protonenfreie Lösungsmittel herangezogen, zum Beispiel bei unpolaren Verbindungen Tetrachlorkohlenstoff CCl_4 oder Schwefelkohlenstoff CS_2. Da diese Lösungsmittel aber häufig nicht ausreichen, werden polare Lösungsmittel benutzt, in denen die H-Atome durch Deuterium ersetzt worden sind, sogenannte deuterierte Verbindungen. Aus der großen Anzahl der zur Verfügung stehenden deuterierten Verbindungen seien nur einige genannt: Deuterochloroform $CDCl_3$, Dimethylsulfoxid-d_6 $(CD_3)_2SO$, Aceton-d_6 $CD_3-CO-CD_3$, Acetonitril-d_3 CD_3CN, Benzol-d_6 C_6D_6 und D_2O. Zur weiteren Information siehe Tabelle VI.

Es ist zu beachten, daß deuterierte Lösungsmittel immer geringe nichtdeuterierte Anteile enthalten, die bei Protonenspektren Signale geringer Intensität verursachen und bei der Spektrenauswertung zu berücksichtigen beziehungsweise zu vernachlässigen sind.

Referenzsubstanzen

Die Festlegung der Positionen der auftretenden Resonanzsignale eines NMR-Spektrums erfolgt durch den Bezug auf ein Signal, das durch die gleichzeitige Vermessung einer geeigneten Referenzsubstanz erzeugt wird. Die verwendete Referenzsubstanz kann dabei entweder der zu untersuchenden Lösung direkt zugesetzt werden (innerer Standard) oder in einem zweiten getrennten Meßröhrchen enthalten sein (äußerer Standard).

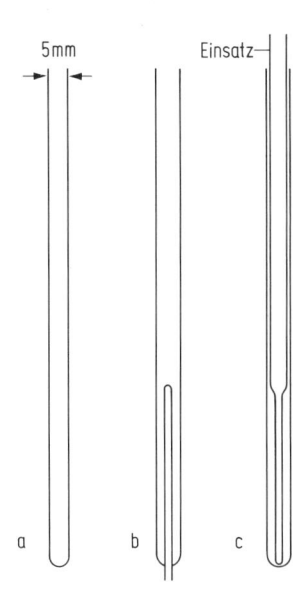

Abb. 5-10. NMR-Meßröhrchen
(a) für Messungen mit innerem Standard
(b) und (c) mit Kapillare für Messungen mit äußerem Standard

Für Protonenresonanzspektren wird bevorzugt Tetramethylsilan (TMS) als innerer Standard verwendet, da diese Substanz eine Reihe von Eigenschaften besitzt, durch die sie sich als Referenzsubstanz besonders eignet. Durch Zugabe von 1 bis 2 Tropfen TMS zu der im NMR-Röhrchen enthaltenen Substanzlösung wird ein genügend intensives Signal erzeugt. Durch die Festlegung der Resonanzfrequenzen für die Substanz und des Standards kommt man zu den Werten der chemischen Verschiebung δ.

$$\delta = \frac{v_{Probe} - v_{Standard}}{v_0}$$

v_0 ist die Betriebsfrequenz des verwendeten Spektrometers (zum Beispiel 60 MHz). Als Maß für die δ-Skala benutzt man den 10^{-6}. Teil bzw. die Angabe in ppm (parts per million).

72   5 Spektroskopische Methoden

Die chemische Verschiebung δ wird vom Standard aus gemessen, und zwar in Richtung ansteigender Frequenz positiv und fallender Frequenz negativ.

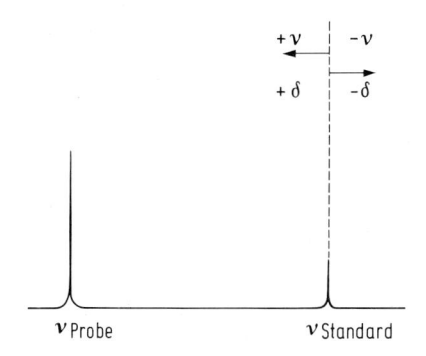

Abb. 5-11. Vorzeichen der chemischen Verschiebung

Die heute gebräuchlichen Geräte liefern ein NMR-Spektrum auf kalibriertem Papier mit ppm-Skala.

Bei der Untersuchung von Substanzen, deren Resonanzsignale dem Referenzsignal sehr naheliegen oder es sogar überdecken, werden andere Referenzsubstanzen als TMS herangezogen. In jedem Fall ist aber dann zu prüfen, inwieweit Messungen mit verschiedenen Referenzsubstanzen bezüglich der chemischen Verschiebung miteinander verglichen werden können und welche Störungen dabei auftreten können. Das gleiche gilt besonders für die Verwendung von *äußeren Standards*.

Die Empfindlichkeit der NMR-Geräte ist trotz der ständigen Verbesserung der Spektrometer für manche Kerne zu gering. Mit der Fourier-Transform-Technik konnte Abhilfe geschaffen werden. Diese Methode wird besonders dann angewendet, wenn die NMR-aktiven Kerne in sehr geringer Konzentration vorliegen, zum Beispiel im natürlichen Kohlenstoff; hier ist die Konzentration an ^{13}C-Kernen ca. 1,1 %.

Die heute am häufigsten vermessenen Kerne sind:

^{1}H, ^{11}B, ^{13}C, ^{19}F, ^{31}P.

Die Fourier-Transform-Technik eignet sich ebenso gut für sehr verdünnte Lösungen.

Literatur

H. Günther, NMR-Spektroskopie, Georg Thieme Verlag, Stuttgart 1973.
W. McFarlane und R. F. M. White, Techniques of high resolution nuclear magnetic resonance spectroscopy, Butterworth, London 1972.
E. Breitmaier und W. Voelter, ^{13}C-NMR-Spectroscopy, Verlag Chemie, Weinheim 1974.

5.5 Massenspektrometrie

Die Massenspektrometrie ist eine Untersuchungsmethode, bei der Substanzen in der Gasphase ionisiert werden und die gasförmigen ionisierten Teilchen, Atome, Moleküle oder Fragmente, aufgrund ihres Masse-Ladungs-Verhältnisses getrennt und registriert werden.

Die Ionisierung kann auf verschiedene Weise in der sogenannten Ionenquelle erfolgen. Die wichtigste Ionisierungsart stellt die Elektronenstoß-Ionisierung dar, bei der ein Elektronenstrahl mit der verdampften Substanz in Wechselwirkung tritt und unter anderem positive und negative Ionen gebildet werden. Die Untersuchung der positiven Ionen überwiegt.

Da die Bedienung eines Massenspektrometers gewöhnlich durch geschultes Personal erfolgt, bleiben dem Nutzer eines Massenspektrometers zwei Aufgaben, die er zu erfüllen hat, um die Aussagen eines Massenspektrums voll ausschöpfen zu können:
a) Er muß für eine sorgfältige Präparation der zu untersuchenden Probe sorgen und dem Operateur am Gerät möglichst detaillierte Angaben über die physikalischen Eigenschaften der Probe liefern, um optimale Meßbedingungen zu schaffen,
b) er muß die Aufbereitung uud Auswertung der Spektren vornehmen.

Beide Punkte sollen etwas näher betrachtet werden, allerdings wird die Auswertung eines Spektrums in diesem Zusammenhang nur soweit beschrieben, wie es zur Aufarbeitung und Darstellung des Meßergebnisses zu Vergleichszwecken erforderlich ist.

Die Interpretation des Massenspektrums muß umfangreicheren Darstellungen dieser Methode vorbehalten bleiben.

Hinweise für Probenauswahl und Vorbereitung

Der massenspektrometrischen Untersuchung sind alle Substanzen zugänglich, die ohne Zersetzung in dem vom Gerät vorgegebenen Temperaturbereich einen Dampfdruck von 10^{-4} mbar bis 10^{-7} mbar erreichen. Die Entwicklung der Massenspektrometrie hat heute einen solchen Stand erreicht, daß selbst sehr temperaturempfindliche und gleichzeitig relativ schwerflüchtige Verbindungen erfaßbar sind.

Der Aggregatzustand der zu vermessenden Probe ist nur insofern von Bedeutung, als dadurch die Wahl des Einlaßsystems am Massenspektrometer bestimmt wird. Es ist jedoch darauf zu achten, daß bei der benötigten geringen Substanzmenge eine repräsentative Probe analysiert wird.

Untersuchung von Gasen und leichtflüchtigen Flüssigkeiten

Gase oder leicht verdampfende Flüssigkeiten werden in die Ionenquelle durch eine sogenannte indirekte Probeneinführung eingeschleust. Bei diesem Verfahren werden 0,1 mg bis 1 mg der Probe in ein Vorratsgefäß mit ausreichendem Volumen verdampft.

Aus diesem Gefäß, in dem ein Druck von etwa 10^{-3} mbar eingestellt werden muß, wird gasförmige Substanz in die Ionenquelle eingelassen und bei 10^{-6} bis 10^{-7} mbar ionisiert.

Die Vorteile der indirekten Probeneinführung, vielfache Wiederholungsmöglichkeit des Spektrums und Homogenität eventuell vorliegender Gemische werden häufig überdeckt von den Nachteilen. Vor allem sind dies die thermische Zersetzung an der Oberfläche des Gefäßes und Hydrolysereaktionen mit einem schwer zu beseitigenden Wasserfilm auf der Oberfläche des Einlaßsystems.

Empfehlenswert ist bei luft- und feuchtigkeitsempfindlichen Substanzen, sie in einem Gefäß zur massenspektrometrischen Analyse vorzulegen, das direkt ohne Umfüllung der Substanz an das Einlaßsystem angeschlossen werden kann, zum Beispiel durch passende Schliffsysteme.

Untersuchung schwerflüchtiger Flüssigkeiten und Feststoffe

Substanzen mit niedrigerem Dampfdruck bei Raumtemperatur werden zur Aufnahme direkt in die Ionenquelle eingebracht. Dazu werden Tiegel aus Glas, Quarz oder Gold von einigen Millimetern Größe, die zuvor sorgfältig gereinigt wurden, mit einigen Körnchen der Substanz gefüllt, auf die Spitze einer Schubstange gebracht und durch ein Schleusensystem direkt in die Ionenquelle eingeführt. Schwer verdampfbare Flüssigkeiten werden mit Hilfe verschiedener Techniken auf der Schubstange fixiert, zum Beispiel durch Vermischen und Aufsaugen in einer inerten, nicht verdampfbaren Festsubstanz oder Einschluß in Tiegeln, die bei Temperaturerhöhung in der Ionenquelle schmelzen und die Probe freisetzen. Zur Vermessung von luft- und feuchtigkeitsempfindlichen Proben müssen besondere Vorsichtsmaßnahmen ergriffen werden. Bei leichter flüchtigen Verbindungen kann durch Kühlung der Schubstange der Dampfdruck herabgesetzt werden.

Nach Einschleusung der Substanz in die Ionenquelle wird die Probe erwärmt, bis der Dampfdruck den zur Messung erforderlichen Wert von 10^{-6} mbar bis 10^{-7} mbar erreicht hat.

Die direkte Probeneinführung ist die wesentlich häufiger angewandte Methode, da hierbei die schonendsten Bedingungen einzuhalten sind und damit Zersetzungen wesentlich geringer sind als bei der indirekten Probeneinführung. Bei der Vermessung von Gemischen ist allerdings darauf zu achten, daß bei direkter Probeneinführung eine Fraktionierung während des Aufheizens auf der Schubstange erfolgen und damit ein falsches Bild der Probenzusammensetzung entstehen kann. Daraus folgt zwangsläufig, daß quantitative Analysen bei dieser Probeneinführung praktisch nicht möglich sind.

Die Aussagen eines Massenspektrums sind natürlich nur einwandfrei, wenn sichergestellt ist, daß die zu untersuchende Probe frei von flüchtigen ionisierbaren Verunreinigungen ist, die zur Bildung zusätzlicher Peaks im Massenspektrum führen würden.

Häufig auftretende Verunreinigungen sind:
a) Lösungsmittelreste,
b) Schmiermittel für Schliffe,
c) Reste von Reagentien aus der Umsetzung,
d) Verunreinigungen aus chromatographischem Material, das bei einer möglichen Isolierung der Substanz auf chromatographischem Weg verwendet wurde.

Tabellarische und graphische Darstellung des Massenspektrums

Sieht man einmal davon ab, daß heute bereits oft Computersysteme eingesetzt werden, die die vom Massenspektrometer gelieferten Daten in übersichtlicher Form tabellieren und auswerten, so erhält man im Normalfall ein von einem Federschreiber oder Lichtschreiber aufgezeichnetes Massenspektrum. Die unter Verwendung von Lichtschreibern erzeugten Massenspektren sind gegenüber den von Federschreibern aufgezeichneten Spektren aussagekräftiger, da sie meistens mehrspurig *gefahren* werden, das heißt, daß gleichzeitig mehrere Spuren mit unterschiedlicher Verstärkung registriert werden und damit auch weniger intensive Signale registriert werden. Die von den Schreibern aufgezeichneten Massenspektren müssen nun in eine übersichtliche Form gebracht werden.

Bei der tabellarischen Auflistung mißt man die bei bestimmten m/e-Werten erscheinenden Peaks einer ausgewählten Empfindlichkeit in ihrer Höhe in Millimetern aus und hält diese Werte fest. Anschließend sucht man sich in dieser Tabelle den Peak mit der höchsten Intensität (Basispeak), setzt ihn gleich 100 und bezieht die übrigen Peaks in Prozent auf diesen Peak. Man kann natürlich auch die Intensität eines willkürlichen Peaks als Bezugsgröße wählen, zum Beispiel die Intensität des Molekülions. In manchen Fällen ist der Molekülpeak identisch mit dem Peak höchster Intensität.

Oft wird über die tabellarische Aufstellung hinaus aus Gründen der Übersichtlichkeit eine graphische Darstellung angefertigt. In einem Diagramm auf Millimeterpapier, in dem auf der Abszisse die m/e-Werte und auf der Ordinate die Intensität aufgetragen werden, erhält man ein sogenanntes Strichspektrum. Da auf diese Weise Peaks mit Intensitäten unter 1%, die man aufgrund ihrer Wichtigkeit aufnehmen möchte, nur schlecht darstellbar sind, vergrößert man in solchen Fällen diese Peaks um einen Faktor, zum Beispiel 10, und gibt diesen an.

76   5 Spektroskopische Methoden

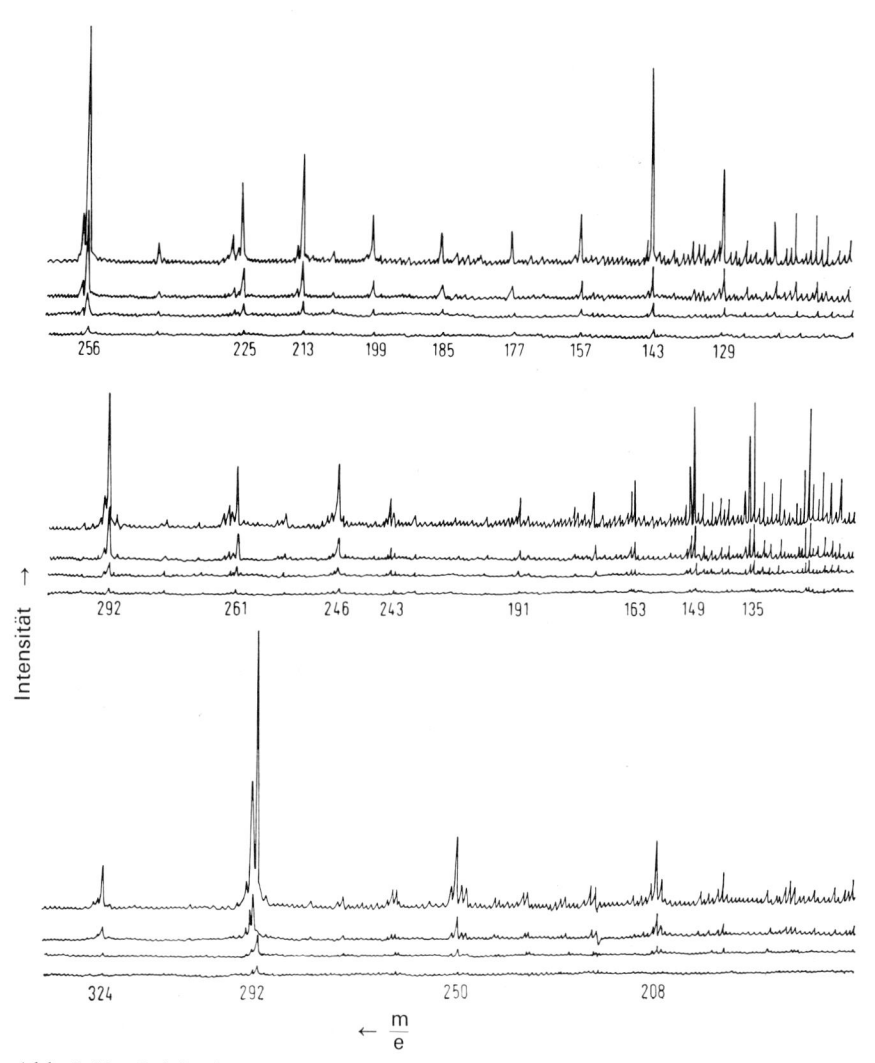

Abb. 5-12. Original-Massenspektrum
Aus: H. Kienitz, Massenspektrometrie, Verlag Chemie, Weinheim 1968.

Bei der Aufstellung der Tabellen liegt die größte Schwierigkeit meistens in der exakten Bestimmung und Zuordnung der m/e-Werte. Am einfachsten gestaltet sich dieses *Auszählen*, wenn bei der Vermessung ein exakt geeichter Massenmarkierer eine entsprechende Unterteilung des Spektrums vorgenommen hat. Zur Absicherung der so gefundenen Werte, vor allem aber zur genauen Lokalisierung weit auseinander liegender Peaks, wird häufig ein Eichspektrum mit Perfluorkerosin, einem Gemisch perfluorierter Kohlenwasserstoffe, oder Perfluortributylamin $(C_4F_9)_3N$ aufgenommen, bei denen auch Peaks im Bereich höherer Massenzahlen auftreten.

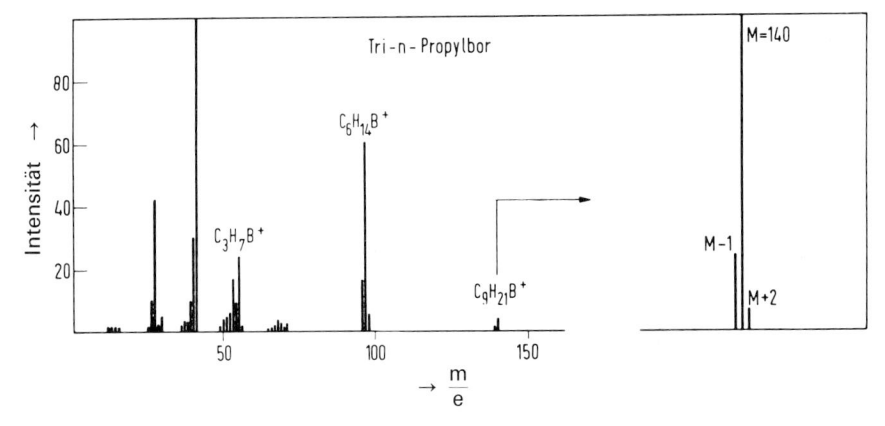

Abb. 5-13. Massenspektrum als Strichspektrum
Aus: H. Kienitz, Massenspektrometrie, Verlag Chemie, Weinheim 1968.

Es sollte beachtet werden, zu jedem ausgewerteten Spektrum die wichtigsten Meßbedingungen, wie Energie der Elektronen zur Ionisation der eingebrachten Probe, Verdampfungstemperatur und Temperatur der Ionenquelle anzugeben.

Nach der tabellarischen und graphischen Aufbereitung des Originalspektrums erfolgt die eigentliche Auswertung mit Festlegung des Molekülions, Zuordnung von Fragmentionen, doppelt geladenen Ionen, metastabilen Ionen usw. Auf diese Auswertung und den daraus resultierenden Schlüssen soll hier verzichtet werden, und es wird auf die nachstehend aufgeführte Literatur verwiesen, die nur eine kleine und willkürliche Auswahl darstellt.

Literatur

H. Kienitz, Massenspektrometrie, Verlag Chemie, Weinheim 1968.
H. Budzikiewicz, Massenspektrometrie, Verlag Chemie, Weinheim 1972.
W. Benz, Massenspektrometrie organischer Verbindungen, Akademische Verlagsgesellschaft, Frankfurt 1969.
M.R. Litzow und T.R. Spalding, Mass Spectrometry of Inorganic and Organometallic Compounds, Elsevier Scientific Publishing Company, Amsterdam–London–New York 1973.

6 Röntgenstrukturanalyse

Einleitung

Wenn bei der präparativen Arbeit kristallisierte Substanzen anfallen, so bietet sich zur Charakterisierung die Röntgenstrukturanalyse an. Sie gibt Auskunft über die Kristallstruktur und die Lage von Ionen, Atomen oder Molekülen zueinander.

Die Methode beruht auf der Untersuchung von Interferenzerscheinungen von Röntgenstrahlen an Kristallgittern. Dabei können Einkristalle oder kristalline Pulver vermessen werden. Die Aufnahme von Kristallpulvern wird am häufigsten angewandt und als Pulverdiffraktometrie bezeichnet. Ein wesentlicher Gesichtspunkt dieser Methode ist, daß hier Mischungen von unterschiedlichen kristallinen Phasen untersucht werden können.

Die Wellenlängen der gebräuchlichsten monochromatischen Röntgenstrahlen liegen zwischen $0,7 \cdot 10^{-10}$ m und $2,3 \cdot 10^{-10}$ m.

$$\begin{aligned}
&\text{Mo} \;(\text{K}\alpha) \;\; 0,710 \cdot 10^{-10} \text{ m} \\
&\text{Cu} \;(\text{K}\alpha) \;\; 1,542 \cdot 10^{-10} \text{ m} \\
&\text{Co} \;(\text{K}\alpha) \;\; 1,791 \cdot 10^{-10} \text{ m} \\
&\text{Fe} \;(\text{K}\alpha) \;\; 1,937 \cdot 10^{-10} \text{ m} \\
&\text{Cr} \;(\text{K}\alpha) \;\; 2,291 \cdot 10^{-10} \text{ m}
\end{aligned}$$

Aufbau einer Apparatur und praktische Durchführung

Die wesentlichen Bauelemente eines Gerätes zur Röntgenstrukturanalyse sind:

Generator zur Erzeugung der Röntgenstrahlen
Ausfilterung charakteristischer Röntgenstrahlen
Vorrichtung zum Aufstellen und Justieren der Probe im Röntgenstrahl
Strahlungsempfänger

Bei der praktischen Arbeit sind Generator und Ausfiltereinheit im Gerät vorgegeben. Es muß lediglich eine entsprechende Röntgenröhre ausgewählt werden. Von der Art des Strahlungsempfängers ist die Vorbereitung der Probe abhängig.

Die Röntgenuntersuchungen werden an Substanzpulvern durchgeführt, die für die Aufnahmen vorbereitet werden müssen:

Trocknen

Das Pulver muß getrocknet werden, um anhaftende Lösungsmittelreste zu entfernen. Anorganische Substanzen werden gewöhnlich mehrere Stunden oder über Nacht bei ca. 120 °C getrocknet.

Zusatz einer Standardsubstanz

Bei manchen Aufnahmetechniken ist es von Vorteil, zur unbekannten Probe eine bekannte Substanz als Standard zuzusetzen. Somit wird ein internes Bezugssystem geschaffen. Es ist darauf zu achten, daß die Teilchengröße bei Substanz und Standard gleich ist und eine gleichmäßige Mischung hergestellt wird.

Pulverisieren

Die Proben werden in einer Reibschale zu einem feinkörnigen Pulver verrieben. Es genügen etwa 10 mg bis 50 mg.

Die weitere Probenvorbereitung ist abhängig von der Aufnahmetechnik.

a) Debye-Scherrer-Aufnahme

Das Präparat wird entweder in eine dünnwandige Glaskapillare von 0,3 mm bis 1 mm Durchmesser (Markröhrchen) eingefüllt oder mit einem speziellen Bindemittel auf einen Glasfaden aufgebracht. Die Probe wird in den gebündelten Primärstrahlengang der monochromatischen Röntgenstrahlung gebracht und sitzt im Zentrum einer zylinderförmigen Dose, in die an der Innenwand ein Film eingelegt ist, der die ganze Wand ausfüllt.

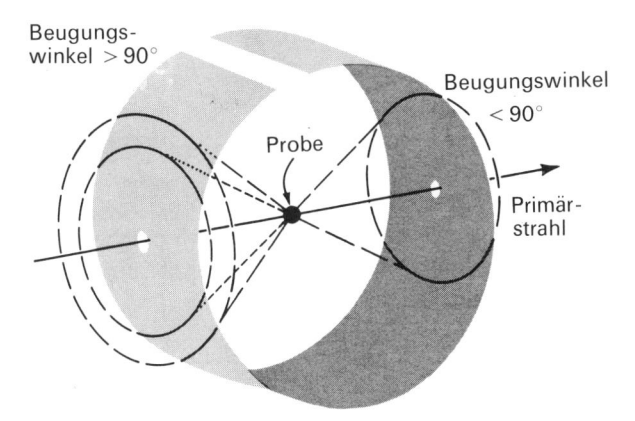

Abb. 6-1. Debye-Scherrer-Aufnahme
Aus: U. Hofacker, Chemical Experimentation, W. H. Freeman and Company, San Francisco 1972.

Eine solche Kamera ist gewöhnlich so konstruiert, daß der Filmstreifen entweder 180 mm oder 360 mm lang ist. Die Durchmesser der Kamera ergeben sich zu 57,3 mm bzw. 114,6 mm, dann entspricht 1 mm auf dem Filmstreifen 2° bzw. 1° Auslenkung eines Primärstrahls.

80 6 Röntgenstrukturanalyse

Nach der Belichtung sind auf dem Film die Spuren der Beugungskegel zu finden. Für die Auswertung ist es wichtig zu wissen, an welcher Stelle des Films der Primärstrahl und der ungebeugte Sekundärstrahl durchgegangen sind. Am Primärstrahleintritt werden Reflexe > 90° registriert, während solche < 90° am Austritt des Sekundärstrahls zu finden sind.

Auswertung des Films

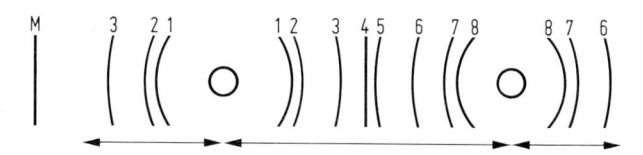

Abb. 6-2. Filmauswertung von Debye-Scherrer-Aufnahmen

Die Mittelpunkte der beiden Durchstoßungspunkte sind z. B. 90 mm entfernt; das entspricht einem Winkel von 180°. Um den linken Brennfleck sind Reflektionen mit dem Winkel < 90° und um den rechten solche mit > 90° zu finden. Von einem beliebigen Markierungspunkt M auf dem Film werden die Abstände der Linien X in der Äquatorlage ausgemessen. Die Werte der Linienpaare*, die um den linken Brennfleck ermittelt werden, werden voneinander subtrahiert. Die Paare um den rechten Brennfleck werden ebenfalls subtrahiert, anschließend wird dieser Wert von 180° abgezogen. Für alle Linienpaare, von denen nur ein Schenkel beobachtet wird, ermittelt sich der Wert aus

$$(\overline{MX} - 45) \cdot 2$$

Der Wert 45 ist nur angenähert richtig, da hier noch die Filmkorrektur eingehen muß.

Tabelle:

1. < 90°: $\overline{MX_r} - \overline{MX_l}$
2. ≈ 90°: $(\overline{MX} - 45) \cdot 2$
3. > 90°: $180° - (\overline{MX_r} - \overline{MX_l})$

X ≙ Laufzahl für die Filmspur der Beugungskegel
X_r ≙ Filmspur der Laufzahl X rechts
X_l ≙ Filmspur der Laufzahl X links

Die Filmkorrektur bestimmt sich leicht aus der Summe $\overline{MX_r} + \overline{MX_l}$ für alle Wertepaare des Falles 1. Aus diesen wird der Mittelwert berechnet, der der wahren Länge des Films zwischen den Mittelpunkten der Durchstoßungspunkte entspricht. Der Wert liegt bei ca. 90 mm. Für den Fall 2 wird exakt der halbe Mittelwert eingesetzt.

Die errechneten Winkelwerte entsprechen dem Wert 2ϑ in der Braggschen Gleichung.

b) Guinier-Verfahren

Aufgrund der Konstruktion der Kamera eignet sich dieses Verfahren für besonders genaue Aufnahmen des gesamten Interferenzbereichs. Bei der am häufigsten benutzten Anordnung wird die Probe vom monochromatischen Röntgenstrahl durchstrahlt und dieser asymmetrisch zum Eintrittsstrahl abgebeugt.

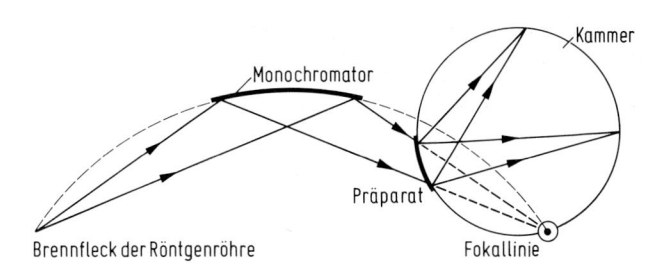

Abb. 6-3. Guinier-Verfahren

Hier sind sowohl der Film als auch ein flacher, ebener Preßling der Probe kreisförmig auf dem gleichen Zylinder aufgebracht.

Die Zylinderkammer hat einen Durchmesser von 114,6 mm. Bei dieser Anordnung ist der Abstand zwischen Primärstrahl und Interferenzstrahl auf dem Film – in mm ausgedrückt – zahlenmäßig gleich dem Winkel 4ϑ.

Guinier-Aufnahmen werden zweckmäßigerweise mit einem Koinzidenzmaßstab oder mit einem Guinier-Viewer auf $\pm 0{,}02$ mm genau vermessen.

Die Substanzpulver werden auf einem Objektträger in eine Klebemasse eingebettet und zu einem dünnen Preßling verarbeitet. Nach dem Aushärten wird der Streifen zwischen zwei Zellophanpapiere in einen Schieber an der Kamerawand eingeklemmt. Auf einem Streifen können drei Substanzen gleichzeitig vermessen werden, da der Brennfleck der Röntgenröhre strichförmig ist. In vielen Fällen ist eine der drei Substanzen die Eichprobe, zum Beispiel α-Quarz.

c) Zählrohrgoniometer-Aufnahme

Bei diesem Verfahren erfolgt die Registrierung nicht auf einem Film, sondern mit Hilfe eines Zählrohrs und eines Schreibers.

Die Probe ist auf einem Träger im Zentrum des Meßkreises aufgebracht. Man stellt dazu entweder einen ebenen, flachen Preßling her oder klebt das Pulver mit einem geeigneten Klebemittel direkt auf dem Probenhalter fest.

Das Zählrohr fährt kreisförmig um die Probe herum. Die aufgenommenen Impulse werden verstärkt und auf einem Schreiber als Spektrum aufgezeichnet.

82 6 Röntgenstrukturanalyse

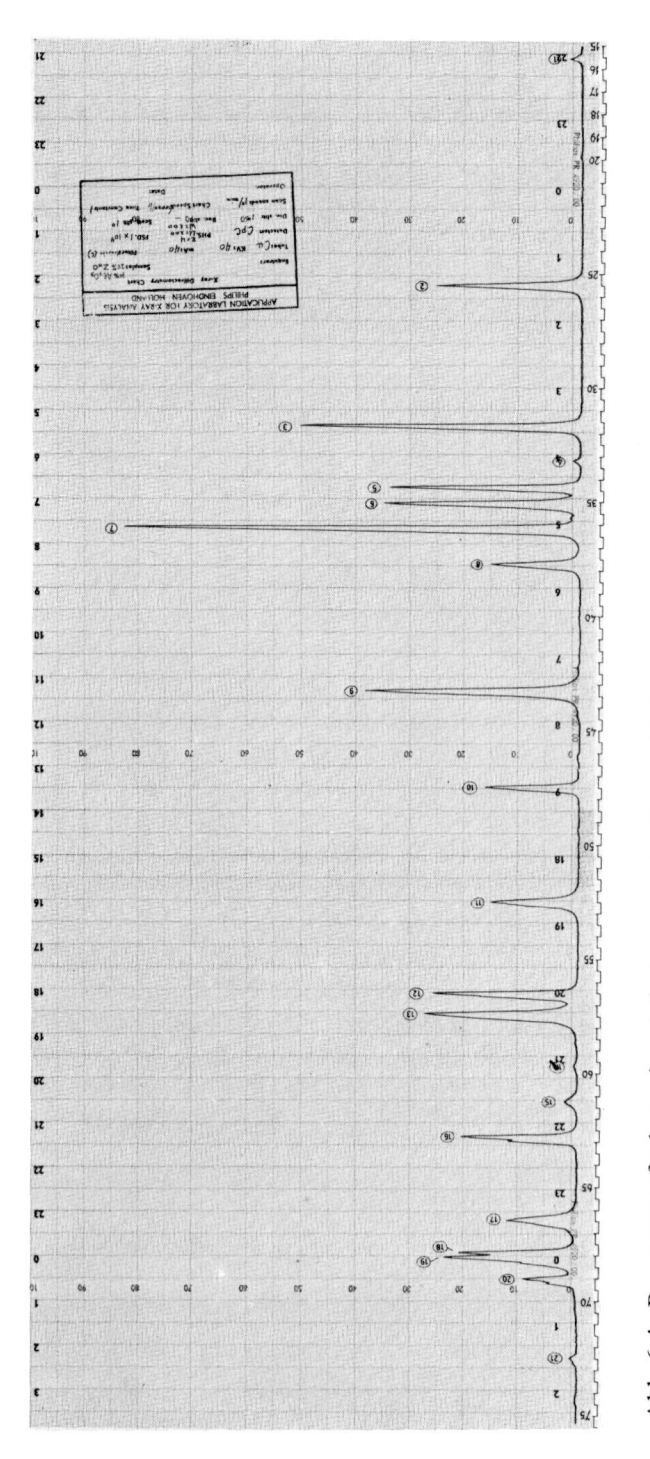

Abb. 6-4. Beugungsaufnahme einer Mischung von ZnO und Al_2O_3.
Aus: R. Jenkins und J.L. de Vries, X-Ray powder diffractometry, Philips, Eindhoven.

Die Auswertung der Spektren ist dadurch vereinfacht, daß eine Achse gleich in Winkelgrade geeicht ist.

Die Intensitäten der Linien entsprechen den Höhen der Signale.

Substanzidentifizierung und Gemischanalyse

Zur Substanzidentifizierung berechnet man nach der Bragg'schen Gleichung aus den ermittelten Werten von ϑ die Netzebenenabstände d für die Beugung 1. Ordnung (n = 1).

$$2d \cdot \sin\vartheta = n \cdot \lambda$$

d = Netzebenenabstand
ϑ = Reflektionswinkel: Winkel zwischen einfallendem bzw. gebeugtem Strahl und der Netzebenenschar
n = Laufzahl, die die Ordnung der Beugung angibt
λ = Wellenlänge der Strahlung

Um eine Identifizierung zu ermöglichen, sind die Daten von mehr als 20 000 verschiedenen Messungen veröffentlicht worden und werden ständig ergänzt. Die Kartei ist vom *Joint Comittee on Powder Diffraction Standards* JCPDS ent-

4-0857	MINOR CORRECTION										
d 4-0851	2.01	2.33	1.42	2.325	LiF						★
I/I₁ 4-0857	100	95	48	95	LITHIUM FLUORIDE						
Rad. CuKα λ 1.5405 Filter Ni					d Å	I/I₁	hkl	d Å	I/I₁	hkl
Dia. Cut off Coll.					2.325	95	111			
I/I₁ G. C. DIFFRACTOMETER d corr. abs.?					2.013	100	200			
Ref. SWANSON AND TATGE, JC FEL. REPORTS, N.S 1949					1.424	48	220			
					1.214	10	311			
Sys. CUBIC S.G. O_H^5 - Fm3m					1.1625	11	222			
a₀ 4.0270 b₀ c₀ A C					1.0068	3	400			
α β γ Z 4					0.9239	4	331			
Ref. IBID.					.9005	14	420			
					.8220	13	422			
8 a n ω β1.3915 γ Sign										
2V D₂2.638 mp Color										
Ref. IBID.										
*SPANGENBERG, Z. KRIST. 57, 494 (1923) A HARSHAW CHEM. CO. SAMPLE. SPEC. ANAL. SHOWS A WEAK LINE FOR SR. AT 26°C TO REPLACE 1-1269, 1-1270, 2-1111										

Abb. 6-5. Typische Karteikarte aus der JCPDS-Kartei
Aus: R. Jenkins und J.L. de Vries, X-Ray powder diffractometry, Philips, Eindhoven

84   6 Röntgenstrukturanalyse

wickelt worden. Sie ist unter dem früheren Namen *ASTM Powder Data File*[+]) bekannt.

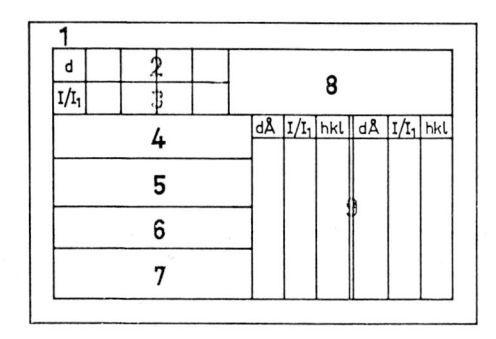

Abb. 6-6. Schlüssel zu den auf einer JCPDS-Karte gespeicherten Daten
Aus: R. Jenkins und J. L. de Vries, X-Ray powder diffractometry, Philips, Eindhoven.

1 Codenummer:
   a) Nummer der Lieferung
   b) Nummer der Karte innerhalb der Lieferung
2 Von links nach rechts sind die d-Werte der drei stärksten Linien und der größte beobachtete d-Wert eingetragen
3 Die zu 2 zugehörigen Intensitäten
4 Experimentelle Bedingungen, Aufnahmeverfahren, Literaturzitat
5 Kristallographische Daten: Kristallsystem, Raumgruppe, Gitterpunkte pro Elementarzelle, Literatur
6 Optische Daten, Farbe, Dichte, Literatur
7 Besondere Angaben, Herkunft der Probe, Analyse, Reinheit usw.
8 Formel und Name der Substanz
9 Von links nach rechts: d-Werte
                        relative Intensitäten
                        Indizierung (Litzl-Werte)
   geordnet nach fallenden d-Werten
* Ein Stern rechts oben bedeutet hohe Zuverlässigkeit
○ Ein Kreis rechts oben bedeutet niedrige Zuverlässigkeit

Literatur

Eugene P. Bertin, Principles and Practice of X-Ray Spectrometric Analysis, 2. Auflage, Plenum Press, New York 1975.
H. P. Klug und L. E. Alexander, X-Ray Diffraction Procedures, John Wiley and Sons, New York 1954.
H. Neff, Grundlagen und Anwendung der Röntgen-Fein-Strukturanalyse, R. Oldenbourg, München 1962.

[+]) ASTM = The American Society for Testing and Materials

7 Differentialthermoanalyse

Die Differentialthermoanalyse (DTA) ist eine Untersuchungsmethode, bei der die Temperatur einer Probe, verglichen mit der Temperatur eines thermisch inerten Materials, als Funktion dieser Probe und des inerten Materials beim Aufheizen oder Abkühlen aufgezeichnet wird.

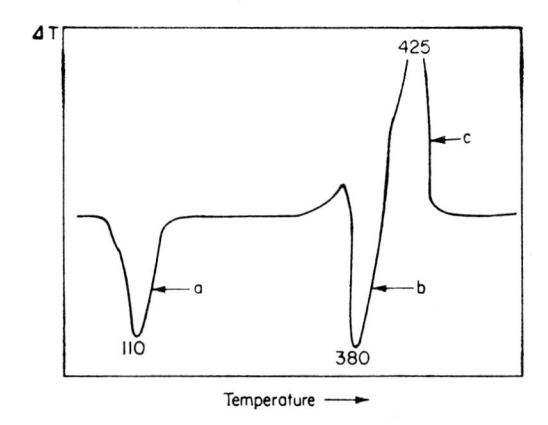

Abb. 7-1. DTA-Kurve von CaC_2O_4
Aus: R.C. Mackenzie, Differential Thermal Analysis, Vol. 1, 2 Academic Press, London-New York 1972, 1978.

Temperaturdifferenzen ergeben sich, wenn endotherme oder exotherme Reaktionen auftreten, zum Beispiel Phasenübergänge, Schmelzen, Sieden, Kristallgitterumwandlungen, Sublimationen, Dehydratisierungsreaktionen, Dissoziations- oder Zersetzungsreaktionen, Oxidations- und Reduktionsprozesse, chemische Reaktionen.

Im allgemeinen zeigen Phasenübergänge, Dehydratisierungen, Reduktionen und einige Zersetzungsreaktionen endotherme Effekte, während Kristallisationen, Oxidationen und andere Zersetzungsreaktionen in den meisten Fällen exotherm ablaufen.

Die Temperaturänderungen werden nach einer Differenzmeßmethode detektiert.

In einem geschlossenen Raum befinden sich die Probe P und das inerte Bezugsmaterial, Referenz R. In jede Probe wird ein Thermoelement eingeführt. Werden

86   7 Differentialthermoanalyse

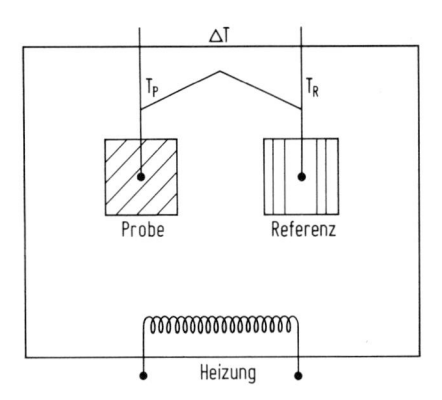

Abb. 7-2. Schematische Darstellung der Differenzmeßmethode

in der Probe die Temperatur T_P und in der Referenz die Temperatur T_R gemessen, so wird die Differenz $T_P - T_R$ als Funktion der Aufheiztemperatur aufgezeichnet. Sind T_P und T_R während des Aufheizvorganges gleich, so findet keine Reaktion unter Wärmetönung statt. Bei exothermen Vorgängen wird die Temperatur der Probe größer werden als die der Referenz, die Differenz wird positiv. Bei endothermen Prozessen wird eine kleinere Temperatur T_P gegenüber T_R gemessen, die Differenz ist negativ. Abbildung 7-1 zeigt typische Kurven

$$T_P - T_R = f(T),$$

Temperaturdifferenz als Funktion der Aufheiztemperatur. Die Aufheiztemperatur entspricht theoretisch der Temperatur T_R, wenn die Referenz ideal ist, das heißt, keinen Temperatureffekt zeigt.

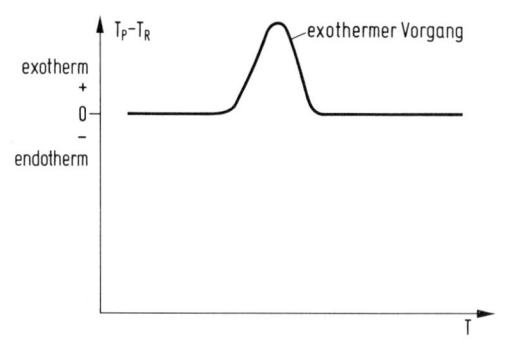

Abb. 7-3. Exotherme und endotherme Vorgänge

Die Peak-Fläche ist im wesentlichen proportional der Enthalpieänderung $\pm \Delta H$ und der Probenmasse. Abbildung 7-4 zeigt eine typische DTA-Kurve.

Sie zeigt vier typische Arten von Übergängen bei der Differentialthermoanalyse.

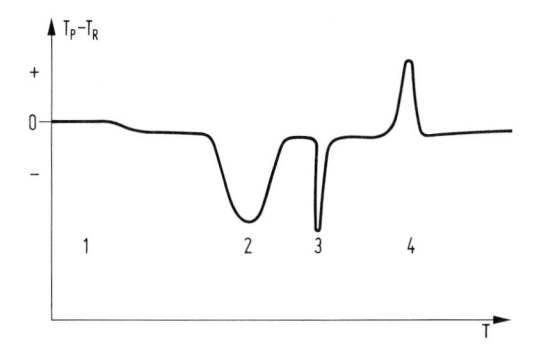

Abb. 7-4. 4 typische Arten von Übergängen bei der DTA (Erläuterung siehe nachfolgenden Text)

– Übergänge zweiter Ordnung, die sich als Versatz der horizontalen Basislinie bemerkbar machen,
– breite endotherme Peaks, die meist von Zersetzungs- und Dissoziationsreaktionen herrühren,
– schmale endotherme Peaks, meist beim Schmelzpunkt beobachtet, und
– exotherme Peaks, die meist Kristallumwandlungen anzeigen.

Zum qualitativen Nachweis von Substanzen ist eine DTA-Kurve geeignet, da die Zahl der endothermen und exothermen Peaks, ihr Aussehen, die Relation der Peakflächen zueinander und die Lage der Peaks bezogen auf die T-Achse bei den Meßbedingungen substanzspezifisch sind.

Die Interpretation von differentialthermoanalytischen Meßwerten verlangt die Beachtung vieler Einflußgrößen. Sie bestimmen sehr stark die aufgenommene DTA-Kurve. Bei der Aufnahme von DTA-Kurven irgendwelcher Proben sind folgende Haupteinflußgrößen zu beachten und bei der Vorbereitung und Durchführung der Messung zu berücksichtigen.
Einflüsse:

a) Teilchengröße
Als günstig hat sich eine Teilchengröße der Probensubstanz von 0,1 µm bis 10 µm erwiesen.
b) Substanzmasse
Als Probenmenge sind 1 mg bis 20 mg ausreichend, um eine gute DTA-Aufnahme durchzuführen.
c) Aufheizgeschwindigkeit des Ofens
Bemerkenswerte Unterschiede der DTA-Kurven sind dann zu beobachten, wenn eine Reaktion unter Gewichtsverlust der Probe abläuft. Meist steigt dann die Peak-Maximum-Temperatur, die Peakhöhe und die Peakfläche mit steigender Aufheizgeschwindigkeit.
Aufheizgeschwindigkeit: 1 °C/min bis 20 °C/min

d) Probenhalter
Probenhalter sind meist aus Metall (Ni, Pt), keramischem Material (Al_2O_3) oder Quarz hergestellt. Ni-Probenhalter zeigen zum Beispiel häufig flache endotherme, aber scharfe exotherme Reaktionspeaks, während bei keramischen Materialien der Probenhalter endotherme Peaks scharf und exotherme relativ flach sind.

e) Inertmaterial – Referenzmaterial
Als Referenzmaterial eignen sich Substanzen, die einmal innerhalb des Temperaturbereichs keinerlei Temperatureffekte zeigen und möglichst gleiche thermische Eigenschaften wie die zu untersuchende Probe aufweisen: spezifische Wärme, spezifische Wärmeleitfähigkeit. Diese Forderung kann nur bis zu einem gewissen Grad erfüllt werden.

Referenzmaterialien sind: calciniertes Al_2O_3, gepulvertes SiO_2, gepulvertes Si, Mangan-Magnesiumferrit und organische Substanzen für organische Probleme.

f) Packungsdichte
Unterschiede in der Packungsdichte von Probe und Referenz sind die häufigsten Ursachen für das Abweichen der Grundlinie von der theoretischen Nullinie.

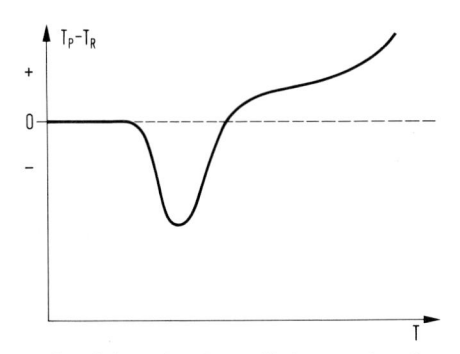

Abb. 7-5. Abweichen der Grundlinie von der theoretischen Nullinie (zum Beispiel durch unterschiedliche Packungsdichte von Probe und Referenz)

Empfohlen wird eine große Packungsdichte, da sie leichter reproduzierbar ist und eine bessere Nullinie ergibt.

g) Ofen-Atmosphäre
Bei Reaktionen, die unter Austritt einer gasförmigen Komponente ablaufen oder aus der Atmosphäre gasförmige Komponenten absorbieren können, werden stark vom Gasdruck des Systems und von der Art des Gases beeinflußt.
Zwei Arten der gasförmigen Atmosphäre werden eingestellt:
– statischer Zustand in einem geschlossenen System
  und
– dynamischer Zustand, bei dem ein Gasstrom durch das System fließt.

Im statischen Zustand ändert sich die Atmosphäre bei Austritt einer gasförmigen Komponente ständig. Die Interpretation solcher Meßergebnisse ist meist schwieriger als bei einer dynamischen Versuchsdurchführung.

Änderungen des Gasdrucks machen sich ebenfalls stark bemerkbar. So wird ein Peak mit steigendem Druck der Atmosphäre zu höheren Temperaturen verschoben.

Meßanordnung

Abb. 7-6 zeigt den schematischen Aufbau einer DTA-Meßanordnung. In dem Ofen werden Substanz und Referenz erhitzt. Mittels Thermoelementen werden die Temperaturen der beiden Proben differential gemessen und an eine Registriervorrichtung (Schreiber) weitergeleitet.

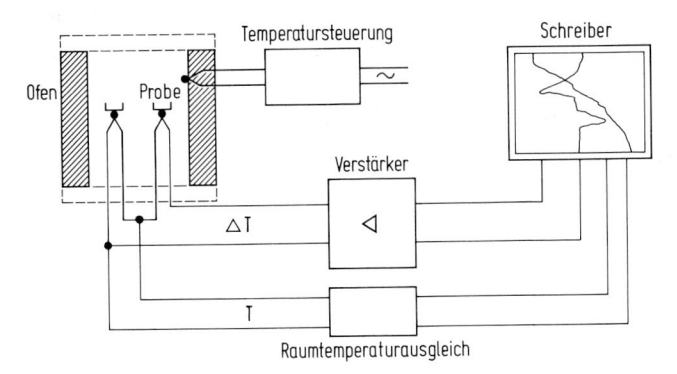

Abb. 7-6. DTA-Meßanordnung
Aus: Beschreibung zur DTA-Apparatur 404 S/3 der Firma Netzsch, Gerätebau GmbH, Selb (Bayern)

Meßvorgang

In der homogenen Temperaturzone des Ofens werden gleichzeitig Proben- und Vergleichssubstanzen mit vorher bestimmter Aufheizgeschwindigkeit erhitzt. Auf dem Schreiber werden die Thermospannungen zur Bestimmung der Temperatur T der Probe und die der Temperaturdifferenz ΔT zwischen Probe und Referenz in Abhängigkeit von der Zeit registriert. Eine Substanz ist als Referenz umso besser geeignet, je ähnlicher ihr thermisches Verhalten dem der Probe ist. Die Enthalphieänderung wird dann durch einen Peak der Temperaturdifferenzkurve angezeigt.

Auf das Meßergebnis wirken sehr viele Faktoren bestimmend ein, so daß zur genauen und reproduzierbaren DTA-Aufnahme die Einflüsse beachtet werden müssen.
– Neben der Einwaage und der Teilchengröße sind noch die Dichte und Wärmeleitfähigkeit von Bedeutung.

- Die Aufheizgeschwindigkeit beeinflußt die Größe und die Struktur der Peaks sowie den Grundlinienverlauf.

Diese Parameter stehen in engem Zusammenhang mit apparativen Größen. Dies ist der Grund dafür, daß DTA-Kurven verschiedener Autoren nur sehr schwer vergleichbar sind.

Auswertung von DTA-Diagrammen

Eine quantitative Aussage ist wegen der Vielzahl der Parameter nur bei hohem apparativen Aufwand und sorgfältiger, reproduzierbarer Arbeitsweise sinnvoll.

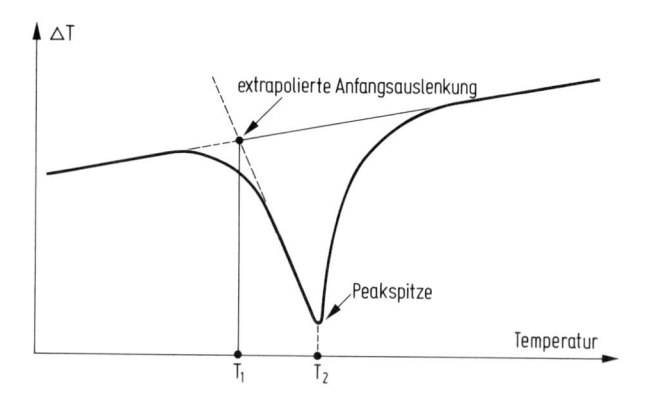

Abb. 7-7. Charakteristische Reaktionstemperaturen
Aus: Beschreibung der DTA-Apparatur 404 S/3 der Firma Netzsch, Gerätebau GmbH, Selb (Bayern).

Gemäß Abbildung 7-7 werden zwei charakteristische Temperaturen definiert. T_1 wird als Schnittpunkt der extrapolierten Anfangsauslenkung, d. h. der Grundlinie mit der Tangente an den Wendepunkt des Peak-Schenkels bei niederer Temperatur erhalten, T_2 gibt die Temperatur der Peak-Spitze an. Die Fläche des Peaks ist ein Maß für die Enthalpieänderung der Probe, wenn eine inerte Referenzsubstanz benutzt wird.

Umgesetzte Wärme = Peak-Fläche mal Wärmeübergangszahl

Die Wärmeübergangszahl läßt sich durch Eichmessungen mit verschiedenen Substanzen bekannter Umwandlungswärmen und unterschiedlicher Reaktionstemperatur bestimmen.

Literatur

W. Wm. Wendlandt, Thermal Methods of Analysis, 2. Auflage, John Wiley & Sons, New York 1974.

Paul D. Garn, Thermoanalytical Methods of Investigation, 1. Auflage, Academic Press, New York 1965.

Präparate

Diboran, B$_2$H$_6$

Daten

NMR δ^1H: −3,95 ppm (BH$_2$), 4 Signale etwa gleicher Intensität mit Feinstruktur
0,53 ppm (BHB), 7 Signale mit Feinstruktur [1]
J_{H-B}: 135,2 Hz (BH$_2$) [1], 133 Hz [2]
46,1 Hz (BHB),   46,2 Hz
Standard: TMS

δ^{11}B: −17,5 ppm, 9 Signale mit Feinstruktur [1]

IR/Ra [3–6]

IR $\bar{\nu}$ in cm^{-1}	Ra $\bar{\nu}$ in cm^{-1}
2612 sst	2600 schw
2517 sst	2532 sst
2347 m	2485 ssschw
1992 m	2109 st
1882 m	2011 sschw
1859 mst	1755 schw
1601 sst	1310 schw
1374 schw	1184 m
1287 schw	1026 schw
1173 sst	788 st
973 st	
829 sschw	
368 st	
IR: gasförmig	
Ra: gasförmig	

M   27,67 g · mol^{-1}
Schmp.   −165,5 °C
Sdp.   −92,5 °C

Arbeitsvorschrift [7]

$$2\,NaBH_4 + 2\,H_2SO_4 \rightarrow B_2H_6 + 2\,H_2 + 2\,NaHSO_4$$

Man gibt 20–25 mL konz. Schwefelsäure und 2 Tropfen Ethylenglykol in einen etwa 250 mL fassenden Mehrhalskolben mit Gasein- und Ableitungsrohr, einer Einfüllbirne mit 0,5 g NaBH$_4$ und Rührer. Die Gasableitung läuft über drei Kühlfallen. Man spült die Apparatur gründlich mit Stickstoff und evakuiert sie mit einer guten Wasserstrahlpumpe, wobei man einen ganz schwachen Stickstoffstrom durchströmen lassen kann. Dann wird die erste Kühlfalle mit flüssigem Stickstoff gekühlt und das NaBH$_4$ in kleinen Portionen in die lebhaft gerührte Schwefelsäure gegeben. Entstehender Wasserstoff wird abgepumpt, B$_2$H$_6$ verunreinigt mit SO$_2$ (Sdp. $-10\,°$C) wird kondensiert. Die Reaktion kann in gewissen Grenzen durch eine Erhöhung des Stickstoffdrucks in der Apparatur gebremst werden.

Nach beendeter Umsetzung wird das Diboran gereinigt, indem es langsam durch die mit Methanol/Trockeneis gekühlte zweite Falle in die mit flüssigem Stickstoff gekühlte dritte Falle destilliert wird.

B$_2$H$_6$ muß vor Luftzutritt geschützt werden. Es ist oxidationsempfindlich, aber nicht selbstentzündlich, mit H$_2$O reagiert es zu H$_2$ und H$_3$BO$_3$, oberhalb 100 °C erleidet es thermische Zersetzung unter Bildung von H$_2$ und höheren Boranen.

Literatur

[1] D. F. Gaines, R. Schaeffer und F. Tebbe, J. Phys. Chem. **67**, 1937 (1963).
[2] T. C. Farrar, R. B. Johannesen und T. D. Coyle, J. Chem. Phys. **49**, 281 (1968).
[3] H. Siebert, Anwendungen der Schwingungsspektroskopie in der Anorganischen Chemie, Springer-Verlag, Berlin–Heidelberg–New York 1966.
[4] J. J. Kaufman, W. S. Koski und R. Anacreon, J. Mol. Spectrosc. **11**, 1 (1963).
[5] R. C. Lord und E. Nielsen, J. Chem. Phys. **19**, 1 (1951).
[6] R. C. Taylor und A. R. Emery, Spectrochim. Acta **10**, 419 (1958).
[7] F. Umland und K. Adam, Übungsbeispiele aus der Anorganischen Experimentalchemie, S. Hirzel-Verlag, Stuttgart 1968.

Bortrichlorid, BCl$_3$

Daten

NMR δ^{11}B: 47,0 ppm [1]
      Standard: BF$_3 \cdot$ O(C$_2$H$_5$)$_2$
      Lösungsmittel: CH$_2$Cl$_2$

IR [2]

$\bar{\nu}$ in cm^{-1}	Zuordnung:	Punktgruppe C$_{3h}$
954	ν_{as}	
455	γ	
243	δ	

gasförmig
Frequenzaufspaltung wegen der Isotope zu beobachten, Zahlenwerte hier bezogen auf ^{11}BCl$_3$

MS [3] Fragmente	relative Intensität in %
BCl_3^+	36,1
BCl_3^{2+}	1,11
BCl_2^+	100,0
BCl_2^{2+}	3,71
BCl^+	7,63
B^+	2,94

M   117,17 g · mol^{-1}
Schmp.   −107,3 °C
Sdp.   12,5 °C
Bemerkungen   Farblose, rauchende Flüssigkeit

Arbeitsvorschrift* [4]

$$BF_3 + \tfrac{1}{2}Al_2Cl_6 \rightarrow BCl_3 + AlF_3$$

Die Reaktion erfolgt in einer Glasapparatur gemäß untenstehender Skizze. Der untere Kolben hat ca. 1 L Inhalt, die kugelförmige Erweiterung ca. 500 mL. In den Kolben werden 67 g (0,5 mol) wasserfreies Al_2Cl_6 eingefüllt. Man verbindet das Einleitungsrohr des Reaktionskolbens mit einem BF_3-Entwickler und regelt den BF_3-Strom so ein, daß innerhalb 30 min 132 g (2 mol) BF_3 eingeleitet werden können. Gleichzeitig wird der große Kolben mit freier Flamme erhitzt. Später heizt man auch die obere Erweiterung. BCl_3 destilliert ab, während AlF_3 als leichtes Pulver von den Wänden abfällt. Das BCl_3 wird in einem auf −80 °C gekühlten U-Rohr aufgefangen, das mit einem Trockenrohr gegen Luftfeuchtigkeit geschützt ist. Das Rohprodukt wird mit etwas Hg geschüttelt und dann umkondensiert. Ausbeute 47 g. Das Produkt ist sehr hydrolyseempfindlich.

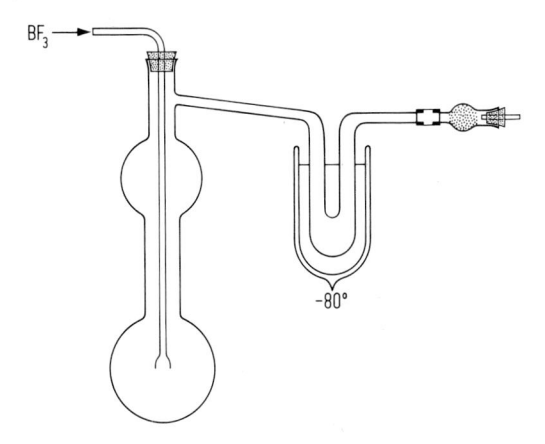

---

* Mit freundlicher Genehmigung von Inorganic Synthesis Inc.
  Aus: Inorganic Synthesis **3**, 27 (1950)

Literatur

[1] E. Muylle, G. P. van der Kelen und E. G. Claeys, Spectrochim. Acta **32 A**, 1149 (1976).
[2] H. Siebert, Anwendungen der Schwingungsspektroskopie in der Anorganischen Chemie, Springer-Verlag, Berlin–Heidelberg–New York 1966.
[3] W. S. Koski, J. J. Kaufmann und C. F. Pachucki, J. Am. Chem. Soc. **81**, 1326 (1959).
[4] E. L. Gamble, Inorg. Synth. **3**, 27 (1950).

Bortribromid, BBr$_3$

Daten

NMR δ^{11}B: 39,5 ppm [1]
Standard: BF$_3 \cdot$ O(C$_2$H$_5$)$_2$
Lösungsmittel: CH$_2$Cl$_2$

IR [2]

$\bar{v}$ in cm^{-1} ^{10}BBr$_3$	$\bar{v}$ in cm^{-1} ^{11}BBr$_3$	Zuordnung	Punktgruppe
			D$_{3h}$
278 (berechnet)	278 (berechnet)	v_1	
395 (berechnet)	370 (berechnet)	v_2	
856 sst	820 sst	v_3	
148 (berechnet)	148 (berechnet)	v_4	
577 m	539 m	Kombinationsbanden	
1004 m	967 m	Kombinationsbanden	
1134 st	1098 sst	Kombinationsbanden	
1424 schw	1372 m	Kombinationsbanden	
1711 m	1640 st	Kombinationsbanden	

gasförmig, max. 87 mbar (65 Torr), 10 cm Küvette

MS [3]

Fragmente	relative Intensität in %
BBr$_3^+$	37,0
BBr$_3^{2+}$	5,31
BBr$_2^+$	100
BBr$_2^{2+}$	0,27
BBr$^+$	48,91
BBr^{2+}	1,03
B$^+$	0,51

70 eV

M 250,54 g $\cdot$ mol^{-1}

Schmp. $-46\,°C$
Sdp. $91,3\,°C$
$n_D^{16,3}$ 1,5312

Arbeitsvorschrift* [4]

$$AlBr_3 + BF_3 \rightarrow BBr_3 + AlF_3$$

Man destilliert 133,4 g (0,5 mol) AlBr$_3$ in den Reaktionskolben und leitet unter Erwärmen des Kolbens BF$_3$ ein. Nach einiger Zeit verfestigt sich der Kolbeninhalt. In fortwährendem BF$_3$-Strom wird weiter erhitzt und das entstandene BBr$_3$ in die auf $-78\,°C$ gekühlte Vorlage-Falle überdestilliert. Das Destillat enthält noch etwas Br$_2$, das durch Schütteln mit Hg entfernt wird. Zur Reinigung wird das BBr$_3$ noch einmal destilliert. Ausbeute 87,7 g (70%). BBr$_3$ ist extrem feuchtigkeitsempfindlich.

Literatur

[1] R.J. Thompson und J.C. Davis jr., Inorg. Chem. **4**, 1464 (1965).
[2] T. Wentink und V.H. Tiensun, J. Chem. Phys. **28**, 826 (1958).
[3] W.S. Koski, J.J. Kaufman und C.F. Pachucki, J. Am. Chem. Soc. **81**, 1326 (1959).
[4] E.L. Gamble, Inorg. Synth. **3**, 27 (1950).

Bortrifluorid-Etherat, BF$_3$ · O(C$_2$H$_5$)$_2$

Daten

M 141,9 g · mol^{-1}
Schmp. $-60,4\,°C$
Sdp. 125–126 °C
 38 °C / $\approx$ 8 mbar ($\approx$ 6 Torr)
ϱ^{25} 1,125 g · cm^{-3}
n_D 1,348

Bemerkungen Farblose Flüssigkeit, hydrolysiert leicht.

---

* Mit freundlicher Genehmigung von Inorganic Synthesis Inc.
 Aus: Inorganic Synthesis **3**, 27 (1950)

Arbeitsvorschrift [1—7]

$$BF_3 + O(C_2H_5)_2 \rightarrow BF_3 \cdot O(C_2H_5)_2$$

Man leitet 135,6 g (2 mol) BF_3 durch eine trockene Sicherheitsflasche in einen trockenen 1-L-Kolben mit 148 g (2 mol) absolutem Diethylether. Der Reaktionskolben wird dabei mit einer Eis-Kochsalzmischung gekühlt und gegen Luftfeuchtigkeit mit einem $CaCl_2$-Rohr abgeschlossen. Der Gasstrom darf bei fortschreitender Absorption des Bortrifluorid nicht zu lebhaft sein, da sonst nicht alles vom Ether aufgenommen wird. Nach beendeter Reaktion setzt man auf den Kolben einen Destillationsaufsatz und destilliert das Bortrifluorid-Etherat in eine Vorlage über. Eine Destillation unter vermindertem Druck ist vorzuziehen.

Literatur

[1] G. Brauer, Handbuch der Präparativen Anorganischen Chemie, 3. Auflage Bd. II, S. 803, F. Enke-Verlag, Stuttgart 1978.
[2] V. Gasselin, Ann. Chim. Phys. [7] **3**, 5 (1894).
[3] G. F. Hennion, H. D. Hinton und J. A. Nieuwland, J. Am. Chem. Soc. **55**, 2858 (1933).
[4] H. Meerwein und W. Pannwitz, J. Prakt. Chem. N. F. **141**, 123 (1934).
[5] E. Wiberg und W. Mathing, Ber. **70**, 690 (1937).
[6] A. W. Laubengayer und G. R. Finlay, J. Am. Chem. Soc. **65**, 884 (1943).
[7] H. C. Brown und R. M. Adams, J. Am. Chem. Soc. **64**, 2557 (1942).

Dibrommethylboran, Br_2BCH_3

Daten

NMR δ^1H: 1,42 ppm [1]
         Standard: TMS (intern)
         Lösungsmittel: CCl_4

         $\delta^{11}B$: 62,5 ppm [2]
         Standard: $BF_3 \cdot O(C_2H_5)_2$

IR/Ra [3]	IR $\bar{\nu}$ in cm^{-1}	Ra $\bar{\nu}$ in cm^{-1}		Zuordnung
	3010 m	3000 (0,5)		ν CH
	2917 sschw	2898 (4b)		ν CH
	2350 sschw			
	2120 sschw			
	1760 sschw			
	1490 sssch			
	1445 sssch			
	1399 m	1412 (0,5)		δ CH
	1315 ⎱ st 1306 ⎰	1304 (1)		δ CH
	1143 sschw			
	1126 sschw	1135 (0,5)		
	1060 ⎱ st 1056 ⎰	1056 (0,5)	ν_1	ν BC
	995 ssch			
	986 ssch			
	977 ⎫ 973 ⎬ sst 970 ⎭	968 (1)	ν_4	ν BBr$_2$
	858 sschw	900 (0,5)		ϱ CH
	823 schw	810 (1)		ϱ CH
	754 sssch			
	711 ⎱ m 705 ⎰	702 (0,5)		
		423 (10)	ν_2	ν BBr$_2$
		279 (1)	ν_6	γ BCBr$_2$
		250 (2)	ν_5	ϱ CBBr$_2$
		175 (6)	ν_3	δ BBr$_2$
	gasförmig	flüssig		

sssch = sehr, sehr schwache Schulter

M 185,64 g · mol^{-1}
Sdp. 57–60 °C [4]

Arbeitsvorschrift [4]

$$2\, BBr_3 + Sn(CH_3)_4 \rightarrow 2\, BBr_2CH_3 + SnBr_2(CH_3)_2$$

In einen 1 L-Dreihalskolben, versehen mit Tropftrichter, Rückflußkühler und

Thermometer, werden unter Kühlung und Rühren zu 460 g (1,83 mol) BBr$_3$ 170 g (0,93 mol) Sn(CH$_3$)$_4$ getropft. Nach dem Zutropfen wird unter Normaldruck destilliert. Dabei kann man am Ende mit der Badtemperatur bis auf 120 °C gehen. Die Vorlage wird mit einem Eisbad gekühlt. Es gehen sowohl BBr$_2$CH$_3$ als auch BBr(CH$_3$)$_2$ über. Diese beiden Verbindungen werden anschließend über eine Silbermantelkolonne rektifiziert. Eine noch bessere Trennung erreicht man, wenn zwischen Kolonne und Kolben ein Rückflußkühler geschaltet wird, dessen Kühltemperatur regelbar ist. Man beginnt bei 40 °C Badtemperatur und 35 °C Kühltemperatur. Die Vorlage kühlt man mit Eis. Ausbeute 274 g (80 %). Nebenprodukt BBr(CH$_3$)$_2$, Sdp. 30–32 °C. Alle Arbeitsgänge führt man unter Stickstoff aus. Dazu werden sämtliche Glasgeräte vorher ausgeheizt und mit Stickstoff gespült. Die verwendeten Lösungsmittel werden vorher absolutiert und mit Stickstoff gesättigt.

Literatur

[1] H. Nöth und H. Vahrenkamp, J. Organomet. Chem. **12**, 23 (1968).
[2] H. Nöth und H. Vahrenkamp, J. Organomet. Chem. **11**, 399 (1968).
[3] W. Schabacher und J. Goubeau, Z. Anorg. Allg. Chem. **294**, 183 (1958).
[4] H. Nöth und H.P. Fritz, Z. Anorg. Allg. Chem. **322**, 297 (1963).

Triphenylboran, B(C$_6$H$_5$)$_3$

Daten

NMR [1]	δ^{11}B: 68,0 ppm Standard: BF$_3$ · O(C$_2$H$_5$)$_2$ Lösungsmittel: CH$_2$Cl$_2$
M	241,99 g · mol^{-1}
Schmp.	151 °C
Sdp.	155–166 °C/ $\approx 10^{-1}$ mbar ($\approx 10^{-1}$ Torr)

Bemerkungen Farblose kristalline Substanz, im Vakuum sublimierbar, sehr luft- und feuchtigkeitsempfindlich. Thermisch stabil bis ca. 380 °C. Umkristallisierbar aus n-Heptan, löslich in Toluol und Xylol.

Arbeitsvorschrift* [2]

BF$_3$ · O(C$_2$H$_5$)$_2$ + 3 C$_6$H$_5$MgBr → B(C$_6$H$_5$)$_3$ + 3 MgBrF + (C$_2$H$_5$)$_2$O

---

* Mit freundlicher Genehmigung von Inorganic Synthesis Inc.
  Aus: Inorganic Synthesis **15**, 134 (1974)

Triphenylboran ist sehr luftempfindlich. Alle Arbeiten müssen deshalb unter Inertgas ausgeführt werden.

Die Apparatur besteht aus einem 4-L-Dreihalskolben mit einem Flügelrührer, 1-L-Tropftrichter, Destillationskopf mit 2-L-Vorlage und einem Einlaß für Schutzgas. Der Kolben wird mit 142 g (1 mol) $BF_3 \cdot O(C_2H_5)_2$ in 1 L trockenem Xylol beschickt. Eine etherische Lösung von 3 mol C_6H_5MgBr (hergestellt aus 3,3 mol Magnesiumspänen und 3,3 mol C_6H_5Br in 1 L Ether) wird tropfenweise unter Rühren bei 25–35 °C innerhalb von 3 h zugegeben. In dieser Zeit destilliert nur wenig Ether über. Bei der anschließenden Destillation des gesamten Ethers ist es wichtig, daß der Siedepunkt von Xylol (138 °C) am Ende erreicht wird. Die noch warme Lösung wird von den ausgefallenen Magnesiumsalzen durch ein gebogenes Glasrohr mit Schutzgas in einen 3-L-Zweihalskolben dekantiert. Es kann auch über einen Filterstab dekantiert werden, um die Magnesiumsalze besser zurückzuhalten. Die Magnesiumsalze werden zweimal mit 500 mL heißem Xylol (120–130 °C) extrahiert. Die vereinigten Xylollösungen werden unter vermindertem Druck über einen kurzen einfachen Destillationskopf destilliert. Nach der Entfernung von Xylol wird eine Übergangsfraktion von ca. 5 g (Sdp. 155 °C bei $\approx 10^{-1}$ mbar) erhalten, die hauptsächlich aus Biphenyl besteht. Fast farbloses Triphenylboran siedet bei 155–166 °C/10^{-1} mbar in einer Ausbeute von 225 g über. Einmaliges Umkristallisieren aus Heptan unter Schutzgas ergibt 217 g (90%) Triphenylboran.

Literatur

[1] H. Nöth und B. Wrackmeyer, Nuclear Magnetic Resonance Spectroscopy of Boron Compounds, Springer-Verlag, Berlin–Heidelberg–New York 1978.
[2] R. Köster, P. Binger und W. Fenzl, Inorg. Synth. **15**, 134 (1974).
[3] R. Köster, K. Reinert und K. H. Müller, Angew. Chem. **72**, 78 (1960).

Chlordiphenylboran, $ClB(C_6H_5)_2$

Daten

NMR δ^1H: 7,72 ppm (m) [1]   Signalverhältnis 2 : 3
           8,37 ppm (m)
       Standard: TMS

       $\delta^{11}B$: 61,0 ppm [2]
       Standard: $BF_3 \cdot O(C_2H_5)_2$

M   200,48 g · mol^{-1}
Schmp. 32 °C

Sdp.   101–102 °C/≈ 0,2 mbar (≈ 0,2 torr)
        271–272 °C/1011 mbar (≈ 760 torr)

Bemerkungen   Farblose Kristalle

Arbeitsvorschrift* [3]

$$(C_6H_5)_3B + C_6H_5BCl_2 \rightarrow 2\,ClB(C_6H_5)_2$$
oder $$2\,(C_6H_5)_3B + BCl_3 \rightarrow 3\,ClB(C_6H_5)_2$$

Ein 500-mL-Zweihalskolben mit Magnetrührer wird mit einem Destillationskopf mit Vorlage versehen. Der Kolben wird mit 107 g (0,443 mol) $(C_6H_5)_3B$ und 72 g (0,45 mol) $C_6H_5BCl_2$ beschickt. Nach Zugabe von 1 mL Tetraethyldiboran wird die Mischung unter Rühren im Ölbad 4 h auf 40–45 °C erwärmt. Anschließend wird bei Raumtemperatur 1 h Ethylen durch die Lösung geleitet. Destillation unter vermindertem Druck ergibt 10,3 g $C_6H_5BCl_2$ (Sdp. 30–70 °C/≈ 0,2 mbar) und 150 g $ClB(C_6H_5)_2$ (Sdp. 101–102 °C/≈ 0,2 mbar). Ausbeute 85%. Nach dem Abkühlen kristallisiert $(C_6H_5)_2BCl$ in großen Plättchen. Es verbleibt ein Rückstand von 15,9 g $(C_6H_5)_3B$ im Destillationskolben.

Die analoge Reaktion von 15 g (0,13 mol) BCl_3 und 55,3 g (0,23 mol) $(C_6H_5)_3B$ in Benzol bei 25–45 °C unter Zusatz von 1 mL Tetraethyldiboran führt ebenfalls mit einer Ausbeute von 65–75% zu $ClB(C_6H_5)_2$. Gleichzeitig wird $C_6H_5BCl_2$ gebildet.

Phenylborane sind sehr empfindlich gegen feuchte Luft. Ausgangsmaterial, Reaktionsgemisch und Reaktionsprodukte müssen stets unter Inertgas gehandhabt werden.

Literatur

[1] H. Nöth, Persönliche Mitteilung.
[2] H. Nöth und H. Vahrenkamp, Chem. Ber. **99**, 1049 (1966).
[3] R. Köster und P. Binger, Inorg. Synth. **15**, 152 (1974).

---

* Mit freundlicher Genehmigung von Inorganic Synthesis Inc.
  Aus: Inorganic Synthesis **15**, 152 (1974)

Tetrabutylammoniumoctahydridotriborat, [(n-C$_4$H$_9$)$_4$N] [B$_3$H$_8$]

Daten

NMR δ^{11}B: 47,9 ppm Zentrum eines Septetts
          J_{B-H}: 33 Hz
          Standard: B(OCH$_3$)$_3$ (extern)
          Lösungsmittel: CH$_2$Cl$_2$

IR   Es sind die wichtigsten Banden aufgeführt, die von B—H-Schwingungen verursacht werden.

$\bar{v}$ in cm^{-1}

2450/2400	st	(Dublett)
2310	sch	
2120/2080	m	(Dublett)
1140	st	
1015	st	

KBr-Preßling

M   282,96 g · mol^{-1}
Schmp.   210–212 °C (Zersetzung) [1]

Bemerkungen   Farblose Kristalle, gut löslich in Dichlormethan und Acetonitril, gering löslich in Benzol, Ether, Hexan und Wasser.

Arbeitsvorschrift* [1, 2]

3 Na[BH$_4$] + I$_2$ → 2 NaI + 2 H$_2$ + Na[B$_3$H$_8$]

Na[B$_3$H$_8$] + [(n-C$_4$H$_9$)$_4$N]I → [(n-C$_4$H$_9$)$_4$N][B$_3$H$_8$] + NaI

Vorbemerkung: Die Umsetzung sollte unter einem gut ziehenden Abzug und hinter einem Sicherheitsschild ausgeführt werden. Offene Flammen oder Funkenquellen sollten nicht in der Nähe sein, da der entwickelte Wasserstoff entzündbar ist bzw. zu Explosionen führen kann. Die Borane, die aus dem Blasenzähler entweichen oder während der Ausfällung des Octahydridoborats entstehen können, sind giftig und selbstentzündlich.

In einer Trockenbox (oder unter N$_2$-Atmosphäre) werden 17 g (0,45 mol) gepul-

---

* Mit freundlicher Genehmigung von Inorganic Synthesis Inc.
   Aus: Inorganic Synthesis **15**, 111 (1974)

vertes Na[BH$_4$] in 250 mL wasserfreiem Diglyme in einem 1-L-Dreihalskolben suspendiert. Der mittlere Hals des Kolbens ist mit einem KPG-Rührer versehen, während einer der Seitenhälse einen Tropftrichter mit Druckausgleich trägt, dessen Eintropfrohr bis unter die Oberfläche der Mischung reicht. Der dritte Hals wird mit einem Blasenzähler verbunden, der 4-Picolin enthält, um die in geringer Menge entstehenden Borane aus dem Gas zu entfernen. Während die Apparatur zusammengebaut wird, strömt ein schwacher Stickstoffstrom hindurch, um das Eindringen von Luft zu verhindern. Nachdem schnell eine Lösung von 20,6 g (81 mmol) I$_2$ in 115 mL trockenem Diglyme in den Tropftrichter überführt ist, wird die gesamte Apparatur 10 min mit Stickstoff gespült. Anschließend wird der Reaktionskolben in ein auf 98–102 °C vorgeheiztes Ölbad gebracht. Der Stickstoffstrom wird abgestellt und die Iodlösung während 75–90 min zu der heißen, kräftig gerührten Mischung getropft. Der entstehende Wasserstoff entweicht durch den Blasenzähler. Die Reaktionsmischung wird weitere 2 h bei etwa 95 °C gerührt. Anschließend wird das Volumen der Lösung auf etwa 145 mL reduziert, indem man über die bei 50 °C gehaltene Reaktionsmischung Stickstoff strömen läßt oder durch Evakuieren. Die erkaltete Mischung wird mit etwa 50 mL Waschwasser in ein 2-L-Becherglas überführt. Es wird etwa 1 L gesättigte wäßrige Lösung von Tetrabutylammoniumiodid langsam unter kräftigem Rühren hinzugegeben, bis kein Niederschlag mehr ausfällt. Die Zugabe der wäßrigen Lösung sollte unter einem gut ziehenden Abzug erfolgen, da die Reaktionsmischung mit Wasser heftig reagiert und möglicherweise giftige Borane entstehen.

Der weiße Niederschlag wird mit einer Nutsche abgesaugt, mit etwa 900 mL Wasser gewaschen und im Vakuum getrocknet. Ausbeute 13,42 g (59% bezogen auf Iod)

Wenn das Octahydridotriborat nach vollständiger Entfernung des Diglyme ausgefällt wird, erhält man eine höhere Ausbeute an Rohprodukt.

Ein Teil des Rohproduktes (5,21 g) wird in 30 mL Dichlormethan gelöst, filtriert, mit 30 mL Dichlormethan gewaschen und wieder ausgefällt durch Zugabe von 400 mL Diethylether. Der Niederschlag wird im Vakuum getrocknet und wiegt 4,45 g.

Literatur

[1] G.E. Ryschkewitsch und K.C. Nainan, Inorg. Synth. **15**, 111 (1974).
[2] K.C. Nainan und G.E. Ryschkewitsch, Inorg. Nucl. Chem. Letters **6**, 765 (1970).

Borazin (s-Triazatriborin, Borazol), $B_3N_3H_6$

Daten

NMR δ^1H: $-4{,}50$ ppm BH [1, 2, 3]
$\quad\quad\quad\;\; -5{,}48$ ppm NH
Standard: TMS
Lösungsmittel: CCl_4, 5%ige Lösung

$\delta^{11}B$: 29,2 ppm [4]
J_{B-H}: 139 Hz
Standard: $BF_3 \cdot O(C_2H_5)_2$

IR/Ra [5, 6]

Symmetrie: D_{3h}

IR $\bar{\nu}$ in cm^{-1}	Ra $\bar{\nu}$ in cm^{-1}			Zuordnung [7]	[8]	[9]
3490 sst		ν_{11}			NH-Streckschwingung	
2530 sst		ν_{12}			BH-Streckschwingung	
1605 sschw		ν_{13}			BN-Streckschwingung	
1465 sst	1465	ν_{14}	E'		BN-Streckschwingung	
918 st		ν_{15}		NH-Deformation	NH, BH- Deformation	BH-Deformation
718 schw	708	ν_{16}		BH-Deformation		NH-Deformation
519 schw	519 d	ν_{17}				Ring-Verzerrung
1088 schw		ν_8		NH-Deformation		BH-Deformation
649 schw		ν_9	A_2''	BH-Deformation		NH-Deformation
415 schw		ν_{10}			BN-Torsion	
	3450 p	ν_1			NH-Streckschwingung	
	2535 p	ν_2	A_1'		BH-Streckschwingung	
	938 p	ν_3				Ring-Verzerrung
	851 p	ν_4				BN-Streckschwingung
	1070 d	ν_{18}		NH-Deformation		BH-Deformation
	798	ν_{19}	E''	BH-Deformation		NH-Deformation
	288	ν_{20}			BN-Torsion	

IR: kapillar
Ra: flüssig

Struktur Bor- und Stickstoffatome sind alternierend in einem planaren Sechsring angeordnet.
Abstand: $0{,}147 \pm 0{,}007$ nm (Röntgenanalyse)
$\quad\quad\quad\;\; 0{,}144 \pm 0{,}002$ nm (Elektronenbeugung)

M $80{,}50$ g·mol^{-1}
Schmp. $-58\,°C$
Sdp. $54{,}5\,°C$

Bemerkungen Farblose Flüssigkeit. Zersetzt sich bei Lagerung bei Raumtemperatur im Licht, beständiger bei Aufbewahrung im Dunkeln.

Arbeitsvorschrift [10]

$$B_3Cl_3N_3H_3 + 3\,NaBH_4 \xrightarrow[N(C_4H_9)_3]{Diglyme} B_3N_3H_6 + 3\,NaCl + \frac{3}{2}B_2H_6$$
$$(\text{als } BH_3 \cdot NR_3)$$

Ein Dreihalskolben entsprechender Größe mit mechanischem Rührer, Rückflußkühler und Tropfrichter wird mit einer Lösung von $NaBH_4$ in Diglyme (ca. 8 mL Lösungsmittel pro Gramm $NaBH_4$) beschickt. Der Kolben wird auf 0 °C gekühlt und ein 25 %iger Überschuß an Tri-n-butylamin unter kräftigem Rühren zugegeben. Der Kolben wird mit einem langsamen Stickstoffstrom gespült und eine Lösung von $B_3Cl_3N_3H_3$ in Diglyme (2,5 mL Lösungsmittel pro Gramm $B_3Cl_3N_3H_3$) im Verlauf von ca. 1 h zugetropft. Nach Zusatz wird noch 30 min weitergerührt.

Der Rückflußkühler wird nun mit Kältesole gekühlt, eine Falle mit Trockeneiskühlung nachgeschaltet und das Reaktionsgemisch im Hochvakuum durch den Rückflußkühler destilliert, zunächst bei Raumtemperatur, dann bei 40–50 °C. Borazin und etwas Ether sammeln sich in der mit Trockeneis gekühlten Falle. Das Rohprodukt wird dann bei Normaldruck fraktioniert destilliert, wobei der Kolonnenkopf mit Kältesole und die Vorlage mit Eis gekühlt wird. Ausbeute ca. 46 %.

Literatur

[1] G. Cros, M. Pasdeloup und J.P. Laurent, Bull. Soc. Chim. Fr. **1969**, 2601.
[2] W.D. Phillips, H.C. Miller und E.L. Muetterties, J. Am. Chem. Soc. **81**, 4496 (1956).
[3] E.K. Mellon, B.M. Coker und P.B. Dillon, Inorg. Chem. **11**, 852 (1972).
[4] O.T. Beachley jr., Inorg. Chem. **8**, 981 (1969).
[5] H. Siebert, Anwendungen der Schwingungsspektroskopie in der Anorganischen Chemie, S. 134, Springer-Verlag, Berlin–Heidelberg–New York 1966.
[6] K. Niedenzu und J.W. Dawson, Boron-Nitrogen Compounds, Springer-Verlag, Berlin 1965.
[7] B.L. Crawford und J.T. Edsall, J. Chem. Phys. **7**, 223 (1939).
[8] W.C. Price, R.D.B. Fraser, T.S. Robinson und H.C. Longuet-Higgins, Disc. Farad. Soc. **9**, 131 (1950).
[9] H. Watanabe, T. Totani, T. Nakagawa und M. Kubo, Spectrochim. Acta **16**, 1076 (1960).
[10] W.L. Jolly, Preparative Inorg. Reactions **3**, 169 (1966).

2,4,6-Trichlor-1,3,5-trimethyl-borazin, Cl$_3$B$_3$N$_3$(CH$_3$)$_3$

Daten

NMR δ^1H: 3,1 ppm [1]
  3,14 ppm [2]
Standard: TMS [1, 2]
Lösungsmittel: CCl$_4$ (5%ige Lösung) [2]

δ^{11}B: $-31,2$ ppm [3]
  $-33,0$ ppm [4]
Standard: BF$_3 \cdot$ O(C$_2$H$_5$)$_2$ (extern) [3]
  BCl$_3$ (umgerechnet auf BF$_3 \cdot$ O(C$_2$H$_5$)$_2$) [4]
Lösungsmittel: C$_6$H$_6$ [3]
  CCl$_4$ [4]

IR [5]

$\bar{\nu}$ in cm^{-1}		Zuordnung
2945	m	⎫
2912	sch/schw	⎬ C—H Valenzschwingung
2860	schw	⎭
2817	sch/schw	
1496	sch/schw	
1485	sch/schw	
1460	sch/m	⎫ Entartete C—H-Deformations-
1452	st	⎭ schwingung
1417	sch/schw	
1405	sch/st	⎫ Ring-Verzerrung
1392	sst	⎭
1281	m	
1193	schw	
1105	sch/schw	⎫ N—CH$_3$ (Rocking)
1087	st	⎭
1008	sch/schw	
998	sch/schw	
980	sch/st	⎫ B—Cl Valenzschwingung
975	st	⎭
811	schw	
786	schw	
759	schw	
708	m	
683	sch/schw	
674	m	

IR [5]	$\bar{\nu}$ in cm^{-1}		Zuordnung
	669	m	
	658	m	
	In CS$_2$ und CCl$_4$		

M 225,90 g · mol^{-1}
Schmp. 162–163 °C

Bemerkungen Weiße kristalline Verbindung, feuchtigkeitsempfindlich. Löslich in Benzol, Ether und anderen organischen Lösungsmitteln.

Arbeitsvorschrift* [1]

$$3\,BCl_3 + 3\,CH_3NH_2 \cdot HCl \rightarrow Cl_3B_3N_3(CH_3)_3 + 9\,HCl$$

Ein 500-mL-Dreihalskolben ist mit einem KPG-Rührer und einem Rückflußkühler versehen, der an seinem Auslaß einen Kühlfinger trägt, der wiederum mit einem Calciumchloridröhrchen verschlossen ist. Eine weitere Öffnung des Kolbens ist mit einem Kühlfinger verschlossen, an den ein Gummischlauch angeschlossen ist, der zu einer gewogenen Bombe mit BCl$_3$ führt.

Unter Stickstoff wird der Reaktionskolben mit einer Suspension von 25 g (0,37 mol) CH$_3$NH$_2$ · HCl in 250–300 mL Chlorbenzol (über Na$_2$SO$_4$ getrocknet) beschickt. Die Mischung wird gerührt und zu schwachem Rückfluß erwärmt. Die Kühlfinger werden mit Trockeneis gefüllt und BCl$_3$ mit ungefähr 2 Tropfen pro Sekunde in die Mischung getropft. Von Zeit zu Zeit wird die BCl$_3$-Bombe entfernt und gewogen, wobei der Gummischlauch mit einer Klammer zusammengedrückt oder mit einem Glasstab verschlossen wird. Insgesamt werden 55 g (0,47 mol) BCl$_3$ zugegeben. Danach wird der Kühlfinger, der an der Eintropfstelle angebracht war, entfernt und durch einen Schliffstopfen ersetzt. Die Mischung wird weiter erwärmt bis die Entwicklung von HCl fast beendet ist (etwa 15–18 h). Es ist ein Überschuß von BCl$_3$ erforderlich, da eine geringe Menge trotz Kühlfinger durch den Rückflußkühler entweicht. Das heiße Reaktionsgemisch ist gewöhnlich hellbraun und klar. Sollte ein Feststoff vorhanden sein, wird die heiße Lösung in einen 500-mL-Kolben filtriert und das Chlorbenzol im Rotationsverdampfer im Vakuum abdestilliert. Der Rückstand wird bei 60 °C im Vakuum sublimiert unter Kühlung der Vorlage auf 0 °C. Das Produkt wird in der Trockenbox umgefüllt.
Ausbeute 25–26 g (90 %).

---

* Mit freundlicher Genehmigung von Inorganic Synthesis Inc.
 Aus: Inorganic Synthesis **13**, 43 (1972)

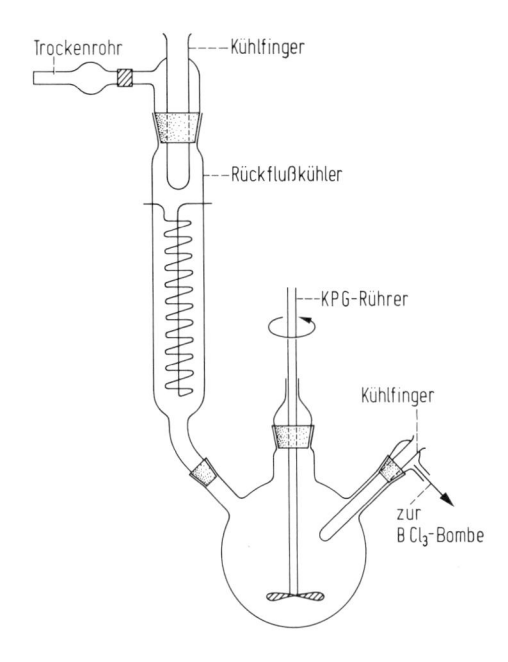

Literatur

[1] D. T. Haworth, Inorg. Synth. **13**, 43 (1972).
[2] G. Cros, M. Pasdeloup und J. P. Laurent, Bull. Soc. Chim. Fr. **8**, 2601 (1969).
[3] H. Nöth und H. Vahrenkamp, Chem. Ber. **99**, 1049 (1966).
[4] H. S. Turner und R. J. Warne, J. Chem. Soc. **1965**, 6421.
[5] H. Watanabe, M. Narisada, T. Nakagawa und M. Kubo, Spectrochim. Acta **16**, 78 (1960).

Hexamethylborazin, $B_3N_3(CH_3)_6$

Daten

NMR $\quad \delta^1H$: 4,36 ppm N—CH_3 [1]
$\qquad\qquad$ 6,65 ppm B—CH_3
$\qquad$ Standard: C_6H_6
$\qquad$ Lösungsmittel: C_6H_6

$\qquad \delta^{11}B$: 35,8 ppm [2]
$\qquad\qquad$ 36,0 ppm [3]
$\qquad$ Standard: $BF_3 \cdot O(C_2H_5)_2$ (extern)
$\qquad$ Lösungsmittel: CCl_4

IR [4]	$\bar{v}$ in cm^{-1}	Zuordnung
	2951 st	v C—H
	2913 st	v C—H
	2833 m	
	2047 schw	
	1610 schw	Ring-Verzerrung
	1498 sch/schw	
	1489 sch/schw	
	1480 sch/schw	
	1471 sch/schw	
	1463 sch/st ⎫	Entartete δ C—H
	1450 st ⎭	
	1402 sst	Hauptbande v B—N
	1326 m	δ_s B—CH$_3$
	1279 st	v N—C
	1104 st	δ N—CH$_3$ (Rocking)
	1024 m	
	965 schw	
	891 sch/m	
	880 st	v B—CH$_3$
	780 schw	
	733 schw	
	571 m	
	in CS$_2$ und CCl$_4$	

M 164,66 g · mol^{-1}
Schmp. 97–98 °C

Bemerkungen Nach Sublimation farblose durchsichtige Kristalle, nur wenig luft- und feuchtigkeitsempfindlich.

Arbeitsvorschrift [5]

Cl$_3$B$_3$N$_3$(CH$_3$)$_3$ + 3 CH$_3$MgI → B$_3$N$_3$(CH$_3$)$_6$ + 3 MgICl

CH$_3$MgI [30 mmol (0,73 g Mg, 4,26 g CH$_3$I)] in Ether wird bei Raumtemperatur und unter Stickstoff zu einer Suspension von 1,09 g (4,8 mmol) Cl$_3$B$_3$N$_3$(CH$_3$)$_3$ getropft. Nach vollständiger Zugabe wird das Reaktionsgemisch 12 h unter Rückfluß erwärmt, danach wird der Ether bei Raumtemperatur unter vermindertem Druck abgezogen. Der farblose feste Rückstand wird bei 80 °C im Vakuum zersetzt und liefert 0,7 g (64 %) kristallines B$_3$N$_3$(CH$_3$)$_6$, das in einer auf −10 °C gekühlten, nachgeschalteten Falle aufgefangen wird.

Literatur

[1] H. Werner, R. Prinz und E. Deckelmann, Chem. Ber. **102**, 95 (1969).
[2] H. Nöth und H. Vahrenkamp, Chem. Ber. **99**, 1049 (1966).
[3] H.S. Turner und R.J. Warne, J. Chem. Soc. **1965**, 6421.
[4] H. Watanabe, M. Narisada, T. Nakagawa und M. Kubo, Spectrochim. Acta **16**, 78 (1960).
[5] D.T. Haworth und L.F. Hohnstedt, J. Am. Chem. Soc. **82**, 3860 (1960).

1,4-Di-tert.-butyl-1,4-diazabutadien(1,3)
t-Bu—N=CH—CH=N—t-Bu

Daten [1]

NMR δ^1H: 1,26 ppm Singulett, tert. Bu
            7,96 ppm Singulett, =CH—CH=
         Standard: TMS
         Lösungsmittel: CDCl$_3$

IR $\bar{\nu}$ in cm^{-1} Zuordnung

       1628   (C=N)
       KBr-Preßling

UV λ_{max}: 278 nm
         log ε_{278}: 2,29
         (95%iges Ethanol)

M   168,27 g · mol^{-1}
Schmp. 39–43 °C

Arbeitsvorschrift [1]

H—C—C—H + 2 t-Bu—NH$_2$ → t-Bu—N=CH—CH=N—t-Bu + 2 H$_2$O
   ∥   ∥
   O   O

146,0 g (2,0 mol) t—C$_4$H$_9$NH$_2$ werden bei 0 °C zu 145,0 g (1,0 mol) 45%igem wäßrigem Glyoxal getropft. Es kommt sehr bald zu einer Verfestigung der Reaktionspartner und es werden 50 mL Wasser zugegeben, um die feste Masse aufzulockern. Der weiße Feststoff wird abfiltriert, in 500 mL Ether gelöst und mit MgSO₄ getrocknet. Das Volumen der Etherlösung wird durch Abdestillieren auf etwa 200 mL reduziert und in Trockeneis gekühlt. Die Filtration des ausgefallenen weißen Feststoffes liefert eine extrem zu Tränen reizende Substanz, Schmp. 39–43 °C. Eine zweite Menge von 18,6 g, Schmp. 34–40 °C, kann ebenfalls erhalten werden. Die Sublimation bei 40 °C/1,3 mbar (1 Torr) liefert eine analytisch reine Probe. Gesamtausbeute 63%.

Um ein besonders trockenes Produkt zu erhalten, löst man die nach obiger Vorschrift erhaltene Verbindung in Petrolether und läßt 24 h über CaCl₂ stehen. Anschließend dekantiert man ab und zieht den Petrolether im Vakuum ab. [2]

Literatur

[1] J.M. Kliegman und R.K. Barnes, Tetrahedron **26**, 2555 (1970).
[2] G. Schmid, Persönliche Mitteilung.

1,3-Di-tert-butyl-2-methyl-Δ⁴-1,3,2-diazaborolin

Daten [1]

NMR δ^1H: 6,16 ppm, CH, rel. Intensität 2
     1,43 ppm, t-Bu, rel. Intensität 18
     0,73 ppm, CH₃, rel. Intensität 3
Standard: TMS
Lösungsmittel: CDCl₃

δ^{11}B: 26,2 ppm
Standard: BF₃ · O(C₂H₅)₂
Lösungsmittel: O(C₂H₅)₂

δ^{13}C: 111,5 ppm, C Ring
       52,5 ppm, C* (CH₃)₃
       31,7 ppm, C (C*H₃)₃

Das Signal der CH$_3$-Gruppe am Bor ist nicht zu erkennen
Standard: TMS
Lösungsmittel: CDCl$_3$

M   194,12 g · mol^{-1}
Sdp.   45–55 °C/1,3 · 10^{-1} mbar (10^{-1} Torr)

Arbeitsvorschrift [1]

I. t-Bu—N=CH—CH=N—t-Bu + CH$_3$BBr$_2$ → $\left[\begin{array}{c}\text{CH—CH} \\ \text{t-Bu—N} \diagdown \text{N—t-Bu} \\ \text{B} \\ \text{CH}_3 \quad \text{Br}\end{array}\right]^+$ Br$^-$

II. $\left[\begin{array}{c}\text{CH—CH} \\ \text{t-Bu—N} \diagdown \text{N—t-Bu} \\ \text{B} \\ \text{CH}_3 \quad \text{Br}\end{array}\right]$ Br$^-$ + 2 Na → t-Bu—N$=\!=$B$=\!=$N—t-Bu + 2 NaBr
                                                                                                                            CH$_3$

I. Unter Kühlung (Eisbad) und Rühren werden 22,93 g (0,124 mol) CH$_3$BBr$_2$ in 100 mL Ether getropft. Anschließend werden in einen 2-L-Dreihalskolben mit zwei Tropftrichtern (100 mL) gleichzeitig unter starkem Rühren 19,92 g (0,118 mol) Di-t-butyl-1,4 diazabutadien (1,3) in 100 mL Petrolether (40–60 °C) und die etherische Lösung von CH$_3$BBr$_2$ langsam in 1 L Petrolether (40–60 °C) getropft. Es fällt meistens sofort, manchmal auch erst nach einiger Zeit ein gelber Feststoff aus. Nach dem Eintropfen wird noch 1 h gerührt. Das gelbe Produkt frittet man ab, wäscht es mit Ether und Petrolether und trocknet im Vakuum. Zur Reinigung von polymeren Bestandteilen (die Menge hängt von der Qualität der Ausgangsverbindungen und der Lösungsmittel ab) wird zweimal mit je 250 mL Toluol gerührt, mit Petrolether gewaschen und im Vakuum getrocknet.
Ausbeute: 30 g (70%)
^{11}B—NMR: 5,8 ppm (BF$_3$ · O(C$_2$H$_5$)$_2$ als Standard, in CH$_3$CN)

II. In einem 500-mL-Stickstoffkolben werden zu 30 g (0,085 mol) Boroniumsalz in 300 mL THF 3,9 g (0,17 mol) Natrium gegeben und 24 h gerührt. Die festen Bestandteile frittet man anschließend ab. Um gelöstes NaBr zu entfernen, das die Destillation behindert, zieht man das THF ab und nimmt mit

50 mL Petrolether auf, frittet erneut von festen Bestandteilen ab und wäscht mit wenig Petrolether nach. Die Lösung überführt man in einen 100 mL Stickstoffkolben und nach vollständiger Entfernung des Petrolethers destilliert man über eine kurze Füllkörperkolonne im Hochvakuum. Direkte Schliffverbindungen zur Vakuumanlage sind zu empfehlen. Die Vorlage wird mit flüssigem N_2 oder Trockeneis/Methanol gekühlt. Das farblose Produkt geht als einzige Fraktion bei ca. 0,13 mbar (0,1 Torr) und Ölbadtemperaturen von 40–70 °C über. Es enthält stets wechselnde Anteile von 1,4-Di-tert.-butyl-1,4-diazabutadien (1,3). Der Anteil wird NMR-spektroskopisch bestimmt. Zur Reinigung wird das Produkt in 50 mL Benzol mit der entsprechenden Menge Mo(CO)$_6$ 7 h unter Rückfluß gekocht (Bildung von (CO)$_4$Mo-diazabutadien). Man zieht das Benzol im Vakuum ab. Der Rückstand wird mit 50 mL Petrolether extrahiert und das Filtrat der Destillation unterworfen. Ausbeute 12,9 g (77 %). Alle Arbeitsvorgänge, bei denen Borverbindungen gehandhabt werden, führt man unter N_2 aus. Dazu werden sämtliche Glasgeräte vorher ausgeheizt und mit N_2 gespült. Die verwendeten Lösungsmittel werden vorher absolutiert und mit N_2 gesättigt.

Literatur

[1] G. Schmid, Persönliche Mitteilung.

Phenyltrifluorsilan, C$_6$H$_5$SiF$_3$

Daten

NMR $\delta^{19}F$: 143,1 ppm [1]
Standard: C$_6$F$_6$ (auf CFCl$_3$ umgerechnet)
Lösungsmittel: 1 M in CH$_2$Cl$_2$

M 162,19 g · mol^{-1}
Sdp. 103 °C/994 mbar (747 Torr)
n_D^{20} 1,4110

Bemerkungen Phenyltrifluorsilan ist eine farblose, nicht entflammbare Flüssigkeit, die unter dem Einfluß von Luftfeuchtigkeit hydrolysiert.

Arbeitsvorschrift [2]

$$C_6H_5SiCl_3 + SbF_3 \rightarrow C_6H_5SiF_3 + SbCl_3$$

In einem 1-L-Dreihalskolben mit Rührer, Tropftrichter und Rückflußkühler mit Trockenrohr (CaCl$_2$) werden zu 178,8 g (1 mol) SbF$_3$ langsam 142 g (1 mol) C$_6$H$_5$SiCl$_3$ getropft. Die Reaktion ist exotherm. Nach der vollständigen Zugabe wird noch 2 h am Rückfluß erwärmt und anschließend das Reaktionsprodukt über eine kurze Kolonne destilliert.
Ausbeute: 146 g C$_6$H$_5$SiF$_3$ (90% bezogen auf C$_6$H$_5$SiCl$_3$).

Literatur

[1] R.K. Marat und A.F. Janzen, Can. J. Chem. **55**, 3845 (1977).
[2] U. Klingebiel und A. Meller, Persönliche Mitteilung.

Tetraethoxysilan, Si(OC$_2$H$_5$)$_4$

Daten

NMR δ^1H: 1,24 ppm, CH$_3$—, Triplett [1]
    3,77 ppm, —CH$_2$—, Quartett
J(H, H): 7 Hz
Lösungsmittel: CCl$_4$
Standard: TMS (extern)

IR/Ra	IR	Ra
[2]	$\bar{v}$ in cm^{-1}	$\bar{v}$ in cm^{-1}
	2977 sst	2978 (8 b)
	2930 st	2932 (9 b)
	2892 st	2891 (8 b)
		2869 (8)
	2468 sschw	2767 (3)
	2740 sschw	
	2722 sschw	2719 (2)
	1483 sschw	1485 (4)
		1456 (8)
	1442 schw	1446 (6)
	1391 m	1393 (2)
	1365 schw	
	1295 schw	1294 (7 b)
	1168 st	1169 (1)
	1185 sst	
	1085 sst	1090 (8 d)
	965 st	963 (3)

IR/Ra [2]	IR $\bar{v}$ in cm^{-1}	Ra $\bar{v}$ in cm^{-1}
		931 (4)
		807 (4)
	794 st	792 (3)
	654 sschw	652 (7 b)
	478 m	
		305 (2 sd)
		240 (0)

M	208,3 g · mol^{-1}
Schmp.	−77 °C [3]
	−82 °C [4]
Sdp.	166 °C [1]
	165 °C [5]
ϱ_4^{20}	0,934 g · cm^{-3} [5]
n_D^{20}	1,3831 [1]

Bemerkungen Mit Wasser nicht mischbar, hydrolysiert langsam.

Arbeitsvorschrift [5]

$$SiCl_4 + 4C_2H_5OH \rightarrow Si(OC_2H_5)_4 + 4HCl$$

In einen 1-L-Dreihalskolben, der zuvor sorgfältig getrocknet wurde, wird über CaO und Ca-Metall (oder CaC$_2$) entwässertes Ethanol eindestilliert. Der Kolben ist versehen mit einem KPG-Rührer und einem Rückflußkühler mit Calciumchloridrohr und Absaugleitung.

Man destilliert etwa 400 g Ethanol (Kolben halb gefüllt) ein und ersetzt das Einleitungsrohr durch einen Tropftrichter, der mit dem Ablaufrohr einige Zentimeter unter die Oberfläche des Ethanols reicht. In den Tropftrichter gibt man SiCl$_4$ und läßt im Verlauf mehrerer Stunden etwa 90% des theoretischen Verbrauchs (Unterschuß SiCl$_4$) eintropfen. Der Kolben wird von außen mit Wasser gekühlt. Nach der Zugabe rührt man noch $^1/_2$ h und wärmt dann den Kolben langsam auf. Die Flüssigkeit schäumt sehr stark. Beim Erwärmen entweichen große Mengen von HCl. Nachdem HCl ausgetrieben wurde, ersetzt man den Rückflußkühler durch einen absteigenden Kühler und destilliert das überschüssige Ethanol ab. Die Flüssigkeit wird bis ca. 100 °C erwärmt. Nach dem Abkühlen der Reaktionsmischung gibt man etwas Natriummethylat hinzu, schüttelt und läßt absitzen. Nach einigen Stunden wird die klare Flüssigkeit abdekantiert und fraktioniert. Ausbeute 90% bezogen auf SiCl$_4$.

Literatur

[1] H. M. Kuß, unveröffentlicht.
[2] H. Kriegsmann und K. Licht, Z. Elektrochem. **62**, 1163 (1958).
[3] H. D. Cogan und C. A. Setterstrom, Chem. Eng. News **24**, 2499 (1946).
[4] L. Solana und E. Moles, An. Espan. **30**, 886 (1932).
[5] G. Brauer, Handbuch der Präparativen Anorganischen Chemie, 3. Auflage, Bd. 2, F. Enke-Verlag, Stuttgart 1978.

Triethylchlorsilan, $(C_2H_5)_3SiCl$

Daten

IR/Ra	IR $\bar{\nu}$ in cm^{-1}	Ra $\bar{\nu}$ in cm^{-1}	Zuordnung
[1]		2966	
		2939	
		2917	$\nu(C-H)$
		2879	
		2737	
	1463	1462	
	1412	1410	$\delta(CH_2)$
	1382		$\delta(CH_3)$
		1304	
	1236	1234	
	1190	1190	
		1162	
		1115	
	1070		
	1017	1024	
	1005	1006	
	974	974	$\nu(C-C)$
	965		
	946		
	742	736	
	730		$\nu_{as}(SiC'_3)$
		674	
	616		
	600	607	$\nu_s(SiC'_3)$
		595	
	542		

120   Präparate

IR/Ra [1]	IR $\bar{v}$ in cm^{-1}	Ra $\bar{v}$ in cm^{-1}	Zuordnung
	498 ⎫ 480 ⎭	477	$v(SiCl)$
	462	458	
		410	
		376	
		319	$\delta(SiC'_3)$
		279	
		241	
	kapillar		

M   150,76 g · mol^{-1}
Sdp.   144 °C/1000 mbar (735 Torr) [1]
        145 °C/990 mbar (729 Torr) [2]
        146,5 °C/1032 mbar (759 Torr) [4]
n_D^{20} 1,4314 [1]
        1,4311 [2]
        1,4304 [3]
ϱ^{20} 0,8967 g · cm^{-3} [1]
        0,8975 g · cm^{-3} [2]
        0,8985 g · cm^{-3} [3]

Arbeitsvorschrift [6]

$(C_2H_5O)_4Si + 3 C_2H_5MgBr \rightarrow (C_2H_5)_3SiOC_2H_5 + 3 C_2H_5OMgBr$

$2(C_2H_5)_3SiOC_2H_5 + H_2O \rightarrow (C_2H_5)_3SiOSi(C_2H_5)_3 + 2 C_2H_5OH$

$(C_2H_5)_3SiOSi(C_2H_5)_3 + 2 NH_4Cl + H_2SO_4 \rightarrow 2(C_2H_5)_3SiCl$
$\qquad\qquad\qquad\qquad\qquad\qquad\qquad\qquad + (NH_4)_2SO_4 + H_2O$

In einen 2-L-Dreihalskolben, der mit einem Rührer, Rückflußkühler mit Trokkenrohr und Tropftrichter versehen ist, werden 292,8 g (2,2 mol) C_2H_5MgBr in 1 L Ether aus Mg und C_2H_5Br in einer Grignard-Reaktion hergestellt. Anschließend wird die Reaktionsmischung von außen in einem Eiswasserbad gekühlt und innerhalb $\frac{1}{2}$ h werden 145 g (0,7 mol) $(C_2H_5O)_4Si$ unter Rühren zugetropft. Nachdem noch $\frac{1}{2}$ h bei Raumtemperatur gerührt wurde, wird Ether abdestilliert und das zurückbleibende Produkt 12 h auf dem Wasserbad erwärmt. Nach dem Erkalten wird das Produkt in 1 L Ether aufgenommen und durch Eingießen in

eine Eiswasser/Säure-Lösung hydrolysiert. Die etherische Schicht wird abgetrennt und der Ether abdestilliert. Bei der Destillation geht ein geringer Anteil Ethanol mit über. Das Reaktionsprodukt wird unter Eiskühlung in 150 mL konzentrierter Schwefelsäure gelöst. Zu dieser Lösung werden 38 g (1,1 mol) NH$_4$Cl innerhalb 1 h unter Rühren hinzugefügt und eine weitere $\frac{1}{2}$ h gerührt. Dann wird die obere Schicht abgetrennt und über eine Kolonne fraktioniert.
Ausbeute: 62 g (0,41 mol, 57%).

Literatur

[1] Y. Iryskin und M.G. Voroukow, Coll. Czech. Chem. Commun. Engl. Edn. **24**, 3816 (1959).
[2] A. Ladenburg, Ber. **4**, 901 (1871).
[3] L.H. Sommer, E.W. Pietrusza und F.C. Whitmore, J. Am. Chem. Soc. **68**, 2282 (1946).
[4] L.H. Sommer, D.L. Bailey und F.C. Whitmore, J. Am. Chem. Soc. **70**, 2869 (1948).
[5] D.L. Bailey, L.H. Sommer und F.C. Whitmore, J. Am. Chem. Soc. **70**, 435 (1948).
[6] P.A. Di Giorgio, W.A. Strong, L.H. Sommer und F.C. Whitmore, J. Am. Chem. Soc. **68**, 1380 (1946).

Triphenylsilanol, (C$_6$H$_5$)$_3$SiOH

Daten

IR/Ra

IR

[1] $\bar{\nu}$ in cm^{-1}	[2]a $\bar{\nu}$ in cm^{-1}	[2]b $\bar{\nu}$ in cm^{-1}	[2]c $\bar{\nu}$ in cm^{-1}
1585	3600 st	1190 sschw	3678 sst
1425	3200 st	1120 sst	3133 schw
1325	1670 sschw	1070 sschw	3085 schw
1295	1595 sschw	1030 sschw	3068 sst
1265	1492 sschw	1000 sschw	3050 sst
1187	1433 st	812 st	3021 st
1157	1340 sschw	792 st	3010 st
1118	1313 sschw	770 sschw	3000 st
1107	1268 sschw	742 st	1960 schw
1070	1195 sschw	713 sst	1890 schw
1028	1125 sst	698 sst	1830 schw
998	1002 sschw	510 sst	1775 schw
835	860 sst	480 sschw	1660 schw
751	845 sst		1595 schw
738	742 st		1490 schw

IR/Ra   IR

[1] $\bar{v}$ in cm^{-1}	[2] a $\bar{v}$ in cm^{-1}	[2] b $\bar{v}$ in cm^{-1}	[2] c $\bar{v}$ in cm^{-1}
722	718 sst		1432 st
697	700 sst		1380 sschw
511	515 sst		1333 schw
	485 st		1305 sschw
			1265 sschw

a) in KBr (fest), 2,8 mg Substanz in 300 mg KBr
b) in Lösung; 3%ig in CS$_2$, KBr-Fenster, Schichtdicke 0,1 mm
c) in Lösung; 1,5%ig in CCl$_4$, KBr-Fenster, Schichtdicke 0,6 mm

Ra

[2] a $\bar{v}$ in cm^{-1}	[2] b $\bar{v}$ in cm^{-1}
3042 (8)	1000 (10)
1591 (8)	673 (2)
1192 (2)	619 (2)
1161 (2)	310 (1)
1112 (2)	231 (2)
1034 (4)	
1003 (8)	
679 (3)	
623 (2)	

a) in Substanz
b) gesättigte CH$_3$OH-Lösung

UV [3] λ in nm

248,0
253,0
259,0
264,0
266,0
270,0
neutrale ethanolische Lösung

Röntgenstruktur [3]

Kristallsystem: triklin
a:b:c = 2,144:1:1,331
$\alpha = 59°\ 30'$; $\beta = 113°\ 29'$; $\gamma = 84°\ 11'$

M   276,4 g · mol^{-1}
Schmp. 144,5–146,5 °C [3]
        153 °C [5]
ϱ_4^{20} 1,1777 [3]

Bemerkungen   Leicht löslich in Ether, Alkohol, Chloroform, Benzol.

Arbeitsvorschrift [4]

(C$_6$H$_5$)$_3$Si—O—Si(C$_6$H$_5$)$_3$ + 2 NaOH → 2 (C$_6$H$_5$)$_3$SiONa + H$_2$O

(C$_6$H$_5$)$_3$SiONa + CH$_3$COOH → (C$_6$H$_5$)$_3$SiOH + CH$_3$COONa

Zu einer Mischung von 26,7 g (0,05 mol) [(C$_6$H$_5$)$_3$Si]$_2$O und einer Lösung von 4 g (0,1 mol) NaOH in 20 mL Isopropanol und 40 mL Methanol werden langsam unter Erwärmen 30 mL Toluol hinzugegeben. Bei 100 °C ist das Disiloxan gelöst. Beim weiteren Erwärmen auf 115 °C fällt ein Niederschlag aus. Er wird durch Zugabe von 10 mL Isopropanol wieder in Lösung gebracht. Die Lösung wird durch Abdampfen aufkonzentriert bis ein Niederschlag ausfällt. Anschließend wird der Niederschlag wieder in Isopropanol gelöst. Nach dreimaligem Wiederholen wird die Lösung bei 150 °C im Vakuum vom Lösungsmittel befreit. Der feste Rückstand wird aus einer Mischung von 40 mL Toluol und 3 mL Isopropanol umkristallisiert. Die Kristalle werden abfiltriert und im Vakuum getrocknet. Ausbeute: 81 %.

Das erhaltene Na-Salz wird in Eisessig hydrolysiert, abfiltriert und getrocknet. Ausbeute: 97 %.

Literatur

[1] R. E. Richards und H. W. Thompson, J. Chem. Soc. **1949**, 124.
[2] H. Kriegsmann und K. H. Schowtzka, Z. Phys. Chem. **209**, 261 (1958).
[3] Gmelins Handbuch der Anorganischen Chemie, 8. Auflage, Bd. Si, Teil C, Syst.-Nr. 15, S. 240, Verlag Chemie, Weinheim, 1958.
[4] J. F. Hyde, O. K. Johannson, W. H. Daudt, R. F. Fleming, H. B. Laudenslager und M. P. Roche, J. Am. Chem. Soc. **75**, 5615 (1953).
[5] N. S. Nametkin, A. V. Topchiev und F. F. Machus, Dokl. Akad. Nauk SSSR **83**, 705 (1952).

Hexamethyldisilazan, (CH$_3$)$_3$Si—NH—Si(CH$_3$)$_3$

Daten

NMR [1]
    δ^1H: 0,05 ppm CH$_3$-Protonen
    Standard: Cyclohexan
    Lösungsmittel: Cyclohexan

IR/Ra [2]

$\bar{\nu}$ in cm^{-1}	Ra	IR	Zuordnung
174	4		δ_{as}SiC$_3$
246	3		δ_sSii$_3$
288/91		sschw	δNSiC
305		sschw	
330		sschw	δCNSi
346	2	sschw	
564	10	schw	νN(SiC$_3$)
618		schw	
667	3,5		ν_{as}SiC$_3$
684	3,5	m	
749	1,2	m	ϱCH$_3$(Si)
770		sch	ϱCH$_3$(Si)
836	1,1	sst	ϱCH$_3$(Si)
885	0,3	st	
924	0,1	sst	νNSiC$_3$
1057		schw	νNC
1185	0,9	st	ϱCH$_3$(N)
1254	1,2	st	δ_sCH$_3$(Si)
1298		sschw	δ_sCH$_3$(Si)
1407	3	m	δ_{as}CH$_3$(Si)
1443		m	δ_{as}CH$_3$(Si)
1496		schw	δ_{as}CH$_3$(N)
2900	10	m	ν_sCH$_3$(Si)
2960	10	st	ν_{as}CH$_3$(Si)(N)
3378	3	m	νNH
kapillar			

MS [3] m/e   rel. Intensitäten (bezogen auf m/e = 146)
                    in %

m/e	rel. Intensität
161	6 M$^+$
149	3
148	14
147	44
146	100 [M—CH$_3$]$^+$
131	6
130	28
100	5
73	11 [Si(CH$_3$)$_3$]$^+$
66	14
59	5
45	5

m/e-Werte kleiner 3% wurden nicht aufgeführt

Temperatur des Einlaßsystems: 103 °C
Ionenquelle: EI
Elektronenenergie: 70 eV

M   161,40 g · mol^{-1}
Sdp.   125,7–126,2 °C
n_D^{20} 1,4080
ϱ_4^{20} 0,7741 g · cm^{-3}

Arbeitsvorschrift [4]

2 (CH$_3$)$_3$SiCl + 3 NH$_3$ → (CH$_3$)$_3$Si—NH—Si(CH$_3$)$_3$ + 2 NH$_4$Cl

In einen 1-L-Dreihalskolben mit KPG-Rührer, wirksamem Rückflußkühler und Gaseinleitungsrohr werden 109 g (1 mol) (CH$_3$)$_3$SiCl und 500 mL Ether (trocken) gegeben. Aus einer Stahlflasche wird über festem Kaliumhydroxid getrocknetes Ammoniak in die Lösung geleitet. Es fällt ein weißer Niederschlag von Ammoniumchlorid aus und das Reaktionsgemisch erwärmt sich leicht. Es wird zum Sieden erhitzt und weitere 6 h Ammoniak eingeleitet. Nach Absetzen des Ammoniumchlorids wird die etherische Lösung filtriert. Der Niederschlag wird in 300 mL H$_2$O gelöst, die Ether-Phase abgetrennt, mit wasserfreiem Natriumsulfat getrocknet und mit dem ersten Filtrat vereinigt. Ether wird abgezogen und die Reaktionsprodukte über eine wirksame Füllkörperkolonne bei Normaldruck fraktioniert.
Ausbeute: 50–55 g (62–68 % bez. auf (CH$_3$)$_3$SiCl).

Literatur

[1] E. A. v. Ebsworth und S. G. Trankiss, Trans. Faraday Soc. **63**, 1574 (1967).
[2] J. Goubeau und J. Jiménez-Barberá, Z. Anorg. Allg. Chem. **303**, 217–226 (1960).
[3] H.-M. Kuß und A. Golloch, Unveröffentlichte Messung.
[4] R. O. Sauer, J. Am. Chem. Soc. **66**, 1707–1710 (1944).

Lithium-bis(trimethylsilyl)amid, LiN[Si(CH$_3$)$_3$]$_2$

Daten

M   167,33 g · mol^{-1}
Schmp. 71–72 °C [1, 2]
Sdp.   80–84 °C/0,01 mbar ($\approx$ 0,008 Torr) [1]
       115 °C/98 mbar (74 Torr) [2]

Bemerkungen   Löslich in vielen organischen Lösungsmitteln.
Es ist instabil bei Luftzutritt und fängt Feuer bei Komprimierung, ist aber stabil unter Stickstoffatmosphäre.

Arbeitsvorschrift* [1]

a) 2 Li + n-C$_4$H$_9$Cl → n-C$_4$H$_9$—Li + LiCl

b) (CH$_3$)$_3$Si—NH—Si(CH$_3$)$_3$ + n-C$_4$H$_9$—Li → (CH$_3$)$_3$Si—N—Si(CH$_3$) + n-C$_4$H$_1$
                                                                    |
                                                                    Li

a) Die Apparatur besteht aus einem 500-mL-Dreihalskolben, der mit einem KPG-Rührer, einem Tropftrichter und einem Rückflußkühler versehen ist. Die Geräte werden ausgeheizt, noch warm zusammengesetzt und sofort mit trockenem Stickstoff gespült. Luft muß vollständig verdrängt sein.

In eine Suspension von 5,0 g (0,71 mol) Lithiumdraht in möglichst kleinen Stückchen in 100 mL n-Pentan wird langsam (ca. 1 Tropfen/s) eine Lösung von 37 mL (0,35 mol) n-Butylchlorid in 50 mL n-Pentan getropft. Die Reaktion beginnt nach einer kurzen Induktionsperiode (etwa 10 min) unter Bildung eines roten Niederschlags. Die Mischung wird 2 h unter Rückfluß gekocht (mit Infrarot-Lampe), dann abgekühlt und unter Stickstoffatmosphäre durch ein Rohr mit Glaswolle filtriert.

Die Lösung, die n-Butyllithium in n-Pentan gelöst enthält, wird auf die für die Weiterverarbeitung nötige Konzentration gebracht.
2 mL der Lösung werden hydrolysiert und der Gehalt an n-Butyllithium durch Titration mit eingestellter Salzsäure bestimmt.

---

* Mit freundlicher Genehmigung von Inorganic Synthesis Inc.
Aus: Inorganic Synthesis **8**, 20 (1966)

Überschüssiges Lithium im Reaktionskolben wird mit 1-Propanol unter Stickstoffatmosphäre zerstört.
Ausbeute: ca. 70%.

b) Die Herstellung von Lithium-bis(trimethylsilyl)amid muß ebenfalls in einer Atmosphäre trockenen Stickstoffs vorgenommen werden.

In eine Lösung von 51,1 g (0,32 mol) (CH$_3$)$_3$Si—NH—Si(CH$_3$)$_3$ in 100 mL trockenem Ether wird langsam unter Rühren eine Lösung von 19 g (0,3 mol) n-Butyllithium in 150 mL n-Pentan zugegeben. Die Reaktionsmischung wird 30 min unter Rückfluß gekocht und dann die Lösungsmittel im Vakuum abgetrennt. Anschließend wird das Produkt im Vakuum destilliert und eine farblose Flüssigkeit erhalten. Beim Abkühlen verfestigt sich die Flüssigkeit zu einer farblosen Kristallmasse.
Ausbeute: 44 g (88% bez. auf [(CH$_3$)$_3$Si]$_2$NH).

Literatur

[1] E. H. Amonoo-Neizer, R. A. Shaw, D. O. Skovlin und B. C. Smith, Inorg. Synth. **8**, 20 (1966).
[2] U. Wannagat und H. Niederprüm, Chem. Ber. **94**, 1540 (1961).

Tris(trimethylsilyl)amin, N[Si(CH$_3$)$_3$]$_3$

Daten

NMR δ^1H: 0,1 ppm [1]
        Standard: TMS (extern)
        Lösungsmittel: CCl$_4$

IR/Ra [2]	IR $\bar{\nu}$ in cm^{-1}	Ra $\bar{\nu}$ in cm^{-1}
	2957 m	1405
	2898 schw	1377
	1405 sschw	1264
	1292 sch	1249
	1264 st	916
	1249 st	820
	916 sst	753
	844 st	675
	820 m	655
	753 m	430

128 Präparate

IR/Ra [2]	IR $\bar{v}$ in cm^{-1}	Ra $\bar{v}$ in cm^{-1}
	675 m	
	620 m	
	430 sschw	
	398 m	
	351 sschw	
	327 schw	
	389 sschw	
	279 m	

MS [3]	m/e	rel. Intensitäten (bezogen auf m/e = 218) in %
	233	116 (7)
	221 (9)	113 (3)
	220 (24)	112 (4)
	219 (44)	102 (4)
	218 (100)	100 (22)
	204 (4)	86 (3)
	203 (7)	74 (4)
	202 (26)	73 (37)
	188 (5)	59 (9)
	186 (3)	45 (12)
	132 (6)	
	131 (12)	
	130 (65)	

m/e-Werte kleiner 3% wurden nicht aufgeführt.
Temperatur des Einlaßsystems: 20 °C
Ionenquelle: EI
Elektronenenergie: 70 eV

M	233,58 g · mol^{-1}
Schmp.	67–68 °C [5]
	67–69 °C [4]
	70–71 °C [2]
Sdp.	76 °C/16 mbar (12 Torr) [2]
	79 °C/13 mbar (10 Torr) [5]
	214–216 °C [5]
n_D^{20}	1,4545 [2]
ϱ^{20}	0,8436 g · cm^{-3} [2]

Bemerkungen N[Si(CH$_3$)$_3$]$_3$ ist eine farblose, nicht hydrolyseempfindliche Flüssigkeit.

Arbeitsvorschrift* [5]

(CH$_3$)$_3$Si—N—Si(CH$_3$)$_3$ + Cl—Si(CH$_3$)$_3$ → N[Si(CH$_3$)$_3$] + LiCl
        |
        Li

Eine Lösung von 2,6 mL (0,021 mol) ClSi(CH$_3$)$_3$ in 20 mL Ether wird unter Rühren in eine Lösung von 3,5 g (0,021 mol) LiN[Si(CH$_3$)$_3$]$_2$ in 50 mL Ether getropft. Die Reaktion ist exotherm. Die Mischung wird anschließend 8 h unter Rückfluß erwärmt. Lithiumchlorid wird unter Stickstoffatmosphäre abfiltriert. Im Vakuum wird das Lösungsmittel abgezogen und der Rückstand in Petrolether (60–80°) gelöst. Eventuell vorhandene Reste von Lithiumchlorid werden durch Filtration entfernt. Anschließend wird Petrolether im Vakuum abgezogen und der Rückstand unter Normaldruck über eine kleine Kolonne mit Luftkühler und Fraktioniervorstoß destilliert. Die Fraktion von 214–216 °C verfestigt sich im Vorlagekolben. Ein Verstopfen des Kühlers kann durch leichtes Erwärmen mit einem Heißluftfön vermieden werden.
Ausbeute: 2,5–3 g (50–60% bezogen auf Cl—Si(CH$_3$)$_3$)

Literatur

[1] H. M. Kuß, Unveröffentlichte Messung.
[2] J. Goubeau und J. Jiménes-Barberá, Z. Anorg. Allg. Chem. **303**, 217 (1960).
[3] H. M. Kuß, Unveröffentlichte Messung.
[4] U. Wannagat und H. Niederprüm, Z. Anorg. Allg. Chem. **308**, 337 (1961).
[5] E. H. Amonoo-Neizer, R. A. Shaw, D. O. Skovlin und B. C. Smith, Inorg. Synth. **8**, 22 (1966).

N-(Trimethylsilyl)acetamid, CH$_3$CONHSi(CH$_3$)$_3$

Daten

NMR δ^1H: 0,20 ppm, Si(CH$_3$)$_3$
[1]   1,97 ppm, CH$_3$
             6,97 ppm, N—H
          Standard: TMS
          Lösungsmittel: CCl$_4$

---

* Mit freundlicher Genehmigung von Inorganic Synthesis Inc.
  Aus: Inorganic Synthesis **8**, 22 (1966)

IR [1]

$\bar{v}$ in cm^{-1}	Zuordnung
3424	vN—H frei
3285	vN—H assoziiert
1682	vC=O frei
1660	vC=O assoziiert
1440	vC—N
1262 sh } 1250	δ_sH$_3$C—Si
865	vN—Si
846 } 759	ϱCH$_3$—Si
698	v_{as}C—Si—C
723	γN—H

ca. 5%ige Lösung in CCl$_4$, Schichtdicke 0,496 mm, Lösungsmittel im Vergleichsstrahl, im Bereich 830–650 cm^{-1} CS$_2$ als Lösungsmittel

M   131,25 g · mol^{-1}
Schmp. 52–54 °C [2]
Sdp.   84 °C/17 mbar (13 Torr) [3]
        185–186 °C [2]

Bemerkungen   Farblose, feuchtigkeitsempfindliche Kristalle.

Arbeitsvorschrift [3]

CH$_3$CONH$_2$ + (CH$_3$)$_3$SiCl + (C$_2$H$_5$)$_3$N →
               CH$_3$CONHSi(CH$_3$)$_3$ + (C$_2$H$_5$)$_3$N · HCl

Zu einer siedenden Mischung von 78,0 g (1,32 mol) trockenem CH$_3$CONH$_2$, 108,6 g (1,08 mol) trockenem (C$_2$H$_5$)$_3$N und 400 mL über Natrium getrocknetem Benzol tropft man unter Rühren innerhalb von 1–1,5 h 108,6 g (1,00 mol) (CH$_3$)$_3$SiCl und erwärmt noch 1 h unter Rückfluß. Filtration der auf Raumtemperatur abgekühlten Reaktionsmischung und Auswaschen des Triethylammoniumhydrochlorid-Rückstandes mit trockenem Benzol ergibt ein braunes Filtrat. Nach Abdestillieren des Lösungsmittels gehen bei 84 °C/17 mbar (13 Torr) 118 g (90%) reines CH$_3$CONHSi(CH$_3$)$_3$ über.

Literatur

[1] W. Gießler, Dissertation Universität Köln, 1963.
[2] Rohm u. Haas Co. (Erf. P. L. de Benneville und M. J. Hurwitz), Amer. Pat. 2876209 und 2876234 [C. A. **53**, 12321 und 12238 (1959)].
[3] L. Birkofer, A. Ritter und H. Dickopp, Chem. Ber. **96**, 1473 (1963).

Bis(trimethylsilyl)schwefeldiimid, $(CH_3)_3Si-N=S=N-Si(CH_3)_3$

Daten

NMR [1] δ^1H: 0,026 ppm
Standard: TMS (intern)
Lösungsmittel: CCl_4

IR [4]

$\bar{v}$ in cm^{-1}	$\bar{v}$ in cm^{-1}
2954 st	752 st
2895 schw	708 m
1440 schw	695 m
1400 schw	640 schw
1258 sch	609 schw
1243 sst	545 schw
1241 sst	430 m
1147 sch	338 m
1132 m	
831 sst	

kapillar

MS [3]

m/e	rel. Intensität bezogen auf $(CH_3)_5Si_2N_2S^+$ in %	m/e	rel. Intensität
206	19	102	5
193	15	100	12
192	21	88	8
191	100	86	5
178	5	75	5
177	19	74	7
162	4	73	68
147	5	59	12
146	17	46	6
132	4	45	11
130	22		

Es sind nur Bruchstücke >3% relativer Intensität aufgelistet.
Ionisierungsenergie: 70 eV

M 206,45 g·mol^{-1}
Sdp. 56–58 °C/14 mbar ($\approx$ 10 Torr)
n_D^{20} 1,4529

Bemerkungen   Schwach gelbliche Flüssigkeit

Arbeitsvorschrift

I. $[(CH_3)_3Si]_2NLi + SCl_2 \rightarrow (CH_3)_3Si-N=S=N-Si(CH_3)_3$
$+ LiCl +$ andere Produkte   [2]

II. $3(CH_3)Si-NH-Si(CH_3)_3 + N_3S_3Cl_3 \xrightarrow[Py]{60°C/CCl_4}$
$3(CH_3)_3Si-N=S=N-Si(CH_3)_3 + 3Py \cdot HCl$ [3]

I. Die nach der sehr kurz gefaßten Vorschrift durchgeführte Reaktion liefert neben anderen Produkten auch das Schwefeldiimid.
II. In einem 2-L-Kolben mit Rührer, Rückflußkühler, Thermometer und beheizbarem Tropftrichter werden 15 g (0,093 mol) $(CH_3)_3Si-NH-Si(CH_3)_3$ und 7 g (0,089 mol) Pyridin in 500 mL CCl_4 gelöst. In diese Lösung wird innerhalb von 12 h eine auf 60 °C erwärmte Lösung von 5,5 g (0,023 mol) $N_3S_3Cl_3$ in 400 mL CCl_4 zugetropft. Die Lösung färbt sich gelborange. Das Reaktionsgemisch wird unter Schutzgas von ausgefallenem Py · HCl getrennt. Vom Filtrat wird das Lösungsmittel bei Normaldruck abdestilliert. Von dem verbleibenden Rückstand werden alle bei 45 °C Badtemperatur und einem Druck von $\approx 1 \cdot 10^{-2}$ mbar flüchtigen Bestandteile abgezogen und in einer mit flüssigem Stickstoff gekühlten Falle aufgefangen und im Vakuum destilliert.
Ausbeute: 5,8 g (0,027 mol) $(CH_3)_3Si-N=S=N-Si(CH_3)_3$ (40% bezogen auf $N_3S_3Cl_3$)

Literatur

[1] O.J. Scherer und R. Wies, Z. Naturforsch. **25b**, 1486 (1970).
[2] U. Wannagat und H. Kuckertz, Angew. Chem. **74**, 117 (1962).
[3] A. Golloch und H.-M. Kuß, Z. Naturforsch. **29b**, 320 (1974).
[4] H.M. Kuß, Technische Hochschule Aachen, Dissertation 1974.

tert-Butyl-trimethylsilylamino-difluorphenylsilan

$$C_6H_5\underset{F}{\overset{F}{Si}}-N{\overset{C(CH_3)_3}{\underset{Si(CH_3)_3}{\diagdown}}}$$

Daten

NMR [1]

δ¹H: 0,27 ppm Si(CH₃)₃
1,44 ppm C(CH₃)₃
7,5 ppm C₆H₅

J_{H-F}: 1,0 Hz   F₂SiNSi(CH₃)₃
0,7 Hz   F₂SiNC(CH₃)₃
Komplexes Multiplett F₂SiC₆H₅

Standard: TMS (intern)
Lösungsmittel: CH₂Cl₂ (30%ige Lösung)

δ¹⁹F: 39 ppm
Standard: C₆F₆ (intern)
Lösungsmittel: CH₂Cl₂ (30%ige Lösung)

IR [1]

$\bar{\nu}$ in cm⁻¹	$\bar{\nu}$ in cm⁻¹	$\bar{\nu}$ in cm⁻¹	$\bar{\nu}$ in cm⁻¹
3100 schw	1410 schw	1050 st	700 st
3080 m	1395 m	990 sch	675 m
3055 schw	1365 m	930 st	640 m
3000 schw	1320 schw	915 st	615 schw
2970 schw	1255 st	885 m	565 st
2910 m	1230 m	865 st	505 st
2880 schw	1220 schw	845 st	485 m
1590 m	1185 st	825 m	465 schw
1475 m	1130 st	790 m	430 schw
1430 m	1105 schw	765 st	405 schw
kapillar			

MS [1]

m/e	rel. Intensität in %	m/e	rel. Intensität in %
287	1 M⁺	180	84
272	100 M—CH₃⁺	176	10
256	10	143	15
216	65	139	42
200	25	135	45
196	13	114	10
		108	9

Es sind nur Bruchstücke mit m/e-Werten >100 mit mehr als 5% relativer Intensität aufgeführt. Ausnahme: Molekülpeak.

M 287,50 g·mol^{-1}
Schmp. 31°C
Sdp. 61°C/0,013 mbar (0,01 Torr)

Arbeitsvorschrift

$$C_6H_5SiF_3 + Li-N\genfrac{}{}{0pt}{}{C(CH_3)_3}{Si(CH_3)_3} \rightarrow C_6H_5\underset{F}{\overset{F}{Si}}-N\genfrac{}{}{0pt}{}{C(CH_3)_3}{Si(CH_3)_3} + LiF$$

In einem 1-L-Dreihalskolben mit Rührer, Tropftrichter und Rückflußkühler mit Trockenrohr (CaCl$_2$) werden 146 g (1 mol) (CH$_3$)$_3$Si—NH—C(CH$_3$)$_3$ vorgelegt und mit der äquimolaren Menge n-Butyllithium (15 proz. in Hexan) versetzt. Das Reaktionsgemisch wird 1 h am Rückfluß erhitzt. Nach vollständiger Butanabspaltung und Bildung des Lithium-t-butyltrimethylsilylamins (Niederschlag) wird auf Raumtemperatur abgekühlt und die Aufschlämmung unter Rühren mit 162 g (1 mol) C$_6$H$_5$SiF$_3$ tropfenweise versetzt. Anschließend wird 1 h am Rückfluß erhitzt, das Lösungsmittel (n-Hexan) bei Normaldruck abdestilliert und die gebildete Verbindung im Ölpumpenvakuum vom ausgefallenen LiF abdestilliert. Das Destillat wird anschließend über eine Kolonne feindestilliert.

Ausbeute: 261 g C$_6$H$_5$—SiF$_2$—N$\genfrac{}{}{0pt}{}{C(CH_3)_3}{Si(CH_3)_3}$
(90% bezogen auf C$_6$H$_5$SiF$_3$)

Literatur

[1] U. Klingebiel und A. Meller, Chem. Ber. **109**, 2430 (1976).

Phosphor(III)-fluorid, PF$_3$

Daten

NMR δ^{19}F: 34,2 ppm [1]
 $J_{P-F} = 1441$ Hz
 Standard: CF$_3$COOH (extern)

 δ^{31}P: -97 ppm [2]
 $J_{P-F} = 1400$ Hz
 Standard: 85%ige H$_3$PO$_4$ (extern)

IR [3, 4, 5]	$\bar{v}$ in cm^{-1}	Zuordnung	Punktgruppe C$_{3v}$
	892	v_1 (A$_1$)	
	487	v_2 (A$_2$)	
	860	v_3 (E)	
	344	v_4 (E)	
	gasförmig		

M 87,97 g · mol^{-1}
Schmp. −151,5 °C
Sdp. −101,1 °C

Bemerkungen Farbloses Gas. Hydrolyse mit Wasser. Giftig.

Arbeitsvorschrift* [6, 7]

$$PCl_3 + AsF_3 \xrightarrow{SbCl_5} PF_3 + AsCl_3$$

Die Apparatur besteht aus einem 250-mL-Dreihalskolben, der mit Tropftrichter und einem seitlichen Gasableitungsrohr versehen ist. An das Gasableitungsrohr werden zwei Glasfallen angeschlossen, deren erste mit Aceton-Trockeneis und die zweite mit flüssigem Stickstoff gekühlt wird. Rühren mit einem Magnetrührer ist vorteilhaft. Alle Verbindungen sollten mit Glasschliffen erfolgen. Nach sorgfältiger Trocknung der Apparatur werden 13,7 g (0,10 mol) PCl$_3$ (frisch destilliert) in den Reaktionskolben gegeben und 13,2 g (0,10 mol) AsF$_3$ unter Zusatz einiger Tropfen Antimon(V)-chlorid in den Tropftrichter gefüllt. Das Arsen(III)-fluorid wird bei Raumtemperatur langsam zugetropft und führt sofort zu mäßiger Phosphor(III)-fluorid-Entwicklung, die sich langsam steigert. Das entwickelte Phosphor(III)-fluorid wird in der mit flüssigem Stickstoff gekühlten Falle als weißer Festkörper erhalten, während in der ersten Falle mitgerissene Ausgangskomponenten entfernt werden. Eine zweite Reinigung kann durch langsames Destillieren durch eine mit Aceton-Trockeneis gekühlte Falle erfolgen. Ausbeute vor der Nachreinigung: 11,2 g PF$_3$ (85% bez. auf PCl$_3$).

Literatur

[1] E. L. Muetterties und W. D. Phillips, J. Am. Chem. Soc. **81**, 1084 (1959).
[2] V. Mark, C. Dungan, M. Crutchfield und J. R. Van Wazer, Topics in Phosphorus Chemistry, **5**, S. 238, Interscience Publishers, New York–London–Sidney 1967.

* Mit freundlicher Genehmigung von Inorganic Synthesis Inc.
  Aus: Inorganic Synthesis **4**, 149 (1953)

[3] M.K. Wilson und S.R. Polo, J. Chem. Phys., **20**, 1716 (1952); ibid **21**, 1426 (1953).
[4] H.S. Gutowsky und A.D. Liehr, J. Chem. Phys., **20**, 1652 (1952).
[5] H. Siebert, Anwendungen der Schwingungsspektroskopie in der Anorganischen Chemie, Springer-Verlag, Berlin–Heidelberg–New York 1966.
[6] C.J. Hoffmann, Inorg. Synth. **4**, 149 (1953).
[7] O. Ruff, Die Chemie des Fluors, Springer-Verlag, Berlin 1920.

Phosphor(III)-chlorid, PCl$_3$

Daten

NMR $\delta^{31}P$: -220 ± 1 ppm [1]
Standard: H$_3$PO$_4$ (extern)
Vermessen in Substanz

IR/Ra

IR [2, 3] $\bar{\nu}$ in cm^{-1}	Ra [3, 4, 5] $\bar{\nu}$ in cm^{-1}	Punktgruppe C$_{3v}$ Zuordnung
507	511	ν_1 (A$_1$)
260	258	ν_2 (A$_1$)
494	484	ν_3 (E)
189	190	ν_4 (E)
flüssig	flüssig	

M   137,33 g · mol^{-1}
Schmp. $-112\,°C$
Sdp.   75,5 °C/998 mbar (749 Torr)

Bemerkungen   Farblose, rauchende Flüssigkeit. Sehr hygroskopisch.

Arbeitsvorschrift [6]

$$P_4 + 6\,Cl_2 \rightarrow 4\,PCl_3$$

Die Darstellung des Phosphor(III)-chlorids wird im Siedekolben einer Destillationsapparatur vorgenommen. Die Apparatur muß ein Gaseinleitungsrohr besitzen, das über ein T-Stück die wechselweise Einleitung von Kohlendioxid und Chlor gestattet.

20 g (0,183 mol) gelber Phosphor (P$_4$) werden unter Wasser in Stücke zerschnitten. Diese Stücke sollen sich später mühelos durch den Kolbenhals in das Reaktionsgefäß einführen lassen, aber nicht kleiner als nötig sein, damit eine leichte Trocknung möglich ist. Am Phosphor anhaftendes Wasser wird entfernt, indem man die mit einer Pinzette gehaltenen Stücke zweimal in jeweils mindestens 150 mL Methanol wäscht, mit Filtrierpapier kurz abtupft und in einem trockenen Becherglas in schwachem Kohlendioxidstrom von anhaftenden Methanolresten befreit.

Die Apparatur wird mit Kohlendioxid gespült und der Phosphor in den Siedekolben eingeführt. Man schließt die Apparatur, entfernt Luftreste durch Kohlendioxid und ersetzt darauf den Kohlendioxidstrom durch einen lebhaften Chlorstrom. Fahlgelbe Flämmchen am Phosphor zeigen den Beginn der Reaktion an. Darauf schmilzt der Phosphor, worauf meistens bald eine Flamme an der Mündung des Chloreinleitungsrohres brennt. Gelegentlich muß man mit einem Wasserbad zusätzlich kurz erwärmen. Einen möglicherweise auftretenden gelbroten Beschlag von rotem und gelbem Phosphor im oberen Kolbenteil beseitigt man durch Verringerung der äußeren Wärmezufuhr oder durch Verstärkung des Chlorstromes. Der Bildung von Phosphor(V)-chlorid, das sich als weißes Sublimat bemerkbar macht, kann man durch Drosselung des Chlorstromes entgegenwirken. Wenn sich nach etwa 1,5 h der Reaktionsraum durch Verunreinigungen des Phosphors dunkel färbt, bricht man die Einleitung des Chlors ab.

Das gebildete Phosphor(III)-chlorid destilliert schon während der Umsetzung über und wird in der zusätzlich gut gekühlten Vorlage (Eis/Kochsalz) gesammelt. Durch fraktionierte Destillation – bei Gegenwart von Phosphor(V)-chlorid unter Zusatz von 0,5 g weißem Phosphor – reinigt man das Reaktionsprodukt. Man fängt dabei die Fraktion auf, die von 74 °C bis 78 °C übergeht.

Literatur

[1] V. Mark, C. Dungan, M. Crutchfield und J.R. Van Wazer, Topics in Phosphorus Chemistry, **5**, S. 238, Interscience Publishers, New York–London–Sidney 1967.
[2] S.G. Frankiss und F.A. Miller, Spectrochim. Acta **21**, 1235 (1965).
[3] P.W. Davis und R.A. Oetjen, J. Mol. Spectrosc. **2**, 253 (1958).
[4] V. Lorenzelli und K.D. Möller, Compt. Rend. **248**, 1980 (1959).
[5] H. Siebert, Anwendungen der Schwingungsspektroskopie in der Anorganischen Chemie, Springer-Verlag, Berlin–Heidelberg–New York 1966.
[6] F. Umland und K. Adam, Übungsbeispiele aus der Anorganischen Experimentalchemie, S. Hirzel-Verlag, Stuttgart 1968.

Phosphor(V)-oxidtrichlorid, POCl$_3$

Daten

NMR δ^{31}P: −2,2 ppm [1]
Standard: 85%ige H$_3$PO$_4$ (extern)
Vermessen in Substanz

IR/Ra [2, 3, 4]

$\tilde{\nu}$ in cm^{-1}	Zuordnung		Punktgruppe C$_{3v}$
486	ν_1 (A$_1$)	ν_s(P—Cl)	
1290	ν_2 (A$_1$)	ν(P—O)	
267	ν_3 (A$_1$)	δ_s	
581	ν_4 (E)	ν_e(P—Cl)	
337	ν_5 (E)	δ_e(POCl)	
193	ν_6 (E)	δ_e(PCl$_2$)	

IR: flüssig
Ra: flüssig

MS [5, 6]

m/e	rel. Intensität in %	Zuordnung
154	42	POCl$_3^+$
117	100	POCl$_2^+$
138	3	PCl$_3^+$
101	8	PCl$_2^+$
47	38	PO$^+$
66	11	PCl$^+$
16	0,5	O$^+$
35	16	Cl$^+$
31	11	P$^+$

gasförmiger Einlaß aus einem 1-L-Kolben,
Ionisierungsenergie 60 eV

M 153,33 g · mol^{-1}
Schmp. 2 °C
Sdp. 105,3 °C
n$_D^{25}$ 1,460

Arbeitsvorschrift [7]

PCl$_5$ + SO$_2$ → POCl$_3$ + SOCl$_2$

Ein 250-mL-2-Hals-Rundkolben wird mit einem Gaseinleitungsrohr, das fast bis auf den Boden reicht, und einem Rückflußkühler versehen. Der Kühlerkopf wird über ein Trockenrohr und einer Gasableitung zum Abzugkanal verbunden. Man beschickt den Kolben mit 75 g (0,36 mol) PCl$_5$ und leitet Schwefeldioxid ein. In exothermer Reaktion setzen sich beide Substanzen um. Dabei bildet sich eine gelbe Flüssigkeit, die nach Beendigung der Reaktion durch wiederholte Fraktionierung unter Verwendung einer Kolonne getrennt werden muß. Den Vorstoß der Destillationsapparatur versehe man über eine Trockenrohrsicherung ebenfalls mit einer Gasleitung, die direkt in den Abzugskanal führt, während die Vorlage gut gekühlt werden muß, um unnötige Substanzverluste zu vermeiden. Man sammelt eine zwischen 78°C und 79°C übergehende Fraktion von Schwefel(IV)-oxiddichlorid und einen bei 94–106°C überdestillierenden Anteil von Phosphor(V)-oxidtrichlorid.

Literatur

[1] L.C.D. Groenweghe und J.H. Payne, J. Am. Chem. Soc. **81**, 6357 (1959).
[2] M.L. Delwaulle und F. Francois, Compt. Rend. **220**, 817 (1945).
[3] K. Nakamoto, Infrared Spectra of Inorganic and Coordination Compounds, 2. Auflage, J. Wiley Interscience, New York–London–Sidney–Toronto 1970.
[4] H. Siebert, Anwendungen der Schwingungsspektroskopie in der Anorganischen Chemie, Springer-Verlag, Berlin–Heidelberg–New York 1966.
[5] M. Halman und Y. Klein, J. Chem. Soc. **1964**, 4324.
[6] R.W. Kiser, J.G. Dillard und D.L. Dugger, Advances in Chemistry Series, J.L. Margrave (Ed.), Vol. **72**, Am. Chem. Soc., 153 (1968).
[7] F. Umland und K. Adam, Übungsbeispiele aus der Anorganischen Experimentalchemie, S. Hirzel-Verlag, Stuttgart 1968.

Phosphor(V)-sulfidtrichlorid, PSCl$_3$

Daten

NMR $\delta^{31}P$: $-28{,}8$ ppm [1, 2, 3]
Standard: 85%ige H$_3$PO$_4$ (extern)
Vermessen in Substanz

IR/Ra

IR [4, 5] $\bar{v}$ in cm^{-1}	Ra [6, 7, 8] $\bar{v}$ in cm^{-1}	Zuordnung		Punktgruppe C$_{3v}$
435	431	v_1 (A$_1$)	v_s(P—Cl)	
753	752	v_2 (A$_1$)	v(P—S)	
250	(247)	v_3 (A$_1$)	δ_s	
542	539	v_4 (E)	v_e(P—Cl)	
250	247	v_5 (E)	δ_e(S—P—Cl)	
167	171	v_6 (E)	δ_e(PCl$_2$)	
flüssig	?			

M   169,40 g · mol^{-1}
Schmp. $-35\,°C$
Sdp.   125 °C

Arbeitsvorschrift [9, 10]

$$PCl_3 + S \xrightarrow{AlCl_3} PSCl_3$$

100 g (0,728 mol) PCl$_3$, 24 g (0,749 mol) S und 2 g weißes, wasserfreies Aluminiumchlorid werden in einen trockenen 500-mL-Rundkolben gebracht, der dann sofort an zwei hintereinandergeschaltete Rückflußkühler angeschlossen wird. Der obere Kühler ist mit einem Trockenrohr versehen. Man erwärmt den Kolben vorsichtig auf etwa 50 °C. Nachdem sich das Aluminiumchlorid gelöst hat, setzt die Reaktion ein. Das Reaktionsgemisch erwärmt sich dabei schnell auf etwa 120 °C. Man sollte jedoch möglichst vermeiden, durch Kühlen die Reaktionsgeschwindigkeit zu bremsen. Wenn die Reaktion abgeklungen ist, erhitzt man noch einige Minuten lang zum Sieden, bis eine klare bräunliche Lösung entstanden ist. Durch Destillation unter Feuchtigkeitsausschluß wird das Phosphor(V)-sulfidchlorid als wasserklare Flüssigkeit isoliert, die bei 122–125 °C siedet und unter Feuchtigkeitsausschluß aufbewahrt wird.
Ausbeute: 100–120 g (0,59–0,708 mol) PSCl$_3$.

Literatur

[1] H. Finewold, Ann. N.Y. Acad. Sci. **70**, 875 (1958).
[2] L.C.D. Groenweghe, J.H. Payne und J.R. Van Wazer, J. Am. Chem. Soc. **82**, 5305 (1960).
[3] N. Muller, P.C. Lauterbur und J. Goldenson, J. Am. Chem. Soc. **78**, 3557 (1956).
[4] K. Nakamoto, Infrared Spectra of Inorganic and Coordination Compounds, 2. Auflage S.114, Wiley-Interscience, New York–London–Sidney–Toronto 1970.
[5] H. Gerding und R. Westrik, Recl. Trav. Chim. Pays-Bas **61**, 842 (1942).
[6] H. Siebert, Anwendungen der Schwingungsspektroskopie in der Anorganischen Chemie, Springer-Verlag, Berlin–Heidelberg–New York 1966.
[7] G. Cilento, D.A. Ramsay und R.N. Jones, J. Am. Chem. Soc. **71**, 2753 (1949).
[8] M.L. Delwaulle und F. Francois, J. Chim. Phys. **45**, 50 (1948); ibid. **46**, 87 (1949).
[9] F. Umland und K. Adam, Übungsbeispiele aus der Anorganischen Experimentalchemie, S. Hirzel-Verlag, Stuttgart 1968.
[10] F. Knotz, Österr. Chemiker-Z. **50**, 128 (1949).

Dichlorphenylphosphin, Cl$_2$PC$_6$H$_5$

Daten

NMR δ^{31}P: $-161,6$ ppm [1]
      Standard: 85%ige H$_3$PO$_4$ (extern)
      Vermessen als Reinsubstanz

IR [2]

$\bar{v}$ in cm^{-1}	$\bar{v}$ in cm^{-1}	$\bar{v}$ in cm^{-1}	$\bar{v}$ in cm^{-1}		Zuordnung
3063 m	1662 schw	1275 m	998 st	490 cm^{-1}	vP—Cl
3015 m	1588 schw	1183 m	987 m	685/697 cm^{-1}	δC—H
1988 schw	1575 schw	1162 m	917 m	998 cm^{-1}	P—C$_6$H$_5$
1969 schw	1482 m	1117 m	739 st	1439 cm^{-1}	P—C$_6$H$_5$
1937 schw	1439 st	1089 st	685/697 st		
1890 schw	1383 schw	1065 m	490 st		
1757 schw	1305/1330 m	1025 m	450 m		
			417 m		

kapillar zwischen NaCl- bzw. CsJ-Scheiben

M   178,99 g · mol^{-1}
Schmp. -48 bis -46 °C [3]
Sdp.   67–68 °C/1,33 mbar (1 Torr)
          95 °C/20 mbar (15 Torr)
          99–101 °C/14,6 mbar (11 Torr)
n_D^{20} 1,6030

Bemerkungen   Angaben über physikalische Daten zeigen in der Literatur oft starke Abweichungen.

Arbeitsvorschrift [4, 5, 6]

$$PCl_3 + C_6H_6 \xrightarrow{AlCl_3} Cl_2PC_6H_5 + HCl$$

495 g (3,60 mol) PCl$_3$, 93,5 g (1,20 mol) trockenes C$_6$H$_6$ und 159 g (1,19 mol) AlCl$_3$ werden unter Rühren und Feuchtigkeitsausschluß 20 h unter Rückfluß erhitzt, wobei die Innentemperatur allmählich auf 76 °C ansteigt. Nach Entfernung der Außenheizung tropft man während 0,5 h in das noch warme Reaktionsgemisch 184 g (1,20 mol) POCl$_3$ ein. Man läßt erkalten, dekantiert den flüssigen Anteil ab und verrührt den festen Rückstand 5mal mit je 200 mL Petrolether. Am Ende kann die körnige Aluminiumkomplexverbindung abgesaugt werden. Man wäscht sie nochmals mit 300 mL Petrolether und unterwirft die vereinigten Flüssigkeiten der Destillation. Ausbeute: 137 g (61%) Cl$_2$PC$_6$H$_5$

Literatur

[1] N. Muller, P.C. Lauterbur und J. Goldenson, J. Am. Chem. Soc. **78**, 3557 (1956).
[2] F. Seel, K. Ballreich und R. Schmutzler, Chem. Ber. **94**, 1173 (1961).
[3] R.A. Bowie und O.C. Musgrave, J. Chem. Soc. (C), **1966**, 566.
[4] Houben-Weyl-Müller, Methoden der Organischen Chemie, 4. Auflage Bd. XII/1, S. 315, Georg Thieme-Verlag, Stuttgart 1963.
[5] B. Buchner und L.B. Lockhart jr., J. Am. Chem. Soc. **73**, 755 (1951).
[6] B. Buchner und L.B. Lockhart jr., Org. Synth. **31**, 88 (1951).

Phenyltetrafluorphosphoran, C$_6$H$_5$PF$_4$

Daten

NMR $\delta^{19}F$: +53,9 ppm Dublett [1]
             +54,5 ppm [2]
      J_{P-F} 963 Hz
      Standard: CFCl$_3$ (intern) [1]
                CF$_3$COOH (extern) [2]

      $\delta^{31}P$: +51,7 ppm [3, 4]
      J_{P-F} 973 Hz
      Standard: H$_3$PO$_4$ (extern)

MS [5]	m/e	rel. Intensität in %	Zugeordnetes Fragment
	26	4,4	$C_2H_2^+$
	27	7,8	$C_2H_3^+$
	50	50,0	PF^+ oder $C_4H_2^+$
	69	17,8	PF_2^+
	77	41,1	$C_6H_5^+$
	88	11,1	PF_3^+
	107	100,0	PF_4^+
	165	18,9	$C_6H_5PF_3^+$
	184	25,6 (M^+)	$C_6H_5PF_4^+$

Ionisierungsenergie: 70 eV
Fragmente, die von SiF_4 stammten, sind nicht aufgeführt.

M 184,08 g · mol^{-1}

Sdp. 134,5–136 °C/1013 mbar (760 Torr) [6]
58 °C/80 mbar (60 Torr) [6]

Bemerkungen Farblose Flüssigkeit mit charakteristischem Geruch, raucht an der Luft. Hydrolysiert schnell mit Wasser. Die Aufbewahrung kann kurzzeitig in Glasgefäßen erfolgen, Gefäße aus Teflon oder Edelstahl sind vorzuziehen.

Arbeitsvorschrift* [6]

$$3 C_6H_5PCl_2 + 4 SbF_3 \rightarrow 3 C_6H_5PF_4 + 2 Sb + 2 SbCl_3$$

Ein 2-L-Vierhalskolben wird mit absteigendem Kühler und Vorlage (mit Trockenrohr), einem bis auf den Kolbenboden reichenden Thermometer, einem KPG-Rührer und einem Dosiertrichter für Feststoffe versehen. Der Trichter wird unter einem Stickstoffstrom mit 1610 g (9 mol) SbF_3 beschickt, das zuvor ebenfalls unter Stickstoffatmosphäre fein gepulvert wurde. In den Kolben werden 1074 g (6 mol, 820 ml) $C_6H_5PCl_2$ gefüllt. Das Antimon(III)-fluorid wird innerhalb von 3 h in kleinen Portionen unter Rühren zugegeben. Die Mischung wird zu Anfang mit einem Wasserbad auf etwa 50 °C erwärmt bis die schwach exotherme Fluorierungsreaktion einsetzt. Anschließend wird die Innentemperatur durch die Zugabe von Antimon(III)-fluorid und falls erforderlich durch Kühlung mit einem Eisbad auf 40 bis 50 °C gehalten. Die Mischung wird nach und nach intensiv orange-gelb und schließlich schwarz, wenn die Abscheidung des elementaren Antimons zunimmt. Nach der vollständigen Zugabe wird das Fluorphosphoran durch Vakuumdestillation isoliert. Die zwischen 55–80 °C/80 mbar (60 Torr) siedende Fraktion wird aufgefangen und in einer Füll-

---

* Mit freundlicher Genehmigung von Inorganic Synthesis Inc.
Aus: Inorganic Synthesis **9**, 63 (1967)

körperkolonne mit Glaswendeln fraktioniert. Ausbeute 920–970 g (83–87%). C$_6$H$_5$PF$_4$. Der Ansatz wurde auch mit 10% und 1% der oben angegebenen Menge erprobt.

Literatur

[1] R. Schmutzler in: Halogen Chemistry, Ed. V. Gutmann, Vol. 2, S. 84, Academic Press London–New York, 1967.
[2] E. L. Muetterties, W. Mahler und R. Schmutzler, Inorg. Chem. **2**, 613 (1963).
[3] R. Schmutzler, J. Chem. Soc. **1964**, 4551.
[4] J. F. Nixon und R. Schmutzler, Spectrochim. Acta **20**, 1835 (1964).
[5] T. A. Blazer, R. Schmutzler und I. K. Gregor, Z. Naturforsch. **24b**, 1081 (1969).
[6] R. Schmutzler, Inorg. Synth. **9**, 63 (1967).

Kaliumhexafluorophosphat, KPF$_6$

Daten

NMR δ^{31}P: +143,7 ppm für das PF$_6^-$-Ion [1]
Standard: 85%ige H$_3$PO$_4$ (extern)
Lösungsmittel: H$_2$O

δ^{19}F: 66,9 ppm für das PF$_6^-$-Ion (Verschiebung zu höherem Feld) [2]
Standard: CCl$_3$F (extern)
Lösungsmittel: H$_2$O

IR/Ra

IR [3] $\bar{\nu}$ in cm^{-1}	Ra [4] $\bar{\nu}$ in cm^{-1}	Zuordnung	Punktgruppe O$_h$
840 sst	750	ν_{as}P—F	
555 st	578	δ	
	456		
NaCl/CsBr-Preßling	wäßrige Lösung		

M   184,07 g · mol^{-1}

Bemerkungen   Quadratische und rechteckige dicke Tafeln, flächenzentriert kubisches Gitter. KPF$_6$ schmilzt bei Rotglut unter teilweiser Zersetzung.

Arbeitsvorschrift [5, 6]

$2 PCl_5 + 2 AsF_3 \rightarrow PCl_4PF_6 + 2 AsCl_3$

$PCl_4PF_6 + 7 KOH \rightarrow KPF_6 + K_2HPO_4 + 4 KCl + 3 H_2O$

46 g (0,22 mol) PCl$_5$ werden in 300 mL AsCl$_3$ aufgelöst und unter Rühren und leichter Kühlung tropfenweise mit 29,8 g (0,226 mol) AsF$_3$ versetzt. Es fällt Tetrachlorophosphonium-hexafluorophosphat PCl$_4$PF$_6$ als weißer, feinkristalliner Niederschlag aus. Der Endpunkt der Reaktion macht sich durch die Entwicklung von Phosphorpentafluorid (Bildung weißer dichter Nebel) erkenntlich. Der Niederschlag wird unter Feuchtigkeitsausschluß mit einer Fritte G 4 abfiltriert, mit Arsentrichlorid gewaschen und im trockenen Luftstrom vom anhaftenden Arsentrichlorid befreit. Die Ausbeute beträgt 35 g (0,11 mol), ist also theoretisch. Tetrachlorophosphonium-hexafluorophosphat ist ein weißes, hygroskopisches Salz, sublimiert bei 135 °C unter teilweiser Zersetzung.
Schmp. 161 °C (unter Druck).

0,78 g (2,5 mmol) PCl$_4$PF$_6$ werden in 20 mL 1 M Kalilauge hydrolysiert und die Lösung wird im Vakuum bei 45 °C auf 3 mL eingeengt. Der dabei entstehende kristalline Niederschlag wird abfiltriert, mit Alkohol gewaschen und getrocknet.

Literatur

[1] R. Schmutzler, J. Am. Chem. Soc. **86**, 4500 (1964).
[2] E. F. Mooney, An Introduction to ^{19}F-NMR Spectroscopy, Heyden u. Sons Ltd., London 1970.
[3] K. Bühler und W. Bues, Z. Anorg. Allg. Chem. **308**, 62 (1961).
[4] D. Fortnum und J. O. Edwards, J. Inorg. Nucl. Chem. **2**, 264 (1956).
[5] G. Brauer, Handbuch der Präparativen Anorganischen Chemie, 3. Auflage, Bd. I, S. 211 und 215, F. Enke-Verlag, Stuttgart 1975.
[6] L. Kolditz, Z. Anorg. Allg. Chem. **284**, 144 (1956).

Hypophosphorige Säure, H$_3$PO$_2$

Daten

NMR $\quad \delta^{31}$P: $-13,0 \pm 0,2$ ppm [1]
$\qquad \qquad -12,0$ ppm [2]
$\qquad$ J$_{P-H}$ 570 Hz, Linienstruktur 1 : 2 : 1
$\qquad$ Standard: 85%ige H$_3$PO$_4$ (extern)
$\qquad$ Lösungsmittel: 50%ige wäßrige Lösung

IR/Ra	IR [3, 4] $\bar{\nu}$ in cm^{-1}			Ra [5] $\bar{\nu}$ in cm^{-1}	
	2700	1360	950	2415 sst	794 schw
	2388	1259	803	1127 mst	429 m
	2319	1184	700	1072 schw	
	2200	1124	428	991 mst	
	1610	1055		927 mst	
	KBr-Preßling			flüssige reine Säure	

M 66,00 g · mol^{-1}
Schmp. 26,5 °C

Arbeitsvorschrift [6, 7, 8]

$2 P_4 + 3 Ba(OH)_2 \cdot 8 H_2O \rightarrow 3 Ba(H_2PO_2)_2 \cdot H_2O + 2 PH_3 + H_2O$

$Ba(H_2PO_2)_2 \cdot H_2O + H_2SO_4 \rightarrow 2 H_3PO_2 + BaSO_4 + H_2O$

120 g (0,38 mol) kristallisiertes Ba(OH)$_2$ · 8 H$_2$O werden in 1200 mL Wasser gelöst und in einem Rundkolben mit 30 g (0,24 mol) farblosem P$_4$ etwa 4 h erwärmt. Den Kolben versieht man mit einem langen, in den Abzugskamin reichenden Glasrohr zur Ableitung des entstehenden selbstzündlichen Phosphangemisches. Nach vollständiger Auflösung des Phosphors leitet man Kohlendioxid zur Ausfällung von überschüssigem Bariumhydroxid in die Lösung ein. Der Niederschlag wird abfiltriert und mit heißem Wasser ausgewaschen. Lösung und Waschwasser werden auf die Hälfte eingedampft, nochmals filtriert und bis zur beginnenden Kristallisation weiter eingedampft. Nach Zusatz von etwas Alkohol läßt man abkühlen. Die abgeschiedenen Kristalle werden abgesaugt und die Mutterlauge wird erneut zur Kristallisation eingedampft. Man vereinigt die angefallenen Salze und kristallisiert sie aus heißem Wasser um. Ausbeute 40–60 g (0,14–0,21 mol) Ba(H$_2$PO$_2$)$_2$ · H$_2$O.

285 g (1 mol) Ba(H$_2$PO$_2$)$_2$ · H$_2$O werden in etwa 5 L Wasser gelöst und mit 100 g ($\approx$ 1 mol) konzentrierter H$_2$SO$_4$, die vorher mit ihrem drei- bis vierfachen Gewicht Wasser verdünnt wurde, zersetzt.

Nach gutem Umrühren und eintägigem Stehen, wodurch sich das Bariumsulfat gut absetzen kann, hebert man die Flüssigkeit ab. Die erhaltene Lösung von H$_3$PO$_2$, welche kaum noch eine Spur Barium enthält, dampft man zunächst kochend in einer Porzellanschale ab, bis die Flüssigkeit nur noch etwa $^1/_{10}$ des ursprünglichen Volumens einnimmt. Dann dampft man in einer Platinschale unter Rühren mit einem Thermometer ein, bis die Temperatur 105 °C beträgt. Die Kugel des Thermometers muß völlig eintauchen, ohne jedoch den Boden der

Schale zu berühren. Es ist deshalb unzweckmäßig, mit geringeren als den angegebenen Mengen zu arbeiten, da sonst die konzentrierte Säure ein zu kleines Volumen einnimmt. Die Erwärmung der Platinschale erfolgt durch eine mit einem Drahtnetz bedeckte Flamme, damit sich die Wärme über den Boden des Gefäßes gleichmäßig verteilen kann.

Ist die Temperatur bis 105 °C gestiegen, so filtriert man heiß und konzentriert das farblose Filtrat, ohne zum Sieden zu erhitzen, bis die Temperatur auf 110 °C gestiegen ist. Hier läßt man sie 15 min konstant und erhöht dann allmählich auf 130 °C, wobei man wieder das Sieden vermeidet. Die Säure fließt nun ganz ruhig, zeigt keine Gasblasen, auch keinen Geruch von PH$_3$, dampft aber etwas, da sich Spuren von ihr verflüchtigen. Durch vorsichtiges Erwärmen kann man die Temperatur auf 138 °C steigern, ohne daß Zersetzung eintritt. Nachdem die Säure etwa 10 min auf 130 °C erwärmt worden ist, entfernt man die Flamme, kühlt die Flüssigkeit ab und filtriert in eine mit Glasstöpsel versehene Flasche.

Man kühlt nun das Glasgefäß bis einige Grad unter Null ab, reibt, falls noch keine Kristallisation eingetreten ist, den Boden des Gefäßes mit einem Glasstab und läßt dann ruhig stehen.

Literatur

[1] J. R. Van Wazer, C. F. Callis, J. N. Shoolery und R. C. Jones, J. Am. Chem. Soc. **78**, 5715 (1956).
[2] N. Muller, P. C. Lauterbur und J. Goldenson, J. Am. Chem. Soc. **78**, 3557 (1956).
[3] H. Siebert, Anwendungen der Schwingungsspektroskopie in der Anorganischen Chemie, S. 110, Springer-Verlag, Berlin–Heidelberg–New York 1966.
[4] R. W. Lovejoy und E. L. Wagner, J. Phys. Chem. **68**, 544 (1964).
[5] K. W. F. Kohlrausch, Ramanspektren, Akad. Verlagsgesellschaft, Leipzig 1943.
[6] G. Brauer, Handbuch der Präparativen Anorganischen Chemie, 3. Auflage, Bd. 1, S. 539–541, F. Enke-Verlag, Stuttgart 1975.
[7] J. Thomsen, Ber. **7**, 994 (1874).
[8] H. Rose, Pogg. Ann. **9**, 370 (1827).

Phosphorsulfidtriamid, PS(NH$_2$)$_3$

Daten

NMR δ^{31}P: $-59{,}4$ ppm [1]
Standard: 85%ige H$_3$PO$_4$ (extern)
Lösungsmittel: Dimethylformamid

IR [2]

$\bar{\nu}$ in cm^{-1}	Zuordnung
3330	ν_{as}NH
3240	ν_sNH
1565	δNH$_2$
1010/30/65 ⎫ 995 ⎭	ϱNH$_2$
930 ⎫ 895 ⎭	ωNH$_2$
860	ν_sPN
715	ν_{as}PN
600	νPS
460	δ_sPN

KBr-Preßling

M 111,11 g · mol^{-1}
Schmp. 118–119 °C

Bemerkungen Farblose Kristalle. In Methanol gut, in Wasser sehr leicht löslich. Unlöslich in Ethanol.

Arbeitsvorschrift [3, 4]

$$\text{PSCl}_3 + 6\,\text{NH}_3 \rightarrow \text{PS(NH}_2)_3 + 3\,\text{NH}_4\text{Cl}$$

Einen Dreihalskolben von 2 L Inhalt versieht man mit einem KPG-Rührer, einem kühlbaren Tropftrichter und einer Schliffkappe mit Einleitungsrohr und Ansatzrohr, das ein mit festem NaOH gefülltes Trockenrohr trägt. In den Kolben bringt man 1500 mL über Calciumchlorid getrocknetes und frisch destilliertes Chloroform, das durch Butanol-Trockeneis-Mischung gekühlt wird. Dann leitet man einen gut getrockneten, lebhaften Strom von Ammoniak etwa 3 h ein und sättigt das Chloroform damit vollständig. Nun füllt man den Kühlmantel des Tropftrichters mit Eis-Kochsalz-Mischung und den Trichter selbst mit einer Lösung von 60 g (0,54 mol) frisch destilliertem PSCl$_3$ in 100 mL Chloroform. Unter lebhaftem Rühren, sorgfältiger Kühlung auf −15 °C und dauerndem Einleiten von Ammoniak wird die Lösung innerhalb von 2 h eingetropft. Danach wird je eine Stunde unter Erwärmen auf Raumtemperatur ein langsamer Ammoniak-Strom und ein Strom von trockenem Stickstoff eingeleitet.

Man saugt die Flüssigkeit durch ein Fritten-Saugrohr ab und beläßt den Bodenkörper im Kolben. Das noch feuchte Produkt wird mit 225 mL trockenem Chloroform und 100 g Diethylamin in einem Kolben mit Rückflußkühler 2 h auf 60 °C erwärmt. Höhere Temperatur muß wegen sonst eintretender Zersetzung vermieden werden. Dann fügt man 200 mL Chloroform zu und filtriert das zurückgebliebene Phosphorsulfidtriamid ab. Man wäscht solange mit trockenem Chloroform aus, bis Produkt und Waschflüssigkeit keine Reaktion auf Chlorid mehr zeigen und trocknet im Vakuum. Ausbeute 32 g.

Zum Umkristallisieren erhitzt man das Rohprodukt mit 100 mL absolutem Methanol unter Feuchtigkeitsausschluß auf dem Wasserbad. Man filtriert die Lösung heiß ab und saugt das nach dem Abkühlen ausgeschiedene reine PS(NH$_2$)$_3$ ab. Die Mutterlauge wird verworfen, weil sie noch etwas Chlorid enthält. Das noch ungelöst gebliebene Rohprodukt wird nun mit 150 mL absolutem Methanol in gleicher Weise behandelt. Die Mutterlauge dieser Kristallisation wird weiterverwendet, um alles Rohprodukt nacheinander zu lösen und umzukristallisieren, was in etwa 3 weiteren Ansätzen erfolgt. Die gesammelten Kristallisate werden im Vakuum getrocknet.
Ausbeute: 26 g (66%) PS(NH$_2$)$_3$.

Literatur

[1] H. Tolkmith, J. Am. Chem. Soc. **85**, 3246 (1963).
[2] E. Steger, Z. Anorg. Allg. Chem. **310**, 114 (1961).
[3] G. Brauer, Handbuch der Präparativen Anorganischen Chemie, 3. Auflage, Bd. I, S. 564, F. Enke-Verlag, Stuttgart 1975.
[4] R. Klement und O. Koch, Chem. Ber. **87**, 333 (1954).

Tetraaminophosphoniumiodid, [P(NH$_2$)$_4$]I

Daten

NMR δ^1H: 2,56 ppm CH$_3$-Gruppe in [CH$_3$S—P(NH$_2$)$_3$]I [1]
            5,80 ppm NH$_2$-Gruppen in [CH$_3$S—P(NH$_2$)$_3$]I [2]
      J$_{P-H(CH_3)}$ = 16,2 Hz
      Standard: TMS (extern)
      Lösungsmittel: Vermessen als 40%ige Lösung in D$_2$O [1]
                          Schnelle Messung ist erforderlich, da Hydrolyse mit einer Halbwertszeit von ≈ 20 min bei 0 °C.
                          DMF [2]

      δ^{31}P: −50,4 ppm [CH$_3$S—P(NH$_2$)$_3$]I [2]
            −31,6 ppm [P(NH$_2$)$_4$]I [3]
      Standard: 85%ige H$_3$PO$_4$ (extern)
      Lösungsmittel: DMF [2]
                          H$_2$O [3]

IR [4]

$\bar{\nu}$ in cm^{-1}	Zuordnung
3352	
3233	νNH$_2$
3100	
1562	δNH$_2$
1072	νPN(H$_2$)
954	νPN(H$_2$)

KBr-Preßling

M   221,97 g · mol^{-1}

Bemerkungen   Farbloses, kristallines Pulver, Veränderung ab 210 °C ohne Schmelzen

Arbeitsvorschrift [1, 3, 5]

PS(NH$_2$)$_3$ + CH$_3$I → [CH$_3$SP(NH$_2$)$_3$]I

[CH$_3$SP(NH$_2$)$_3$]I + NH$_3$ → [P(NH$_2$)$_4$]I + CH$_3$SH

28 g (0,25 mol) PS(NH$_2$)$_3$ werden mit 45 g (0,32 mol) CH$_3$I und 60 mL CH$_3$CN 6 d bei Raumtemperatur gerührt. Der Bodenkörper wird abgesaugt und mit

Ether gewaschen. Die Ausbeute an Methylthiotriaminophosphoniumiodid ist quantitativ (63 g) und das Produkt analysenrein. Schmp. 161–162 °C (unter Abspaltung von CH$_3$SH).

In eine intensiv gerührte Suspension von 2 g (8 mmol) [CH$_3$SP(NH$_2$)$_3$]I in 30 mL CH$_2$Cl$_2$ wird 2 h ein kräftiger Ammoniakstrom geleitet. Nach Abtrennen der Lösung verbleiben 1,71 g reines Tetraaminophosphoniumiodid. Ausbeute 98 %. Unvollständig umgesetzte Produkte können durch kurzes Waschen mit bis zu 40 °C warmem Methanol gereinigt werden.

Literatur

[1] A. Schmidpeter und C. Weingand, Angew. Chem. **80**, 234 (1968); Angew. Chem., Internat. Edit. **7**, 210 (1968).
[2] H. Tolkmith, J. Am. Chem. Soc. **85**, 3246 (1963).
[3] A. Schmidpeter und C. Weingand, Angew. Chem. **81**, 573 (1969); Angew. Chem., Internat. Edit. **8**, 615 (1969).
[4] C. Weingand, Dissertation, Universität München 1970.
[5] G. Brauer, Handbuch der Präparativen Anorganischen Chemie, 3. Auflage Bd. I, S. 564, F. Enke-Verlag, Stuttgart 1975.

Tetrakis(trichlorophosphazo)phosphonium-dichloroiodat(I), [P(NPCl$_3$)$_4$]ICl$_2$

Daten

NMR δ^{31}P: 3,4 ppm (Dublett) P$_\alpha$, [P$_\beta$(NP$_\alpha$Cl$_3$)$_4$]ICl$_2$
[1]   38,5 ppm (Quintett) P$_\beta$
       J$_{P_\alpha - P_\beta}$ = 29,9 Hz
       Standard: 85%ige H$_3$PO$_4$ extern
       Lösungsmittel: C$_2$Cl$_4$

M   834,2 g · mol^{-1}

Bemerkungen   Ab 100 °C Sintern unter Zersetzung

Arbeitsvorschrift [2]

[P(NH$_2$)$_4$]I + 5 PCl$_5$ → [P(NPCl$_3$)$_4$]ICl$_2$ + 8 HCl + PCl$_3$

2,22 g (0,01 mol) [P(NH$_2$)$_4$]I werden in 100 mL CHCl$_3$ suspendiert und mit 10,4 g (0,05 mol) PCl$_5$ versetzt. Sofort setzt die Reaktion ein unter Erwärmung

und Entwicklung von Chlorwasserstoff. Die überstehende Lösung färbt sich violett. Die Suspension wird langsam bis zum Rückfluß erwärmt, wobei sie sich fast völlig entfärbt. Nachdem die Lösung 3 h am Rückfluß gekocht wurde, läßt man erkalten und filtriert unter Luftausschluß von wenig Ungelöstem ab. Auf tropfenweisen Zusatz von Tetrachlorkohlenstoff zum klaren gelben Filtrat scheiden sich blaßgelbe, bis zu 1 cm lange Kristalle von [P(NPCl$_3$)$_4$]ICl$_2$ ab.
Ausbeute: 5,2 g (6,2 mmol, 62%)

Literatur

[1] A. Schmidpeter und C. Weingand, Angew. Chem. **81**, 573 (1969); Angew. Chem., Internat. Edit. **8**, 615 (1969).
[2] C. Weingand, Dissertation, Universität München 1970.

Trimethylphosphonium-trimethylsilyl-methylid (Trimethyl-[(trimethylsilyl)methylen]-phosphoran), (CH$_3$)$_3$P=CH—Si(CH$_3$)$_3$

Daten

NMR δ^1H: −0,60 ppm (CH$_3$)$_3$P
1,03 ppm CH=P
0,23 ppm (CH$_3$)$_3$Si

J(^{1}H$_3$C—^{31}P) = 12,0 Hz
31P) = 7,9 Hz
J(^{1}H$_3$C—Si—C—^{31}P) = 0,30 Hz
J(^{1}H$_3$C—^{29}Si) = 6,5 Hz
J(^{1}H—C—^{29}Si) = 4,5 Hz
J(^{1}H—^{13}C—Si) = 117 Hz
Standard: TMS (extern)
Lösungsmittel: C$_6$D$_6$

IR

$\bar{\nu}$ in cm^{-1}	Zuordnung
2940 st	νCH
2880 schw	
1420 m	δ_{as}CH$_3$(Si)
1300 schw	δ_sCH$_3$(P)
1285 st	δ_sCH$_3$(P)
1249 m	δ_sCH$_3$(Si)

IR	$\bar{v}$ in cm^{-1}	Zuordnung
	1235 st	$\delta_s CH_3(Si)$
	1190 Sch	δCH
	1150 sst	
	1000 sst	$vP{=}C$
	930 st	
	863 Sch	$\varrho_2 CH_3(P)$
	845 st	$\varrho_1 CH_3(Si)$
	820 st	
	752 m	$\varrho_2 CH_3(Si)$
	750 m	
	710 schw	$v_{as} C_3 P$
	670 schw	$v_{as} C_3 Si$
	665 schw	$v_s C_3 P$
	630 m	
	585 schw	
	flüssig zwischen KBr-Fenstern	

M 162,29 g·mol^{-1}
Schmp. −36 °C
Sdp. 70–75 °C/19 mbar (14 Torr)
66 °C/16 mbar (12 Torr) [1]

Bemerkungen Farblose Flüssigkeit. Reagiert mit Luft, Wasser und Halogenwasserstoffen recht heftig.

Arbeitsvorschrift

a) $(CH_3)_3P + CH_2ClSi(CH_3)_3 \rightarrow [(CH_3)_3PCH_2Si(CH_3)_3]Cl$

b) $[(CH_3)_3PCH_2Si(CH_3)_3]Cl + n\text{-}C_4H_9Li \rightarrow$
$(CH_3)_3P{=}CH{-}Si(CH_3)_3 + LiCl + C_4H_{10}$

a) In einer mit sauerstofffreiem trockenem Stickstoff gefüllten Trockenbox werden 61,8 g (0,5 mol) ClCH$_2$Si(CH$_3$)$_3$ und 38 g (0,5 mol) (CH$_3$)$_3$P in einen 250-mL-Rundkolben gefüllt. Der Kolben wird mit einem Stopfen verschlossen, der mit einer Stahlfeder fixiert wird, und nach 2 h wird der Kolben 8 d bei 30 °C in einem Wasserbad erwärmt. Der Kolben wird danach in einer Trockenbox geöffnet, an eine Vakuumapparatur angeschlossen und durch Ab-

154　Präparate

pumpen bei 20 °C/bis 1,3 mbar (1 Torr) werden Reste flüchtiger Verbindungen langsam entfernt und in einer Falle aufgefangen, die mit flüssigem Stickstoff gekühlt wird. Die Ausbeute an farbloser kristalliner Verbindung beträgt 82 g (83 %). Das Produkt ist schwach hygroskopisch und muß in der Trockenbox oder im Handschuhsack gehandhabt werden.

Vorsicht!

Trimethylphosphin ist giftig und leicht entzündlich. Es sollte unter den üblichen Bedingungen für giftige und luftempfindliche Substanzen gehandhabt werden.

b) 50 g (0,25 mol) [(CH$_3$)$_3$PCH$_2$Si(CH$_3$)$_3$]Cl werden unter schnellem Rühren in 30 mL Ether dispergiert und eine Lösung von einem Äquivalent n-Butyllithium in n-Pentan wird langsam aus einem Tropftrichter hinzugefügt. Der verwendete 250-mL-Dreihalskolben ist mit einem Rückflußkühler versehen, der mit einem Blasenzähler, gefüllt mit Öl, abgeschlossen ist. Die Apparatur wird mit trockenem Stickstoff gespült. Es entwickelt sich n-Butan und Lithiumchlorid fällt aus. Nach Zugabe des n-Butyllithiums wird 1 h bei 20 °C gerührt, durch eine Glasfritte filtriert und der Rückstand von Lithiumchlorid mit zwei Portionen von 15 mL Ether ausgewaschen. Fraktionierte Destillation der Filtrate liefert eine Ausbeute von 38–34 g (94–84%) (CH$_3$)$_3$P=CHSi(CH$_3$)$_3$.

Literatur

[1] H. Schmidbauer, Persönliche Mitteilung.
[2] N. E. Miller, J. Am. Chem. Soc. **87**, 390 (1965).
[3] H. Schmidbauer und W. Tronich, Chem. Ber. **100**, 1032 (1967).

Trimethylmethylenphosphoran, (CH$_3$)$_3$P=CH$_2$

Daten

NMR　δ^1H:　0,78 ppm (Dublett) CH$_2$=P [1]
　　　　　　−1,22 ppm (Dublett) CH$_3$P
　　　　Standard: 5% TMS in CCl$_4$ (extern)
　　　　Vermessen als reine Substanz
　　　　Negative δ-Werte für niedrigere Feldstärken bezogen auf den Standard

　　　　δ^{31}P:　+2,1 ppm Dezett von Tripletts [2]
　　　　Standard: 85%ige H$_3$PO$_4$ (extern)
　　　　Lösungsmittel: Benzol-d$_6$ (1:1)

　　　　δ^{13}C:　+178,6 ppm [2]　+110 ppm [3]　Dublett von Quartetts CH$_3$
　　　　　　　　+199,8 ppm　　　+131 ppm　　　Dublett von Tripletts CH$_2$

Standard: CS$_2$ extern [2]
Benzol intern [3]
Lösungsmittel: Benzol-d$_6$ (1:1) [2]
10%ige Lösung in Benzol [3]

Kopplungskonstanten:

J(H$_3$C)	+127 Hz [2]	+128 ± 1 Hz [3]
J(H$_2$C)	+149 Hz	+150 ± 1 Hz
J(H$_3$CP)	− 12,5 Hz	− 12,5 ± 0,2 Hz
J(H$_2$CP)	+ 6,5 Hz	+ 6,5 ± 0,2 Hz
J(P—C)	+ 56,0 Hz	+ 57 ± 3 Hz
J(P=C)	+ 90,5 Hz	+ 90 ± 3 Hz
J(H$_3$CPCH$_2$)	klein	
J(H$_3$CPCH$_3$)	−	

IR/Ra [4]	IR $\bar{v}$ in cm^{-1}	Zuordnung	Ra $\bar{v}$ in cm^{-1}
	3055 schw	v_s und v_{as}CH$_2$	3065 sschw, p?
	2980 m	v_{as}CH$_3$	2985 st, dp
	2913 schw	v_sCH$_3$	2913 sst, p
	1426 mst	δ_{as}CH$_3$	1426 schw, dp
	1364 mschw	δCH$_2$	1369 sschw
	1309 sch } 1290 mst }	δ_sCH$_3$	1294 sschw 998 st, p
	1006 sst	vPC/vPN	895 m, p
	955 st } 895 schw }	ϱCH$_3$	750 sschw 714 schw, dp
	849 sschw	γCH$_2$?	646 st, p
	747 schw } 713 m }	v_{as}PC	360 sch, b, dp 304 m, p?
	646 schw	v_sPC	
	410 mb	ϱPC$_3$	
	309 mschw	δ_sPC$_3$	

Das IR-Spektrum wurde kapillar in 50 μm Schichtdicke aufgenommen, Küvettenfenster: CsBr. Die Küvetten wurden im Stickstoffkasten gefüllt und mit PVC-Klebeband abgedichtet.

Das Ramanspektrum wurde mit einem Flüssigkeitsrohr von 100 mm Länge und 7 mm Durchmesser aufgenommen. Die Hg-Linie 4358 Å wurde zur Anregung benutzt.

M   90,11 g·mol^{-1}

Schmp. 13–14 °C
Sdp. 118–120 °C/997,5 mbar (750 Torr)

Bemerkungen Farblose Flüssigkeit, raucht an der Luft und verfärbt sich braun bei Zutritt von Sauerstoff und Feuchtigkeit. Die Verbindung liegt in Lösung monomer vor.

Arbeitsvorschrift [1, 5]

$(CH_3)_3PCHSi(CH_3)_3 + CH_3OH \rightarrow (CH_3)_3P=CH_2 + (CH_3)_3SiOCH_3$

In einem 250-mL-Dreihalskolben, der mit Stickstoff gespült wird, werden 24,6 g (0,15 mol) $(CH_3)_3PCHSi(CH_3)_3$ in 150 mL Ether gegeben und im Eisbad auf 0 °C gekühlt. Unter Rühren wird eine Lösung von 4,8 g (0,15 mol) CH_3OH in 150 mL Ether langsam innerhalb von 1–2 h zugetropft. Das Rühren wird 3 h bei 20 °C fortgesetzt und die Mischung der fraktionierten Destillation unterworfen. Mindestausbeute 12,6 g (93%) Trimethylmethylenphosphoran.

Literatur

[1] H. Schmidbauer und W. Tronich, Chem. Ber. **101**, 595 (1968).
[2] H. Schmidbauer, W. Buchner und D. Scheutzow, Chem. Ber. **106**, 1251 (1973).
[3] K. Hildenbrand und H. Dreeskamp, Z. Naturforsch. **28b**, 126 (1973).
[4] W. Sawodny, Z. Anorg. Allg. Chem. **368**, 284 (1969).
[5] H. Schmidbauer, Persönliche Mitteilung.

Kalium-closo-tetradekanitrogen-dodekathio-dodekaphosphat-Octahydrat, $K_6[P_{12}S_{12}N_{14}] \cdot 8H_2O$

Daten

NMR $\delta^{31}P$: 26,0 ppm (zu niedrigeren Feldstärken)
Standard: H_3PO_4 (extern)
Lösungsmittel: H_2O

IR/Ra	IR $\bar{\nu}$ in cm^{-1}	Ra $\bar{\nu}$ in cm^{-1}	Ra $\bar{\nu}$ in cm^{-1}	wichtigste Frequenzen Zuordnung	Symmetrie in guter Näherung D$_{2h}$
	3450 m, br	nicht beobachtet	—	νH$_2$O	
	1610 m	nicht beobachtet	—	δH$_2$O	
	—	1200 sschw	—	ν_{as}P—N=P (Gleichtakt)	
	1140 sst, br	—	—	ν_{as}P—N=P (Gegentakt)	
	—	978 sschw	—	ν_{as}NP$_3$ (Gleichtakt)	
	948 sst	—	—	ν_{as}NP$_3$ (Gegentakt)	
	905 st-m	—	—	ν_sP—N=P (Gegentakt)	
	—	820 st	819 st, p	ν_sP—N=P (Gleichtakt)	
	725 st	—	—	ν_sNP$_3$ (Gegentakt)	
	—	691 schw			
	—	685 schw-m	683 sschw, p	ν_sNP$_3$ (Gleichtakt)	
	—	668 schw			$\Big\} + \delta$P—N—P
	—	575 schw-m	579 sschw, dp	δP—N—P	
	540 st-m	—	—	νP=S (Gegentakt)	
	—	527 st	530 st-m, p	νP=S (Gleichtakt)	
	462 sschw	—	—		
	—	425 schw-m	428 schw, dp	$\delta_{s,as}$NP$_3$	
	—	400 m	403 m, p		
	380 schw				
		319 sch	322 schw, dp		
		311 sst	310 sst, p	ν Puls, Gerüst- deformation	
		290 schw	286 schw, dp		
		247 st	248 m, dp		
		200 st	201 m, dp		
	KBr-Preßling	KBr-Preßling	in H$_2$O		

158   Präparate

Konstitution des $P_{12}S_{12}N_{14}$-Anions

Kugelförmige Gestalt. Der kleinste Durchmesser beträgt 456 pm. Die Form des Anions läßt sich als Dodekaeder beschreiben, der durch 12 P_3N_3-Ringe gebildet wird. Alle Atome jedes Sechsrings verknüpfen Nachbarringe miteinander.

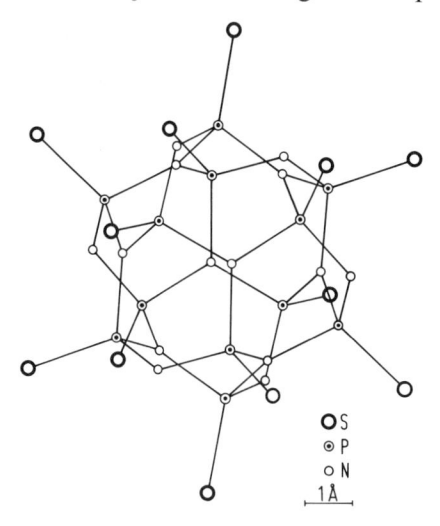

○ S
⊙ P
∘ N
1 Å

DTA-Thermogravimetrische Analyse

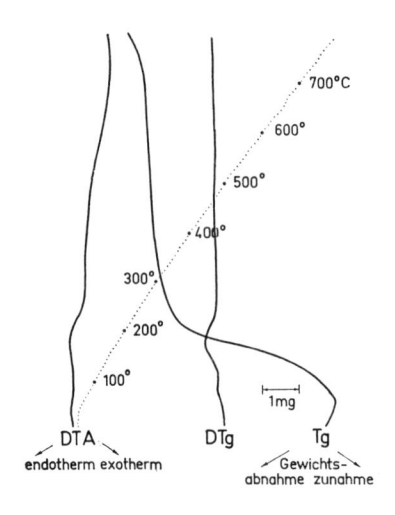

Beim Erhitzen des durch mehrfaches Umkristallisieren von $K_6[P_{12}S_{12}N_{14}] \cdot 8\,H_2O$ aus Wasser erhaltenen Produktes wird unter Abscheidung von Schwefel, Wasser, Schwefelwasserstoff und Ammoniak freigesetzt. Wie die thermogravimetrische Analyse zeigt, tritt eine Zersetzung im wesentlichen im Temperaturbereich von 100–210 °C ein und verläuft stark exotherm. Die Kristalle färben sich durch ausgeschiedenen Schwefel gelb. Trotz der jeweiligen Zersetzung liegt der Großteil der Substanz nach dem Abkühlen als $K_6[P_{12}S_{12}N_{14}]$ vor, wie aus dem IR-Spektrum des festen Rückstandes hervorgeht, das gegenüber dem Spektrum der eingesetzten Substanz praktisch unverändert ist. Wasserarmes $K_6[P_{12}S_{12}N_{14}]$ zersetzt sich beim Erhitzen so wenig, daß kaum eine Verfärbung der Kristalle zu erkennen ist. Wasserfreies Salz kann bis auf 700 °C ohne Zersetzung erhitzt werden.

M   1331,29 g · mol^{-1}

Bemerkungen   Stark exotherme Zersetzung im Bereich von 100–210 °C. In heißem Wasser gut, in kaltem Wasser weniger gut löslich.

Arbeitsvorschrift

$3 P_4S_{10} + 14 KSCN \rightarrow K_6[P_{12}S_{12}N_{14}] + 14 CS_2 + 4 K_2S$

Als Reaktionsgefäß dient ein 2-L-Dreihalskolben, der mit einem Heizpilz beheizt werden kann. Auf den mittleren Hals wird eine Birne oder Glasschnecke für den portionsweisen Zusatz von P_4S_{10} aufgesetzt. Die beiden anderen Hälse des Kolbens sind mit Gaseinleit- bzw. -ableitrohr versehen. 291,5 g (3 mol) KSCN, das 2 Tage bei 80 °C über P_4O_{10} im Vakuum getrocknet worden war, wird unter Durchleiten eines schwachen Stickstoffstromes, der auch während der Reaktion aufrechterhalten wird, geschmolzen. Die Schmelze wird auf 180–200 °C gehalten. Höhere Temperaturen beeinflussen die Reaktion jedoch nicht nachteilig. Die Pulverbirne ist mit 111 g (0,25 mol) handelsüblichem P_4S_{10} gefüllt. Sobald eine klare Kaliumthiocyanatschmelze vorliegt, wird Tetraphosphordekasulfid in kleinen Portionen zugesetzt. Zur besseren Durchmischung wird der nur lose eingespannte Kolben von Zeit zu Zeit bewegt. Es tritt Reaktion unter Schwefelkohlenstoffentwicklung ein. Die Schmelze schäumt etwas und verfärbt sich im Laufe der Reaktion dunkelgelb bis braunschwarz. Vor jeder weiteren Zugabe von Tetraphosphordekasulfid wird abgewartet, bis die Gasentwicklung beendet ist. Der gebildete Schwefelkohlenstoff kann im Stickstoffstrom in den Abzug geleitet oder mit CO_2/Aceton in einer Falle kondensiert werden. Nachdem alles Tetraphosphordekasulfid zugesetzt ist, wird die Reaktionsmischung noch 2 h auf der Temperatur von 180–200 °C gehalten, danach sich selbst überlassen, bis sie abgekühlt ist. Die Gaseinleit- bzw. -ableitrohre werden entfernt, die Kolbenhälse mit Stopfen verschlossen. Die Füllbirne wird durch einen Rückflußkühler ersetzt. Die Schmelze wird mit 250 mL Wasser versetzt. Sie geht unter kräftiger Schwefelwasserstoffentwicklung in Lösung. Die Lösung, die anfangs sauer (ca. pH 4) reagiert, wird 20 min zum Sieden erhitzt. Der pH-Wert der Lösung steigt, bis schließlich etwas Ammoniak entweicht. Anschließend wird 2–3 h im Eisbad gekühlt und dann die Lösung durch ein Faltenfilter vom Ungelösten getrennt. Die braunrote Lösung enthält im wesentlichen nur Kaliumthiocyanat und wird verworfen. Der feste Rückstand wird mit Methanol/Wasser (1:1) gewaschen, anschließend mit ca. 400 mL Wasser und ca. 2 g Aktivkohle aufgekocht und die Lösung heiß filtriert. Dieser Vorgang wird mit 200–300 mL Wasser wiederholt. Aus den gelben Filtraten scheidet sich $K_6[P_{12}S_{12}N_{14}] \cdot 8 H_2O$ in Form farbloser Kristalle ab. Meist genügt schon einmaliges Umkristallisieren aus Wasser, um die Verbindung rein zu erhalten. Sie kristallisiert langsam und je nach Konzentration in regelmäßigen sechseckigen Blättchen oder größeren Oktaedern. Beim Einengen der Mutterlauge bei Zimmertemperatur oder Eindunsten scheidet sich weiteres Produkt ab.

Ausbeute: 64–45 g (0,048–0,034 mol, 68,4–43,5%)

Literatur

E. Fluck, M. Lang, F. Horn, E. Hädicke und G. M. Sheldrick, Z. Naturforsch. **31b**, 419 (1976).

Schwefeltetrafluorid, SF$_4$

Daten

NMR ^{19}F-NMR: [1, 2]

Das ^{19}F-NMR-Spektrum von Schwefeltetrafluorid, SF$_4$, ist stark temperaturabhängig. Bei einem Magnetfeld von 7500 Gauß bzw. 30 MHz ist die Halbwertsbreite bei 23 °C etwa 90 Hz. Sie steigt mit sinkender Temperatur und erreicht bei −45 °C etwa 1300 Hz. Bei −47 °C spaltet das breite Signal in zwei Signale gleicher Intensität auf. Im Bild ist bei −50 °C eine deutliche Aufspaltung zu erkennen. Mit sinkender Temperatur wird die Aufspaltung besser und bei −85 °C erkennt man eine Triplettierung der beiden Signale. Bei −98 °C sind die Tripletts gut zu erkennen.

Wird das Spektrum bei 56,4 MHz aufgenommen, so findet man eine weitere Dublettierung aller Triplettsignale.

Der scharfe, zusätzliche Peak im Spektrum wird von einer ≈ 5%igen Verunreinigung an SOF$_2$ im SF$_4$ verursacht.

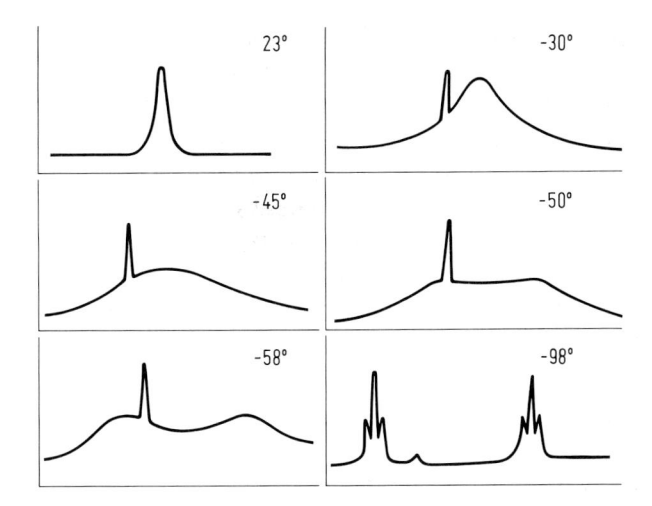

Abb. Die Temperaturabhängigkeit des ^{19}F-NMR-Spektrums von SF$_4$ [1]

IR/Ra	1 [3, 4] $\bar{v}$ in cm^{-1}	2 [5] $\bar{v}$ in cm^{-1}	Zuordnung		Punktgruppe: C$_{2v}$
	894	891,5	v_1 (A$_1$)	v_s(S—F)	
	715	558,4	v_2 (A$_1$)	v_s(S—F)	
	557	353	v_3 (A$_1$)	δ(SF$_2$)	
	239	171	v_4 (A$_1$)	δ(SF$_2$)	
	401	645	v_5 (A$_2$)	τ	
	863	867	v_6 (B$_1$)	v_{as}(SF)	
	534	532	v_7 (B$_1$)	δ(FSF)	
	728	728	v_8 (B$_2$)	v_{as}(SF)	
	463	226	v_9 (B$_2$)	δ(FSF)	

IR: gasförmig
Ra: flüssig

Bemerkungen   Der spektroskopischen Analyse 1 steht eine neuere Analyse 2 gegenüber, die wesentliche Unterschiede aufweist.

MS [6] Aufgeführt sind die 10 intensitätsstärksten Peaks.

m/e	rel. Intensität in %
89	100
70	45,5
51	8,8
35	8,4
19	7,5
32	6,7
91	4,3
72	2,0
25*	2,0
44	1,8

* Doppelt geladenes Ion

M $\quad$ 108,06 g · mol^{-1}
Schmp. $\quad$ −124 °C
Sdp. $\quad$ −40 °C

Arbeitsvorschrift* [7]

$$3\,SCl_2 + 4\,NaF \rightarrow SF_4 + S_2Cl_2 + 4\,NaCl$$

Ein 2-L-Vierhalskolben wird versehen mit einem Thermometer, einem 500-mL-Tropftrichter mit Druckausgleich, einem KPG-Rührer möglichst mit Teflonflügel und einem wirksamen Rückflußkühler, der mit Wasser von Temperaturen unterhalb von 10 °C betrieben werden kann. Die Schliffe werden mit Silikonfett behandelt. Der Ausgang des Rückflußkühlers ist mit PVC-Schlauch mit einer Vorlage von etwa 500 mL Volumen verbunden, die mit Aceton-Trockeneis gekühlt wird. Die Apparatur wird vor der Umsetzung sorgfältig getrocknet und während der Reaktion vor Feuchtigkeit geschützt. 420 g (10 mol) feinkörniges NaF und 1 L getrocknetes Acetonitril werden in den Kolben gegeben, während 520 g (5 mol) bzw. 325 mL destilliertes SCl$_2$ in den Tropftrichter gefüllt werden. Das Schwefelchlorid wird bei Raumtemperatur innerhalb einer $^1/_2$ h zu der gut gerührten Suspension gegeben. Während der Zugabe steigt die Temperatur im Kolben auf über 40 °C und gegen Ende erfolgt leichtes Sieden unter Rückfluß und ein geringer Teil des Produktes geht in die gekühlte Vorlage über. Nach der Zugabe wird die Mischung 1 h bei 50 °C, $^1/_2$ h bei 70 °C und eine weitere $^1/_2$ h bei 65–70 °C gehalten. Während dieser Zeit geht das rohe Schwefeltetrafluorid in die Vorlage über. Nach der Umsetzung wird der erhaltene Reaktionsrückstand vernichtet, indem er langsam unter Rühren in Natronlauge gegeben wird, der Eisstücke zugesetzt werden. Alle Schliffverbindungen werden sofort gelöst und ge-

---

* Mit freundlicher Genehmigung von Inorganic Synthesis Inc.
  Aus: Inorganic Synthesis **7**, 119 (1963)

säubert. Geringe Reste von anhaftenden Schwefelhalogeniden werden durch Spülen mit Aceton beseitigt.

Das ungereinigte Schwefeltetrafluorid aus der Vorlage wird in den Destillationskolben einer sorgfältig getrockneten Destillationsapparatur einkondensiert, die mit einer Füllkörperkolonne mit Kühlmantel von etwa 30 cm Länge und 1,2 cm innerem Durchmesser versehen ist, deren Kühlung mit Aceton-Trockeneis betrieben wird. Nach dem Umkondensieren verbleiben 5–10 mL einer roten, weniger flüchtigen Flüssigkeit als Rückstand, die verworfen werden. Bei der Destillation unter Normaldruck und Kühlung der Destillationsvorlage auf −78 °C werden 5–11 mL eines gelb gefärbten Vorlaufs verworfen und anschließend 120–160 g (1,11–1,48 mol) Schwefeltetrafluorid bei −38 °C bis −35 °C als farblose oder schwach gelb gefärbte Flüssigkeit erhalten. Als Verunreinigung kann die Flüssigkeit 5–10% Thionylfluorid, SOF_2, enthalten, dessen Vorhandensein durch IR-Spektrum (Absorption bei 388,5 cm^{-1}) nachgewiesen werden kann. Schwefeltetrafluorid kann vorübergehend in Glas bei −78 °C oder unbegrenzt in Metallbomben bei Raumtemperatur aufbewahrt werden.

Wenn freies Chlor nicht vollständig aus dem verwendeten Schwefelchlorid entfernt wurde oder das eingesetzte Natriumfluorid nicht feinkörnig genug war, wird ein chlorhaltiges Rohprodukt von gelber bis gelbgrüner Farbe erhalten. Zur Entfernung wird das Schwefeltetrafluorid in eine Metallbombe einkondensiert, die Schwefelpulver enthält. Nach Aufbewahrung über Nacht bei Raumtemperatur wird das Schwefeltetrafluorid redestilliert, um es von höher siedenden Schwefelchloriden zu trennen.

Vorbereitung der Ausgangssubstanzen

Acetonitril
Das übliche Acetonitril muß mehrfach über P_4O_{10} destilliert und über Molekularsieb A aufbewahrt werden.

Schwefel(II)-chlorid
Das käufliche Schwefel(II)-chlorid enthält oft beträchtliche Mengen an Dischwefeldichlorid und etwas freies Chlor. Um zu reinem Schwefel(II)-chlorid zu kommen, wird das Gemisch unter Zusatz einiger Milliliter Phosphor(III)-chlorid über eine kleine Kolonne fraktioniert. Der zwischen 55–60 °C übergehende Anteil wird nach Zugabe einiger Tropfen Phosphor(III)-chlorid nochmals rektifiziert. Das bei 59 °C übergehende Schwefel(II)-chlorid ist recht rein.

Natriumfluorid
Das Natriumfluorid sollte möglichst feinkörnig sein und einen Tag im Vakuum bei mindestens 150 °C getrocknet werden.

Literatur

[1] E. Muetterties und W.D. Phillips, J. Am. Chem. Soc. **81**, 1084 (1959).
[2] J. Bacon, R.J. Gillespie und J.W. Quail, Can. J. Chem. **41**, 1016 (1963).
[3] H. Siebert, Anwendungen der Schwingungsspektroskopie in der Anorganischen Chemie, S. 73, Springer-Verlag, Berlin–Heidelberg–New York 1966.
[4] R.E. Dodd, L.A. Woodward und H.L. Roberts, Trans. Faraday Soc. **52**, 1052 (1956).
[5] I.W. Levin und C.V. Berney, J. Chem. Phys. **44**, 2557 (1966).
[6] A. Cornu und R. Massot, Compilation of Mass Spectral Data, Heyden and Son Ltd., London 1966.
[7] F.S. Fawcett und C.W. Tullock, Inorg. Synth. **7**, 119 (1963).

Dischwefeldichlorid, S_2Cl_2

Daten

IR/Ra

IR [1, 2, 3] $\bar{\nu}$ in cm^{-1}	Ra [1, 4, 5] $\bar{\nu}$ in cm^{-1}	Zuordnung
438	437	ν_1
448	451	ν_2
203	207	ν_3
538	541	ν_4
242	241	ν_5
–	104	ν_6
flüssig	flüssig	

M 135,03 g · mol^{-1}
Schmp. −80 °C
Sdp. 135,6 °C
ϱ^{20} 1,6673 g · cm^{-3}

Arbeitsvorschrift [6]

$$2S + Cl_2 \rightarrow S_2Cl_2$$

Man überzieht die Innenwand eines Zweihalskolbens – Mindestvolumen 1 L – mit einer Schmelze von 70 g (2,18 mol) Schwefel und läßt erkalten. Der eine Kolbenhals des über Kopf stehenden Kolbens wird mit einem Gaseinleitungsrohr versehen, den anderen verbindet man über ein kurzes Zwischenstück mit 2 Schliffkernen mit einem senkrecht darunter als Vorlage angeordneten weiteren

Zweihalskolben. Dieser taucht in ein Eiswasserbad und dient zur Gasableitung und ist gegen Eindringen von Feuchtigkeit mit einem Trockenrohr gesichert.

Man leitet nun in den oberen Reaktionskolben einen getrockneten, lebhaften Chlorstrom ein. Die Umsetzung sollte nach kurzer Zeit von selbst einsetzen. Andernfalls erwärmt man den Kolben ganz vorsichtig von außen mit einem Föhn. Dabei darf jedoch der Schwefel nicht schmelzen! Die günstigste Reaktionstemperatur liegt zwischen 60 und 70 °C. Das orangerot gefärbte Produkt tropft in die Vorlage. Es enthält neben Dischwefeldichlorid noch geringe Mengen der Ausgangssubstanzen und Schwefel(II)chlorid.

Nach völliger Umsetzung wird das Rohprodukt unter Zusatz von 6 g Schwefel bei Atmosphärendruck destilliert unter Verwendung einer Siedekapillare, durch die Stickstoff eingeleitet wird. Die zwischen 135 °C und 139 °C übergehende Fraktion wird aufgefangen und anschließend bei 16 mbar (12 Torr) nach Zusatz einer Spatelspitze Schwefel nochmals fraktioniert. Der Siedepunkt des reinen Dischwefeldichlorids liegt bei 16 mbar (12 Torr) zwischen 39 und 40 °C.

Literatur

[1] K. Nakamoto, Infrared Spectra of Inorganic and Coordination Compounds, 2. Auflage, S. 101, John Wiley and Sons, New York–London–Sidney–Toronto 1970.
[2] J. A. A. Ketelaar, F. N. Hooge und G. Blasse, Rec. Trav. Chim. Pays-Bas **75**, 220 (1956).
[3] H. J. Bernstein und J. Powling, J. Chem. Phys. **18**, 1018 (1950).
[4] F. N. Hooge und J. A. A. Ketelaar, Recl. Trav. Chim. Pays-Bas **77**, 902 (1958).
[5] H. Gerding und R. Westrick, Recl. Trav. Chim. Pays-Bas **60**, 701 (1941).
[6] F. Umland und K. Adam, Übungsbeispiele aus der Anorganischen Experimentalchemie, S. Hirzel-Verlag, Stuttgart 1968.

Tetraschwefeltetranitrid, S_4N_4

Daten

IR/Ra Das IR- und Raman-Spektrum von S_4N_4 wurde mehrfach vermessen. Die Ergebnisse wurden zum Vergleich aufgeführt.

Präparate Punktgruppe D_{2d}

Ra [1] $\bar{v}$ in cm^{-1}	IR [1] $\bar{v}$ in cm^{-1}	IR [2] $\bar{v}$ in cm^{-1}	Ra [3] $\bar{v}$ in cm^{-1}	IR [3] $\bar{v}$ in cm^{-1}	IR [3] $\bar{v}$ in cm^{-1}
177 (10)			177,5 (6) D	190 m	
213 (10)			213 (10) P	226 schw	
347 (2)	347 schw		341 (1,5)	347 st	330 m$_B$
	397 schw				
	412 schw				
519 (4)	519 schw	518 schw		519,3 schw	519,3 schw$_B$
	531 schw	528 schw		529,7 schw	
	552 st				
561 (4)	557 st	550 st	564 (2)	552,2 st	556,5 m$_B$
615 (3)		625 schw			702 m$_C$
720 (4)	696 st	697 st	716 (2) P	701 sst	705 sst$_D$
	719 st	725 st		726 st	
	762 schw	757 schw		760 schw	
785 (0)		765 schw		766 schw	766 sschw$_D$
	792 schw			798	
888 (2)					
934 (2)	925 st	925 st		925 st	938 st$_D$
					938,5 m$_C$
	1000 schw	1005 schw		1007 schw	
	1025 schw				
	1040 schw			1046 schw	
		1061 schw		1067 schw	
Dioxan	fest	fest		fest	Lösung
	Lösung				

B = Benzol als Lösungsmittel
C = Schwefelkohlenstoff als Lösungsmittel
D = Dioxan als Lösungsmittel

Vergleich berechneter und beobachteter Frequenzen sowie Zuordnung [3]

Die berechneten Werte wurden auf der Grundlage der am Feststoff vorgenommenen Messungen erhalten.

Beobachtet $\bar{\nu}$ in cm^{-1}	Berechnet $\bar{\nu}$ in cm^{-1}	Zuordnung	
		A$_1$	
716	718	S—N	Valenz-Schwingung
529,7	524	SSN	Deformations-Schwingung
213	214	S—S	Valenz-Schwingung
		A$_2$	
	557	S—N	Valenz-Schwingung
	428	SSN	Deformations-Schwingung
		B$_1$	
888	917	S—N	Valenz-Schwingung
615	620	SSN	Deformations-Schwingung
		B$_2$	
705	709	S—N	Valenz-Schwingung
564	569	SSN	Deformations-Schwingung
177,5	177	S—S	Valenz-Schwingung
		E	
938	915	S—N	Valenz-Schwingung
766	766	S—N	Valenz-Schwingung
519,3	516	SSN	Deformations-Schwingung
341	347	SSN	Deformations-Schwingung
Kombinationsschwingungen			
760	762	226 + 726 − 190	
798	799	226 + 226 + 347	
1007	1004,2	226 + 226 + 552,2	
1046	1048	701 + 347	
1067	1071,5	552,5 + 519,3	

M   184,28 g · mol^{-1}

Schmp. 187–187,5 °C (nach mehrfachem Umkristallisieren aus Benzol oder chromatographischer Reinigung). Häufig Zersetzung oder Explosion unterhalb des Schmelzpunktes.

Arbeitsvorschrift [4, 5]

$$6\,SCl_2 + 16\,NH_3 \rightarrow S_4N_4 + 2\,S + 12\,NH_4Cl$$

50 mL (84 g, 0,62 mol) S$_2$Cl$_2$ und 1400 mL trockenes CCl$_4$ werden in einen 2-L-Dreihalskolben gefüllt. Der Kolben wird mit einem KPG-Flügelrührer, Gaseinleitungsrohr und Thermometer versehen. Unter lebhaftem Rühren wird Chlor in die Lösung eingeleitet, bis ein deutlicher Überschuß an Chlorgas über der Lösung bemerkbar ist und die gelbe Farbe der Lösung in eine orangerote übergegangen ist. Das Gaseinleitungsrohr wird nun mit einer Ammoniakbombe verbunden und ein lebhafter Strom von Ammoniak eingeleitet. Der Kolben wird in ein Wasserbad mit fließendem Wasser gestellt und die Ammoniakzufuhr so einreguliert, daß die Temperatur der Reaktionsmischung 50 °C nicht überschreitet.

Wenn die Reaktionsmischung „lachsfarben" geworden ist, wird die Ammoniakzufuhr abgebrochen.

Die Reaktionsmischung wird über eine große Nutsche (oder Glasfilternutsche) abgesaugt und der feste Rückstand 5–10 min gut mit 1 L Wasser geschüttelt. Der zurückbleibende Rückstand wird abfiltriert und 1 bis 2 d an der Luft getrocknet. Sollte der Rückstand nicht gelb oder orange gefärbt sein, sollte er verworfen und der Versuch wiederholt werden. Das trockene Produkt wird in eine Extraktionshülse gegeben und in einer Soxhlet-Apparatur mit 400 mL trockenem Dioxan extrahiert, bis die ablaufende Extraktionsflüssigkeit nur noch schwach orangegelb gefärbt ist. Es muß unbedingt darauf geachtet werden, daß sich genügend Dioxan im Kolben befindet, um eine zu starke Aufkonzentrierung an S$_4$N$_4$ zu vermeiden, was zur Zersetzung von S$_4$N$_4$ führen könnte. Das Erwärmen von S$_4$N$_4$ im trockenen, von Dioxan entleerten Kolben würde zur Explosion führen. Beim Abkühlen des Extraktes auf Raumtemperatur kristallisiert ein Teil des S$_4$N$_4$ aus. Es wird abfiltriert und an der Luft getrocknet. Das Filtrat wird möglichst bei Raumtemperatur (höchstens aber bis 60 °C) im Vakuum vom Dioxan befreit. Der Rückstand wird aus Benzol umkristallisiert, um ihn von Schwefel zu befreien. Das ausgefallene S$_4$N$_4$ wird abfiltriert, an der Luft getrocknet und mit dem ersten Kristallisat vereinigt. Ausbeute an S$_4$N$_4$ etwa 16 g (0,087 mol).

S$_4$N$_4$ muß mit Vorsicht gehandhabt werden, da es auf Schlag oder beim Erwärmen über 100 °C explodieren kann. Schon die in einem Schmelzpunktröhrchen enthaltene Menge kann zu heftiger Explosion führen.

Literatur

[1] E.R. Lippincott und M.C. Tobin, J. Chem. Phys. **21**, 1559 (1953).
[2] D. Chapman und A.G. Massey, Inorg. Synth. **6**, 126 (1960).
[3] J. Bragin und M.V. Evans, J. Chem. Phys. **51**, 269 (1969).
[4] W.L. Jolly, The Synthesis and Charakterization of Inorganic Compounds, S. 501, Prentice-Hall Inc., Englewood Cliffs, N.J., 1970.
[5] M. Becke-Goehring und E. Fluck, Developments in Inorganic Nitrogen Chemistry, C.B. Colburn, Ed., Vol. 1, Kap. 3, S. 210–14, New York 1966.

Tetraschwefeltetraimid, S₄(NH)₄

Daten

IR [1, 2]	$\bar{\nu}$ in cm⁻¹	$\bar{\nu}$ in cm⁻¹	$\bar{\nu}$ in cm⁻¹	Punktgruppe C$_{4v}$
	3320 m	1262 schw	516 m	
	3285 st	780 st	462 st	
	3220 st	705 schw	407 m	
	1302 m	693 schw	280–302 m	
	1296 schw	541 m		
	in Nujol bzw. kristallin			

M 188,31 g · mol⁻¹

Schmp. 152 °C (bei raschem Aufheizen, sonst erfolgt Zersetzung)

Bemerkungen Farblose, feste Substanz. Kleine glänzende Kristalle. Beim Erhitzen auf 80–100 °C Verfärbung nach rot. Wird vom Wasser nicht benetzt und nicht gelöst. In Pyridin leicht, in Aceton und Alkohol bei höherer Temperatur etwas, in anderen organischen Lösungsmitteln schwer löslich. Diamagnetisch.

Arbeitsvorschrift [3, 4]

$$S_4N_4 + 2SnCl_2 \cdot 2H_2O + 4H_2O \rightarrow S_4(NH)_4 + 2HCl + 2ClSn(OH)_3 \cdot H_2O$$

In einem 2-L-Kolben wird eine Lösung von 10 g (0,054 mol) S₄N₄ in ungefähr 300 mL trockenem Benzol auf 80 °C erwärmt. Dazu gibt man in einem Guß eine Lösung von 35 g (0,155 mol) SnCl₂ · 2H₂O in 80 ml Methanol, das etwa 5% Wasser enthält. Die Lösung siedet auf und entfärbt sich. Ein sich abscheidender Niederschlag wird abgesaugt und so lange mit kalter 2 N Salzsäure gewaschen, bis kein Zinn mehr vorhanden ist. Dann wäscht man mit Alkohol und Ether nach. Zur weiteren Reinigung kann Tetraschwefeltriimid aus Methanol umkristallisiert werden. Ausbeute etwa 6 g (59%).

Literatur

[1] H. Siebert, Anwendungen der Schwingungsspektroskopie in der Anorganischen Chemie, S. 129, Springer-Verlag, Berlin–Heidelberg–New York 1966.
[2] E. R. Lippincott und M. C. Tobin, J. Chem. Phys. **21**, 1559 (1953).
[3] G. Brauer, Handbuch der Präparativen Anorganischen Chemie, 3. Auflage, Bd. I, S. 406, F. Enke-Verlag, Stuttgart 1975.
[4] M. Goehring, Scientia Chimica **9**, 28 und 147 (1957).

Cyclooctaschwefeloxid, S$_8$O

Daten

IR/Ra [1]

IR $\bar{\nu}$ in cm^{-1}	IR $\bar{\nu}$ in cm^{-1}	Raman $\bar{\nu}$ in cm^{-1}	Zuordnung	
		30 m	Gitter	
		34 st	Gitter	
		44 st	Gitter	
		54 schw	Gitter	
		64 m	Gitter	
		67 st	siehe nächste Tabelle	
		75 schw	44 + 34	
		84 st	siehe nächste Tabelle	
		99 m	67 + 34	
		106 sschw	67 + 44	
		140 st	siehe nächste Tabelle	
		157 sst	siehe nächste Tabelle	
		190 schw	siehe nächste Tabelle	
		197 schw	siehe nächste Tabelle	
		219 sst	siehe nächste Tabelle	
		235 sschw	siehe nächste Tabelle	
		250 sschw	siehe nächste Tabelle	
		300 m-st	siehe nächste Tabelle	
	340 schw	340 sst	a', ν	(Bindungen 7 + 8)
	351 sschw	351 schw	a'', ν	(Bindungen 7 + 8)
	383 st	379 m	a'', δ	(SSO)
	397 st	395 m	a', δ	(SSO)
	424 schw	423 schw	a'', ν	(Bindungen 1–4)
	440 sschw	438 schw	a', ν	(Bindungen 1–4)
		474 st	a' + a'', ν	(Bindungen 1 – 4)
	515 schw	512 schw	a'', ν	(Bindungen 5 + 6)
		516 m	a', ν	(Bindungen 5 + 6)
1133 sst	1085 sst	1080 schw	a', ν	(Bindung 9)
	1094 m			
Lösung	fest	fest		

Die IR-Spektren wurden in CS$_2$-Lösung und als Festsubstanz (mit CsCl-Platten) aufgenommen. Für Raman-Spektren wurden feste Proben verwendet und eine rotierende Probenhalterung benutzt, da S$_8$O sich im Licht zersetzt. Die Linie bei 568,2 nm eines Kryptonlasers diente zur Anregung. CS$_2$-Lösungen wurden schnell getrübt und konnten nicht vermessen werden.

Molekülstruktur von S$_8$O

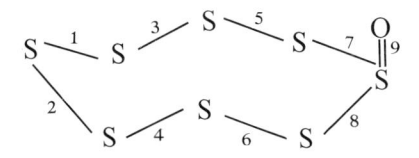

```
S—1—S—3—S—5—S—7—O‖9
  \2        \8    S
   S—4—S—6—S
```

Bindungen: 1,2 : 205 pm
3,4 : 207 pm
5,6 : 200 pm
7,8 : 220 pm
9 : 148 pm

Korrelation der Deformations- und Torsionsfrequenzen von S$_8$ und S$_8$O (a [1], b [2])

S$_8$ Punktgruppe D$_{4d}$ S$_8$O

a $\bar{v}$ in cm^{-1}	b $\bar{v}$ in cm^{-1}	Ra Intensität	Zuordnung	$\bar{v}$ in cm^{-1}	Ra Intensität	Zuordnung	Punktgruppe C$_s$
219	218	st	a$_1$ →	219	sst	a'	
245	243	schw	b$_2$ →	300	m-st	a'	
184	191	schw	e$_1$	190 / 197	schw / schw	a' + a''	
83	86	st	e$_2$	67 / 84	st / st	a' + a''	
155	152	st	e$_2$	140 / 157	st / sst	a' + a''	
245	248	schw	e$_3$	235 / 250	sschw / schw	a' + a''	

M 272,51 g · mol^{-1}
Schmp. 78–79 °C (Zersetzung)

Bemerkungen Intensiv orangegelbe Kristalle; bei 25 °C langsame, beim Schmelzpunkt spontane Zersetzung in Schwefeldioxid und polymeren Schwefel. Haltbar nur bei < −20 °C unter Feuchtigkeitsausschluß. Gut löslich in Schwefelkohlenstoff (≈ 8 g/L).

Arbeitsvorschrift [3, 4, 5]

I. $(CF_3CO)_2O + H_2O_2 \rightarrow CF_3CO_3H + CF_3CO_2H$

II. $S_8 + CF_3CO_3H \rightarrow S_8O + CF_3CO_2H$

I. Herstellung der Oxidationslösung

In einem 100-mL-Rundkolben werden 0,91 g 80%iges H_2O_2 ($\varrho = 1,36$ g · cm^{-3}; 21,4 mmol H_2O_2) in 95 mL Dichlormethan durch Rühren emulgiert und bei 0 °C im Eisbad unter intensivem Rühren mit 4,4 mL $(CF_3CO)_2O$ (98%) versetzt. Man läßt die Oxidationslösung auf Raumtemperatur erwärmen und rührt ca. 15 min, bis keine H_2O_2-Tröpfchen mehr zu erkennen sind.

1 mL Oxidationslösung enthält 0,214 mmol CF_3CO_3H. Die Oxidationslösung wird sofort verwendet; sie wird mit einem P_4O_{10}-Trockenrohr vor Luftfeuchtigkeit geschützt.

Das für die Herstellung von Trifluorperessigsäure und Cyclooctaschwefeloxid verwendete Dichlormethan muß durch Chromatographie an einer Säule von basischem Al_2O_3 (500 g Al_2O_3 pro Liter CH_2Cl_2) von Alkohol befreit und getrocknet werden. Die Konzentration der Wasserstoffperoxidlösung (Peroxid-Chemie, 8023 Höllriegelskreuth) kann außer durch jodometrische Titration einfacher durch Bestimmung der Dichte kontrolliert werden, die eine lineare Funktion der Konzentration in Gew.-% ist. Verdünntere (50%) Wasserstoffperoxid-Lösungen können durch vorsichtiges Eindampfen im Ölpumpenvakuum bei 60–65 °C bis zu einem Gehalt von 80% konzentriert werden.

II. Darstellung von S_8O

In einem 1-L-Kolben werden 1,4 g S_8 (5,46 mmol) in 400 mL gereinigtem Dichlormethan bei 20 °C gelöst. Die Lösung wird unter Feuchtigkeitsausschluß auf -10 °C abgekühlt, und aus einem Tropftrichter mit Druckausgleichsrohr, Teflonventil und aufgesetztem Trockenrohr werden innerhalb von 30 min 38 mL Oxidationslösung zugetropft. Diese Menge entspricht dem 1,5-fachen der stöchiometrisch erforderlichen Molmenge. Die Lösung wird 2,5 h bei -10 °C gerührt; sie bleibt dabei klar und vertieft ihre gelbe Farbe. Nach Abnehmen des Tropftrichters werden aus einem zweiten Kolben 500 mL auf -10 °C gekühltes trockenes n-Hexan durch ein gewinkeltes Überleitungsrohr hinzugegeben. (Bei Verwendung eines Trichters dringt Feuchtigkeit in die Reaktionslösung ein und bei der späteren Umkristallisation aus Schwefelkohlenstoff geht dann nicht alles Rohprodukt in Lösung). Die Reaktionslösung wird gut geschüttelt und 18 h auf -50 °C gekühlt. Dabei kristallisieren 0,56 g eines aus Cyclooctaschwefel und Cyclooctaschwefeloxid bestehenden Rohproduktes aus. Der Niederschlag wird mit einer evakuierten Glasfritte mit Glassinterfilter D 3 von der Mutterlauge abgetrennt und im Ölpumpenvakuum auf der Fritte getrocknet. Die Trennung

von Cyclooctaschwefel und Cyclooctaschwefeloxid erfolgt durch Umkristallisation aus Schwefelkohlenstoff. Das Rohprodukt wird dazu in 100 mL frisch über P$_4$O$_{10}$ destilliertem Schwefelkohlenstoff bei 0 °C gelöst und anschließend 18 h auf −78 °C (Trockeneis) gekühlt. Das auskristallisierte Cyclooctaschwefeloxid wird wie das Rohprodukt auf einer Glasfritte D 3 isoliert, mit 10 mL n-Hexan gewaschen und im Ölpumpenvakuum getrocknet.
Ausbeute: 270 mg (18%)

Literatur

[1] R. Steudel und M. Rebsch, J. Mol. Spectrosc. **51**, 334 (1974).
[2] D. W. Scott, J. P. Cullough und F. H. Kruse, J. Mol. Spectrosc. **13**, 313 (1964) und dort zitierte Literatur.
[3] R. Steudel und T. Sandow, Persönliche Mitteilung.
[4] R. Steudel und M. Rebsch, Z. Anorg. Allg. Chemie **413**, 252 (1975).
[5] R. Steudel und J. Latte, Angew. Chem. **86**, 648 (1974).

Phenylschwefeltrifluorid, C$_6$H$_5$SF$_3$

Daten

IR [1] $\bar{\nu} = 807$ cm^{-1}, sehr starke Bande, wird der S—F-Valenzschwingung zugeordnet.
kapillar (flüssig)

M   166,17 g · mol^{-1}
Schmp.   −10 °C
Sdp.   48 °C/3,5 mbar (2,6 Torr)

Arbeitsvorschrift [2]

$$(C_6H_5S)_2 + 6\,AgF_2 \rightarrow 2\,C_6H_5SF_3 + 6\,AgF$$

Ein 1-L-Vierhalskolben wird mit Rückflußkühler, KPG-Rührer, Thermometer und einem Dosiertrichter für Feststoffe versehen. Die Apparatur wird durch ein Trockenrohr gegen Feuchtigkeit geschützt, gut getrocknet und mit trockenem Stickstoff gespült. Der Kolben wird mit 453 g (3,1 mol) AgF$_2$ und 500 mL 1.1.2-Trichlor-1.2.2-trifluorethan gefüllt, während 100 g (0,458 mol) (C$_6$H$_5$S)$_2$ in den Dosiertrichter gegeben werden. Unter Rühren wird das Diphenyldisulfid in kleinen Portionen zu der Suspension gegeben. (Es muß beachtet werden, daß die Reaktion erst nach einer kurzen Induktionsperiode anspringt. Eine zu schnelle

Zugabe von Disulfid ist deshalb zu vermeiden.) Es tritt eine exotherme Reaktion ein und nach mehreren Zugaben erreicht die Mischung eine Temperatur von 40 °C. Durch wechselweise Benutzung eines Kühlbades und Zugabe des Disulfids kann die Temperatur zwischen 35 und 40 °C gehalten werden. Die Zugabe erfordert etwa 45–60 min. Nach vollständiger Zugabe hat sich die Suspension des schwarzen Silberdifluorids zum gelben Silberfluorid verändert und die exotherme Reaktion klingt ab. Die Reaktionsmischung wird weitere 15–30 min ohne äußere Kühlung gerührt und dann schnell zum Rückfluß erwärmt.

Die Reaktionsmischung wird heiß und unter einer Stickstoffdusche durch ein Faltenfilter in einen 1-L-Rundkolben filtriert. Der Rückstand von festem Silberfluorid wird portionsweise mit insgesamt 500 mL siedendem 1.1.2-Trichlor-1.2.2-trifluorethan ausgewaschen. Die Filtrate werden vereinigt und über eine kurze Vigreuxkolonne destilliert, wobei die Temperatur des Ölbades 70 °C nicht überschreiten sollte. Der Rückstand von Phenylschwefeltrifluorid wird in einen 250-mL-Rundkolben überführt und über eine Kolonne fraktioniert, Sdp. 47–48 °C/3,5 mbar (2,6 Torr). Ein kleiner Vorlauf wird verworfen. Ausbeute 84–92 g (55—60%) einer farblosen Flüssigkeit. Da Phenylschwefeltrifluorid Pyrex-Glas langsam angreift, sollte es sofort verwendet werden. Es kann jedoch mehrere Tage in Glas oder Polyethylen bei −80 °C oder unbegrenzt in Teflon- oder Aluminiumgefäßen bei Raumtemperatur aufbewahrt werden.

Literatur

[1] W. A. Sheppard, J. Am. Chem. Soc. **84**, 3058 (1962).
[2] W. A. Sheppard, Org. Synth., Collective Vol. 5 (Ed. H. E. Baumgarten), S. 959, Wiley and Sons, Inc., New York 1973.

# Amidosulfonsäure, H₂NSO₃H

Daten

IR/Ra

IR [1] $\bar{v}$ in cm⁻¹	Zuordnung	IR [3] $\bar{v}$ in cm⁻¹	Ra [4] $\bar{v}$ in cm⁻¹	Zuordnung
3200	v_6 (E) $v_{as}NH_3$		3430 (3d)	
			3383 (3d)	
3140	v_1 (A) v_sNH_3	3150 sst		
		2562 m		
		2462 m		
		2038 schw		
		1795 schw		
1542	v_7 (E) $\delta_{as}NH_3$	1545 + 1577 st		
1446	v_2 (A) δ_sNH_3	1449 sst		
1312	v_8 (E) $v_{as}SO_3$	1319 sst, b		
1262	v_3 (A) v_sSO_3		1206 (1d)	$v_{as}SO_2$
1064	v_4 (A) δ_sSO_3	1070 sst	1063 (10)	v_sSO_2
1000	v_9 (E) ϱNH_3	1004 st	809 (1d)	
			703 (2sd)	
682	v_5 (A) vSN	686 sst	545 (6b)	vSN
			w = 382 (4d)	
526	v_{10} (E) $\delta_{as}SO_3$	526 + 540 st		
352	v_{11} (E) ϱSO_3			
KBr-Preßling		KBr-Preßling	gesättigte wäßrige Lösung	

[1] Obertöne und Kombinationsschwingungen sind nicht aufgenommen.

In einer anderen Arbeit [2] wurde abweichend die Bande bei 1066 cm⁻¹ der symmetrischen SO₃-Valenzschwingung zugeordnet.

M   97,09 g·mol⁻¹
Schmp. 207 °C (unter Zersetzung)

Arbeitsvorschrift [5, 6, 7]

$$(H_2N)_2CO + H_2S_2O_7 \rightarrow 2 H_2NSO_3H + CO_2$$

30 g (0,50 mol) (H₂N)₂CO werden unter Rühren und äußerer Kühlung mit Wasser in einem 250-mL-Becherglas in 50 mL 100%ige H₂SO₄ eingetragen. Nach

dem Abkühlen gibt man zu der klaren Lösung unter weiterem Rühren und Kühlen nach und nach 90 mL rauchende Schwefelsäure (65% freies SO_3). Dabei darf die Temperatur 45°C nicht übersteigen, da sonst eine unkontrollierbare Kohlendioxidentwicklung eintritt. Von dem mäßig warmen Gemisch gibt man einen kleinen Anteil in ein 400-mL-Becherglas und erwärmt unter Rühren auf dem Wasserbad. Sobald die Temperatur 80°C übersteigt, setzt heftige Gasentwicklung ein, wobei vom Kohlendioxid etwas Schwefeltrioxid mitgeführt wird, und die Amidosulfonsäure scheidet sich ab. Nachdem die Gasentwicklung nachgelassen hat, wird ein weiterer Teil der Reaktionsmischung hinzugefügt und in gleicher Weise umgesetzt. Man fährt so fort, bis schließlich das gesamte Gemisch zur Reaktion gebracht ist. Nach dem Abkühlen läßt man noch einige Zeit stehen, saugt dann den dicken Brei auf einer Glasfritte ab, wäscht mit konzentrierter Schwefelsäure und saugt 30 min Luft hindurch. Das Rohprodukt (Ausbeute 90%) wird in heißem Wasser gelöst und durch rasches Kühlen auf 0°C wieder auskristallisiert. Man saugt ab, wäscht mit Eiswasser, Alkohol und Ether und trocknet im Vakuumexsikkator. Ausbeute etwa 50%.

Literatur

[1] A. M. Vuagnat und E. L. Wagner, J. Chem. Phys. **26**, 77 (1957), aufgeführt in „Gmelin Handbuch der Anorganischen Chemie", 8. Auflage, Schwefel-Stickstoffverbindungen, Bd. 32, E. Fluck und W. Haubold, Springer-Verlag, Berlin–Heidelberg–New York 1977.
[2] I. Nakagawa, S. Mizushima, A. J. Saraceno, T. J. Lane und J. V. Quagliano, Spectrochim. Acta **12**, 239 (1958).
[3] H. Siebert, Anwendungen der Schwingungsspektroskopie in der Anorganischen Chemie, S. 130, Springer-Verlag, Berlin–Heidelberg–New York 1966.
[4] H. J. Hofmann und K. Andress, Z. Anorg. Allg. Chem. **284**, 234 (1956).
[5] G. Brauer, Handbuch der Präparativen Anorganischen Chemie, 3. Auflage, Bd. I, S. 487, F. Enke-Verlag, Stuttgart 1975.
[6] P. Baumgarten, Ber. **69**, 1929 (1936).
[7] F. Raschig, Liebigs Ann. Chem. **241**, 177 (1887).

Natriumdithionat, Na$_2$S$_2$O$_6$ · 2H$_2$O

Daten

IR/Ra
[1, 2]

Frequenzen des S$_2$O$_6^{2-}$-Ions, ermittelt aus IR- und Ramanspektren

$\bar{v}$ in cm^{-1}	Zuordnung		$\bar{v}$ in cm^{-1}	Zuordnung		Punktgruppe D$_{3d}$
1092	v_1 (A$_{1g}$)	v_s(SO)	518	v_8 (E$_u$)	δ_e(SO$_2$)	
710	v_2 (A$_{1g}$)	δ_s	[204]	v_9 (E$_u$)	δ_e(OSS)	
281	v_3 (A$_{1g}$)	v(SS)	1206	v_{10} (E$_g$)	v_e(SO)	
996	v_5 (A$_{2u}$)	v_s(SO)	552	v_{11} (E$_g$)	δ_e(SO$_2$)	
570	v_6 (A$_{2u}$)	δ_s	320	v_{12} (E$_g$)	δ_e(OSS)	
1240	v_7 (E$_u$)	v_e				

Ra

Na$_2$S$_2$O$_6$ $\bar{v}$ in cm^{-1}	Na$_2$S$_2$O$_6$ · 2H$_2$O $\bar{v}$ in cm^{-1}	Zuordnung
1206 (1, dp)	1216 (4, dp)	v_{10}, E$_g$
1092 (10, p)	1102 (7, p)	v_1, A$_{1g}$
710 (6, p)	710 (6, p)	v_2, A$_{1g}$
550 (1, ?)	556 (0, dp?)	v_{11}, E$_g$
320 (4, ?)	–	v_{12}, E$_g$
281 (8, p)	293 (4, p)	v_3, A$_{1g}$
wäßrige Lösung	Kristallpulver	

IR

Na$_2$S$_2$O$_6$ · 2H$_2$O $\bar{v}$ in cm^{-1}	Na$_2$S$_2$O$_6$ $\bar{v}$ in cm^{-1}	K$_2$S$_2$O$_6$ $\bar{v}$ in cm^{-1}	Zuordnung
2320 schw	2326 schw	2326 m	$v_1 + v_7$ (2337)
2198 m	2203 st	2208 st	$v_{10} + v_5$ (2216)
2083 st	2088 m	2083 m	$v_1 + v_5$ (2102)
1240 (10), sschf	1235 (10), sschf	{1240 (10), sschf / 1212 (4), sschf}	v_7
1000 (9), sschf	1000 (9), sschf	996 (7), sschf	v_5
		{760–770, sch	$v_{11} + v_9$
760 st	760–700 sch	707 st [1], 710 m [2]	$v_5 + v_3$ (707)
		711 schw [3]}	
Nicht untersucht	Nicht untersucht	{584 (10), sschf [1] / 570 (10), sschf}	v_6, A$_{2u}$
		{514 (5), schf [1] / 518 (8), sschf}	v_8, E$_u$

Intensitätsmaximum der Grundschwingungen: 10
sschf = sehr scharf

178 Präparate

In Nujol, wenn nicht anders vermerkt
[1] Aufnahme als KBr-Preßling, Spektrum im KBr-Bereich
[2] Aufnahme in Hexachlorbutadien-Suspension, Spektrum im KBr-Bereich
[3] Aufnahme in Nujol-Suspension, Spektrum im NaCl-Bereich

M 242,13 g · mol^{-1}

Bemerkungen Farblose wasserklare Kristalle; sehr luftbeständig. Beim Erhitzen wird zwischen 60 °C und 100 °C das Kristallwasser abgegeben; oberhalb 200 °C findet quantitative Zersetzung in Na_2SO_4 und SO_2 statt.

Arbeitsvorschrift* [3, 4]

$$MnO_2 + 2SO_2 \rightarrow MnS_2O_6$$

$$MnS_2O_6 + Na_2CO_3 \xrightarrow{[H_2O]} Na_2S_2O_6 \cdot 2H_2O + MnCO_3$$

In einem 1-L-Rundkolben, durch dessen Hals ein Rührer, ein Thermometer und ein bis auf den Boden reichendes Gaseinleitungsrohr eingeführt sind, sättigt man unter Eiskühlung 500 mL Wasser mit sorgfältig gereinigtem Schwefeldioxid. Dann werden unter starkem Rühren und weiterem Einleiten von Schwefeldioxid innerhalb von 2½–3 h 80 g feingepulvertes, möglichst hochprozentiges MnO_2 in Portionen von 1–2 g eingetragen, wobei die Temperatur der Reaktionsmischung nicht über 10 °C ansteigen soll. Nachdem alles zugegeben ist, rührt man noch etwas länger, bis die Farbe des Systems sich nicht mehr ändert. Überschüssiges Schwefeldioxid wird im Vakuum unter gelindem Erwärmen bis auf 40 °C abgesaugt. Anschließend filtriert man den gallertartigen Rückstand ab und wäscht mit warmem Wasser nach.

Das mit dem Waschwasser vereinigte Filtrat wird unter Rühren bei 35–40 °C zunächst mit festem Bariumcarbonat versetzt, bis keine Kohlendioxidentwicklung mehr stattfindet, dann 10 min weitergerührt und anschließend mit festem Bariumhydroxid gegen Lackmus neutralisiert. Zur Prüfung, ob SO_4^{2-} und SO_3^{2-} vollständig als Ba-Salze abgeschieden sind, versetzt man eine filtrierte Probe der Flüssigkeit mit verdünnter Salzsäure und Bariumchloridlösung. Entsteht noch ein Niederschlag, so wird weiter Bariumhydroxid in heiß gesättigter Lösung zugefügt und der Test von Zeit zu Zeit wiederholt. Bei negativem Ausfall saugt man ab und wäscht mit 50 mL Wasser nach.

In das 35 °C warme Filtrat werden nun unter starkem Rühren etwa 65 g (0,61 mol) Na_2CO_3 langsam in Portionen zu 1–2 g eingetragen, während die Temperatur auf 45 °C erhöht wird. Sobald die dabei laufend durchgeführte Prüfung mit Lackmuspapier eine bleibende, deutlich alkalische Reaktion der Lö-

* Mit freundlicher Genehmigung von Inorganic Synthesis Inc.
  Aus: Inorganic Synthesis **2**, 170 (1946)

sung anzeigt, unterbricht man die Zugabe von Natriumcarbonat, saugt warm ab und wäscht mit 150 mL schwach Na$_2$CO$_3$-haltigem Wasser von 50 °C aus. Das Filtrat wird erneut mit Lackmus geprüft und ggf. mit weiterem Natriumcarbonat versetzt und filtriert. Die Lösung engt man auf dem Wasserbad stark ein, verwirft einen dabei eventuell zu Beginn ausfallenden Niederschlag und läßt zum Schluß einige Zeit bei 10 °C stehen. Das abgeschiedene Na$_2$S$_2$O$_6$ · 2 H$_2$O wird scharf abgesaugt (nicht nachgewaschen) und durch Abpressen auf Ton getrocknet. Zu weites Einengen verursacht eine Verunreinigung mit Natriumcarbonat. Ausbeute 88 %, bezogen auf eingesetztes MnO$_2$.

Literatur

[1] H. Siebert, Anwendungen der Schwingungsspektroskopie in der Anorganischen Chemie, S. 85, Springer-Verlag, Berlin–Heidelberg–New York 1966.
[2] W. G. Palmer, J. Chem. Soc. **1961**, 1553.
[3] G. Brauer, Handbuch der Präparativen Anorganischen Chemie, 3. Auflage, Bd. I, S. 395, F. Enke-Verlag, Stuttgart 1975.
[4] R. Pfanstiel, Inorg. Synth. **2**, 170 (1946).

Xenondifluorid, XeF$_2$

Daten

NMR [1]
δ^{19}F: 630 ppm (bezogen auf F$_2$)
$J_{^{19}F\_^{129}Xe}$: 5690 Hz
Standard: F$_2$ (extern)
Lösungsmittel: HF (1 molare Lösung)

IR/Ra [1]

IR $\bar{v}$ in cm^{-1}	Ra $\bar{v}$ in cm^{-1}	Zuordnung
1070 schw		$v_1 + v_3$
560 sst		v_3
	496	v_1
213 sst		v_2
	108	Gitterschwingung

IR: gasförmig
Ra: fest

Röntgenstruktur [1]
    Tetragonal raumzentriert
    Raumgruppe: I 4/mmm
    Z = 2
    a = b = 431,5 pm
    c = 699,0 pm

M   169,30 g · mol^{-1}
Schmp. 129 °C
Dampfdruck: 6,05 mbar (4,55 Torr) bei 25 °C
ϱ^{20} 4,32 g · cm^{-3}

Bemerkungen Transparente farblose Kristalle, löslich in BrF_5, BrF_3 (Komplexbildung), IF_5, CH_3CN, HF.

Arbeitsvorschrift [2, 3]

$$Xe + F_2 \rightarrow XeF_2$$

Ein Pyrex-Kolben von ca. 2 L Volumen (vorteilhaft mit Zerschlagventilen analog Skizze oder mit Kel-F gedichteten Hähnen oder mit Teflonventilen) wird sorgfältig 2–3 d lang hoch evakuiert und dabei gelegentlich mit der leuchtenden Gasflamme erhitzt, um letzte Wasserspuren von der inneren Oberfläche zu entfernen. Anschließend wird trockenes Xenon bis zu einem Druck von ca. 400–465 mbar (300–350 Torr) eingefüllt und der Kolben von der Xenonzuleitung abgetrennt. Anschließend wird HF-freies Fluor bis gegen Atmosphärendruck zudosiert und der Kolben bei Raumtemperatur möglichst hellem Tageslicht oder direkter Sonnenbestrahlung ausgesetzt.

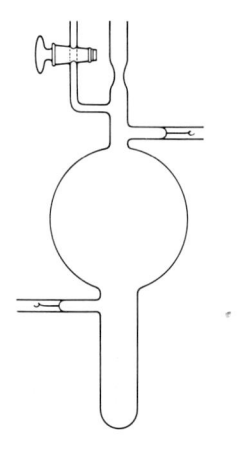

In Abhängigkeit von der Strahlungsintensität bilden sich an den Kolbenwänden farblose, glitzernde Kristalle von XeF$_2$ im Verlauf weniger Tage bis mehrerer Wochen.

Das Produkt kann im Vakuum in auf $-78\,°C$ (195 K) gekühlte Fallen umkondensiert werden.

Literatur

[1] Zusammenfassende Darstellung: N. Bartlett und F.O. Sladky in: Comprehensive Inorganic Chemistry, Vol. I, S. 213ff, Edit. A.F. Trotman-Dickenson, Pergamon Press, Oxford, New York, Toronto, Sydney, Braunschweig 1973.
[2] L.V. Streng und A.G. Streng, Inorg. Chem. **4**, 1370 (1965).
[3] J.H. Holloway, J. Chem. Educ. **43**, 202 (1966).

Iod(V)-fluorid, IF$_5$

Daten

NMR [1]	$\delta^{19}F$: -138 ppm (bezogen auf CF$_3$COOH)
	$J_{F-F} = 84$ Hz
	Standard: SF$_6$ (intern)
	Vermessen in Quarzröhrchen

IR/Ra [2]	IR $\bar{v}$ in cm^{-1}	Ra $\bar{v}$ in cm^{-1}	Zuordnung	Punktgruppe: quadratisch-pyramidal
	710	698 (6) p	v_1 (A$_1$)	
	[595]	593 (10) p	v_2 (A$_1$)	
	318	315 (1) p	v_3 (A$_1$)	
	–	575 (8)	v_4 (B$_1$)	
	–	257*	v_5 (B$_1$)	
	–	273 (2)	v_6 (B$_2$)	
	640	–	v_7 (E)	
	372	374 (2)	v_8 (E)	
	–	189 (0+)	v_9 (E)	

[ ] Aus Kombinationsbanden abgeschätzt
* Nicht beobachtet, berechnet
IR: Gasförmig in 6 cm-Zelle mit AgCl-Fenstern
Ra: Flüssig in Quarzröhrchen, 6 mm ⌀

Außer den oben angeführten Absorptionen wurden mit Zellen größerer Schichtdicke Kombinationsschwingungen bei höheren Wellenzahlen gefunden.

$\bar{v}$ in cm^{-1} [3]
685 st, sch
590 sst, br
364 m
350 sch
305 m
kapillar, AgCl- bzw. Polyethylenfenster für die entsprechenden Bereiche

M 221,90 g · mol^{-1}
Schmp. 9,6 °C
Sdp. 98 °C

Bemerkungen Farblose Flüssigkeit, raucht an der Luft, reagiert äußerst heftig mit Wasser.

Arbeitsvorschrift [4, 5, 6]

$$I_2 + 5F_2 \rightarrow 2IF_5$$

Als Reaktionsgefäß dient eine eiserne Trommel mit Kühlmantel. Daran schließt sich ein absteigender eiserner Kühler an, dem zwei Gasfallen aus Quarz folgen.

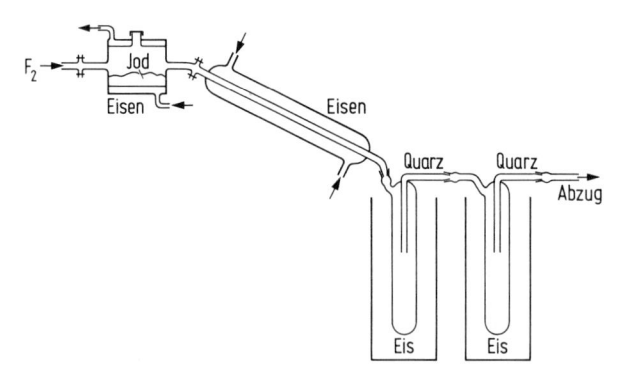

Man füllt Iod in das Reaktionsgefäß ein und leitet Fluor, das möglichst frei von Fluorwasserstoff sein sollte, hindurch. Die Kühlung führt die Reaktionswärme ab und sorgt dafür, daß das im Reaktionsgefäß verbleibende Iodpentafluorid nicht in Iodheptafluorid übergeht. Sobald am Ende der Apparatur Fluor austritt, ist die Reaktion beendet. Man stellt am Reaktionsgefäß die Kühlung ab, heizt es von außen mit der Gasflamme, so daß es als Wasserbad wirkt und destilliert im Fluorstrom das Iodpentafluorid über. Ausbeute 90%, bezogen auf Iod. Aufbewahrt wird Iodpentafluorid in Eisengefäßen.

Literatur

[1] E. L. Muetterties und W. D. Phillips, J. Am. Chem. Soc. **79**, 322 (1957).
[2] G. M. Begun, W. H. Fletcher und D. F. Smith, J. Chem. Phys. **42**, 2236 (1965).
[3] R. J. Gillespie und H. J. Clase, J. Chem. Phys. **47**, 1071 (1967).
[4] G. Brauer, Handbuch der Präparativen Anorganischen Chemie, 3. Auflage, Bd. I, S. 174, F. Enke-Verlag, Stuttgart 1975.
[5] F. Moissan, Bull. Soc. Chim. Fr. [3] **29**, 6 (1930).
[6] W. Kwasnik, unveröffentlicht.

Stickstoff(III)-oxidchlorid (Nitrosylchlorid), NOCl

Daten

IR [1, 2]	$\bar{\nu}$ in cm^{-1}	Zuordnung	Punktgruppe C_3
	1800	ν_1 (A') (NO)	
	596	ν_2 (A') (NCl)	
	332	ν_3 (A')	

Gasaufnahme in 10 cm - Küvette mit NaCl- oder KCl-Fenstern, KBr-Fenster werden angegriffen.

M 65,46 g · mol^{-1}
Schmp. −64,5 °C
Sdp. −5,5 °C

Bemerkungen   Gelbrotes Gas oder gelbrote Flüssigkeit

Arbeitsvorschrift [3, 4]

I. $SO_2 + HNO_3 \rightarrow NOHSO_4$

II. $NOHSO_4 + NaCl \rightarrow NOCl + NaHSO_4$

I. [3] Man leitet Schwefeldioxid durch einen mit Schwefelsäure beschickten Blasenzähler in mäßigem Strom in ein Gemisch von 100 g rauchender Salpetersäure und 25 g Eisessig. Durch intensive Kühlung des Reaktionsgefäßes und dauernde Kontrolle der Temperatur seines Inhalts (maximal 5 °C!) wird bei entsprechender Gaseinleitungsgeschwindigkeit für günstige Reaktionsbedingungen gesorgt. Nach etwa 6 h hat sich im Reaktionsgefäß ein dicker Brei von Stickstoff(III)-oxidhydrogensulfat (Nitrosylhydrogensulfat) abgeschieden, neben dem noch wenig unverbrauchte Salpetersäure vorliegt. Man unterbricht die Gaseinleitung, filtriert den Kristallbrei sofort über eine gekühlte Glasfritte ab und wäscht das Präparat zunächst mit kaltem Eisessig, dann mit kaltem Tetrachlorkohlenstoff. Das Produkt wird im Exsikkator über Phosphorpentoxid getrocknet und ist in verschlossenem Gefäß lange unzersetzt haltbar.

II. [4] Die Darstellung erfolgt in etwas modifizierter Form der unter [4] aufgeführten Vorschrift.

38,1 g (0,3 mol) NOHSO$_4$ und 17,6 g (0,3 mol) NaCl (scharf getrocknet) werden in einem 250-mL-Zweihalskolben mit Gasableitungsrohr gemischt. Man erwärmt den Kolben auf dem Wasserbad und leitet die Gase in eine mit flüssiger Luft gekühlte Falle. Dahinter werden zwei Kühlfallen geschaltet. Die letzte wird mit flüssiger Luft gekühlt und soll die Luftfeuchtigkeit fernhalten. Das kondensierte Nitrosylchlorid wird durch Überdestillation in die zweite Falle noch gereinigt.

Literatur

[1] H. Siebert, Anwendungen der Schwingungsspektroskopie in der Anorganischen Chemie, S. 51, Springer-Verlag, Berlin–Heidelberg–New York 1966.
[2] L. Landau und W.H. Fletcher, J. Mol. Spectrosc. **4**, 276 (1960).
[3] F. Umland und K. Adam, Übungsbeispiele aus der Anorganischen Experimentalchemie, S. 188, S. Hirzel-Verlag, Stuttgart 1968.
[4] G. Brauer, Handbuch der Präparativen Anorganischen Chemie, 2. Auflage, Bd. I, S. 458, F. Enke-Verlag, Stuttgart 1960.

Stickstoff(V)-oxidchlorid (Nitrylchlorid), ClNO$_2$

Daten

IR [1, 2, 3]	$\bar{v}$ in cm^{-1}	Zuordnung	Punktgruppe C$_{2v}$
	1685	v_4 (B$_2$) v_{as}(NO)	
	1293	v_2 (A$_1$) v_s(NO)	
	794	v_1 (A$_1$) v(NCl)	
	651	v_6 (B$_1$) π(ClNO$_2$)	
	411	v_3 (A$_1$) δ_s(ClNO)	
	367	v_5 (B$_2$) δ_{as}(ClNO)	
	gasförmig		

M 81,46 g · mol^{-1}
Schmp. −116 °C
Sdp. −14,3 °C

Bemerkungen   Farbloses Gas, schwach gelbe Flüssigkeit bzw. farblose Kristalle. Giftig und korrosiv. Gasförmig Zersetzung oberhalb 100°C in NO_2 und Cl_2; flüssig Zersetzung schon bei Raumtemperatur in N_2O_4, N_2O_5, ClNO und Cl_2; Aufbewahrung am besten bei der Temperatur des flüssigen Stickstoffs. Löslich in Benzol, CCl_4, CH_2Cl_2, CH_3CN, CH_3NO_2.

Arbeitsvorschrift [4, 5]

$$HSO_3Cl + HNO_3 \rightarrow ClNO_2 + H_2SO_4$$

In einem Dreihalskolben mit Magnetrührer, Thermometer, Tropftrichter mit Druckausgleich und Gasableitungsrohr legt man 94,5 g (1,5 mol) wasserfreie HNO_3 (100%ig, zweimal über H_2SO_4 destilliert) vor und kühlt auf 0°C (Innentemperatur). An das Gasableitungsrohr schließt man eine Intensivwaschflasche mit konzentrierter Schwefelsäure und ein Kondensationsgefäß an, das auf −78°C gekühlt wird und gegen die Atmosphäre durch eine Waschflasche mit Schwefelsäure verschlossen ist. Unter heftigem Rühren tropft man nun innerhalb von 3–4 h 174,6 g (1,5 mol) HSO_3Cl in die Salpetersäure, wobei sich farbloses $ClNO_2$ entwickelt und in der Vorlage kondensiert. Wenn braune Dämpfe entstehen, muß die Reaktion verlangsamt werden. Man beendet den Versuch, wenn alles HSO_3Cl zugetropft ist (Ausbeute 80–90%).

Das schwach gelbe Kondensat (Reinheit 98%), das noch Cl_2, ClNO und eventuell HCl, N_2O_4 und HNO_3 enthält, wird zur Reinigung zunächst mit trockenem, ozonisiertem Sauerstoff gespült, um ClNO zu $ClNO_2$ und N_2O_4 zu N_2O_5 zu oxidieren. Letzteres reagiert dann mit eventuell vorhandenem HCl zu $ClNO_2$ und HNO_3. Anschließend wird die Flüssigkeit einer Tieftemperaturdestillation im Hochvakuum unterworfen. Dabei wird das $ClNO_2$ auf −75°C temperiert und die Vorlage mit flüssigem Stickstoff gekühlt. Ein Vorlauf und ein Rest werden verworfen; ggf. wird die Destillation wiederholt. Um völlig reines $ClNO_2$ zu erhalten, ist nach Collins et. al. eine fraktionierte Destillation mit Tieftemperaturkolonne erforderlich.

Literatur

[1] K. Nakamoto, Infrared Spectra of Inorganic and Coordination Compounds, 2. Auflage, S. 100, Wiley-Interscience, New York–London–Sydney–Toronto 1970.
[2] R. Ryason und M.K. Wilson, J. Chem. Phys. **22**, 2000 (1954).
[3] T.A. Hariharan, Proc. Indian Acad. Sci. **48A**, 49 (1958).
[4] G. Brauer, Handbuch der Präparativen Anorganischen Chemie, 3. Auflage, Bd. I, S. 476, F. Enke-Verlag, Stuttgart 1975.
[5] M.J. Collins, F.P. Gintz, D.R. Goddard, E.A. Hebdon und G.J. Minhoff, J. Chem. Soc. **1958**, 438.

Trifluoriodmethan, CF$_3$I

Daten

NMR δ^{19}F: 5 ppm
[1] Standard: CFCl$_3$ intern

IR [1]

$\bar{\nu}$ in cm^{-1}	$\bar{\nu}$ in cm^{-1}
1910 schw	1030 sst
1814 schw	924 schw
1714 schw	811 m
1611 schw	777 m
1441 schw	747 sst
1334 schw	737 sst
1274 sst	559 m
1187 sst	537 m
1080 sst	
gasförmig	

M 195,92 g · mol^{-1}
Sdp. −22,5 °C

Bemerkungen Farbloses, lichtempfindliches Gas

Arbeitsvorschrift

I. CF$_3$COONa + I$_2$ → CF$_3$I + CO$_2$ + AgI [2, 3, 4]

II. CF$_3$COOAg + I$_2$ → CF$_3$I + AgI + CO$_2$ [5]

I. Ein Gemisch aus 27,2 g (0,2 mol) trockenem CF$_3$COONa und 38 g (0,15 mol) I$_2$ werden in 800 mL wasserfreiem Dimethylformamid aufgeschlämmt und in einem 500-mL-Rundkolben, versehen mit Rückflußkühler, erhitzt. An den Wasserkühler werden zwei mit flüssigem Stickstoff gekühlte Fallen angeschlossen. Die Zuleitungsrohre der Fallen sollen einen möglichst großen Durchmesser aufweisen. Ioddämpfe steigen auf und ein schwach violett gefärbtes Gas passiert den Kühler und wird zusammen mit etwas Iod und Kohlendioxid in den beiden Fallen kondensiert. Trifluoriodmethan wird durch Tieftemperaturdestillation oder durch Waschen mit verdünnter Natronlauge gereinigt. Ausbeute: 22,4 g (76 %) bezogen auf I$_2$.

II. Man stellt zunächst Silbertrifluoracetat her, indem man Ag_2O in 50%ige Trifluoressigsäure einträgt und das Reaktionsgemisch im Vakuum bis zur Trockne eindampft.

100 g (0,453 mol) gepulvertes CF_3COOAg werden mit 110–300 g gepulvertem I_2 gemischt und in ein einseitig geschlossenes Rohr aus Pyrexglas gefüllt. Man bringt das Rohr in eine waagerechte Lage, schließt an das offene Ende eine mit Eiswasser gekühlte Gasfalle, an diese zwei weitere mit Trockeneis gekühlte Gasfallen und schließlich einen mit Wasser gefüllten Blasenzähler an. Nun wird das Substanzgemisch allmählich mit der Gasflamme auf über 100 °C erhitzt, wobei die Intensität des Erhitzens nach der Heftigkeit des Gasdurchgangs im Blasenzähler eingestellt wird. In der ersten Falle sammelt sich das Iod an, in den letzten das CF_3I. Man wäscht hernach das CF_3I mit verdünnter Natronlauge und reinigt es durch fraktionierte Destillation. Ausbeute 80–95%.

Aufbewahrt wird CF_3I in Glasampullen.

Literatur

[1] G. Brauer, Handbuch der Präparativen Anorganischen Chemie, 3. Auflage, Bd. I, S. 222, F. Enke-Verlag, Stuttgart 1975.
[2] D. Paskovic, P. Gaspar und G.S. Hammond, J. Org. Chem. **32**, 833 (1967).
[3] R.N. Haszeldine, J. Chem. Soc. **1951**, 584.
[4] P.R. McGee, F.F. Cleveland und S.J. Miller, J. Chem. Phys. **20**, 1044 (1952).
[5] A.L. Henne und W.G. Finnegan, J. Am. Chem. Soc. **72**, 3806 (1950).

Chlorfluorbenzole, C_6F_5Cl und $C_6F_4Cl_2$ (Isomerengemisch)

Daten

NMR (C_6F_5Cl)
[1] $\delta^{19}F$: 140,9 ppm (o)
161,6 ppm (m)
156,3 ppm (p)

$J_{2,3}$	$J_{2,4}$	$J_{2,5}$	$J_{3,4}$	$J_{2,6}$	$J_{3,5}$
20,8	1,0	6,3	19,5	5,4	2,0 Hz

Standard: CCl_3F (intern)
Lösungsmittel: CCl_3F (15%ige Lösung)

IR [2] (C$_6$F$_5$Cl)

$\bar{v}$ in cm^{-1}	$\bar{v}$ in cm^{-1}	$\bar{v}$ in cm^{-1}
1985 schw	1519 sst	986 sst
1961 schw	1509 m	938 st
1904 schw	1445 sst	912 m
1891 schw	1370 sst	885 sst
1872 schw	1347 sst	824 m
1821 m	1311 st	806 m
1743 sst	1274 st	790 schw
1719 schw	1244 st	765 sschw
1693 st	1219 m	750 sschw
1665 m	1196 st	739 sschw
1644 sst	1162 st	722 sschw
1615 m	1153 st	716 st
1597 m	1101 sst	700 sschw
1576 m	1075 m	
1530 m	1013 sst	

kapillar und als Schicht von 0,2 mm

MS [3] Das Massenspektrum zeigt neben dem Molekülion bei m/e = 202 einen (M$^+$ + 2)-Wert bei 204, der aus der Isotopenzusammensetzung des Chlors stammt. Weiterhin wird bei m/e = 167 ein intensives Signal gefunden, das dem Fragment (C$_6$F$_5$)$^+$ zukommt. Ein weiteres intensiv auftretendes Bruchstück wird bei m/e = 117 gemessen und entspricht einem (C$_5$F$_3$)$^+$-Ion.

Durch einen metastabilen Peak ist folgender Abbauschritt belegt:

$$(C_6F_5)^+ \xrightarrow{82^*} (C_5F_3)^+ + CF_2$$

m/e = 167   m/e = 117

Nachdem das Chlor entfernt ist, läuft der weitere Abbau des (C$_6$F$_5$)$^+$-Ions unter Eliminierung von CF$_2$, F, CF oder CF$_3$ ab. Es werden also noch folgende Fragmente größerer Intensität gefunden:

m/e = 133 (M$^+$ − CF$_3$),   m/e = 117 (C$_6$F$_5^+$ − CF$_2$),
m/e = 98 (C$_5$F$_3^+$ − F),   m/e = 79 (C$_5$F$^+$).

Ionisierungsenergie: 70 eV

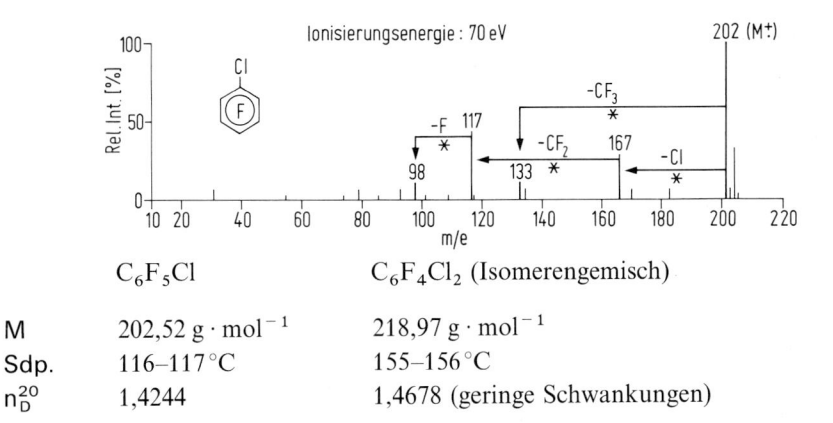

	C_6F_5Cl	$C_6F_4Cl_2$ (Isomerengemisch)
M	202,52 g·mol^{-1}	218,97 g·mol^{-1}
Sdp.	116–117 °C	155–156 °C
n_D^{20}	1,4244	1,4678 (geringe Schwankungen)

Arbeitsvorschrift [4]

$$C_6Cl_6 + KF \rightarrow C_6F_5Cl + C_6F_4Cl_2 + C_6F_3Cl_3 + KCl$$

Durch Azeotropdestillation mit 200 mL Benzol wird eine kräftig gerührte Suspension von 464 g (8,0 mol) pulvrigem KF (hygroskopisch) und 1000 g destilliertem Sulfolan (Tetramethylensulfon) in einem 2-L-Dreihalskolben getrocknet. Der Kolben ist mit einem Thermometerstutzen zur Messung der Innentemperatur und einer ca. 30 cm langen Kolonne mit aufgesetztem Destillationskopf versehen.

Das Benzol-Wasser-Azeotrop wird zuerst unter Normaldruck und zum Ende unter vermindertem Druck abdestilliert. Dabei sollte die Innentemperatur 120 °C nicht übersteigen [Sulfolan: Sdp. = 154 °C/24 mbar (18 Torr)]. Man läßt die Suspension unter Rühren abkühlen, bevor man 228 g (0,80 mol) C_6Cl_6 schnell zusetzt. Daraufhin wird 48 h bei 220–230 °C Innentemperatur gerührt. Die Apparatur wird gut mit Isolierwolle gegen Wärmeverluste geschützt, und es wird kontinuierlich am Kopf der Kolonne eine farblose Flüssigkeit (120–130 °C) abgenommen. Nach 48 h wird unter Rühren auf Raumtemperatur abgekühlt, die Vorlage ausgewechselt und dann im Wasserstrahlvakuum unter Nachschalten einer gekühlten Falle (Methanol/CO$_2$) wieder aufgeheizt und bis zum Siedepunkt des Sulfolans destilliert. Die erhaltenen Destillate werden vereinigt, mit Natriumhydrogencarbonatlösung und Wasser gewaschen und mit Natriumsulfat getrocknet. Unter Normaldruck wird über eine Kolonne fraktioniert, um C_6F_5Cl und $C_6F_4Cl_2$ zu erhalten.

Literatur

[1] I.J. Lawrenson, J. Chem. Soc. **1965**, 1117.
[2] D.A. Long und D. Steele, Spectrochim. Acta **19**, 1955 (1963).
[3] L.D. Smithson, A.K. Bhattacharya und C. Tamborski, Organic Mass Spectrometry **4**, 1 (1970).
[4] G. Fuller, J. Chem. Soc. **1965**, 6264.

Arsen(III)-fluorid, AsF$_3$

Daten

NMR [1] δ^{19}F: 40,0 ppm
Standard: CF$_3$COOH (extern)

IR/Ra

IR [2] $\bar{v}$ in cm^{-1}	IR [2] $\bar{v}$ in cm^{-1}	Ra [3] $\bar{v}$ in cm^{-1}	Zuordnung	Punktgruppe C$_{3v}$
	1399		2v_3	
	1439		$v_1 + v_3$	
698	738	707	v_1	
660	701	644	v_3	
		341	v_2	
		274	v_4	
fest	gasförmig	flüssig		

M   131,92 g · mol^{-1}
Schmp.   −8,5 °C
Sdp.   63 °C

Bemerkungen   Farblose Flüssigkeit. Sehr giftig. Greift feuchtes Glas an, bei trockenem Glas ist die Reaktion sehr langsam. Auf der Haut ruft AsF$_3$ Verätzungen hervor wie HF.

Arbeitsvorschrift* [4, 5]

$$As_2O_3 + 3\,CaF_2 + 3\,H_2SO_4 \rightarrow 2\,AsF_3 + 3\,CaSO_4 + 3\,H_2O$$

Ein Destillationskolben von 250 mL wird mit einer Destillationsbrücke versehen, an die als Vorlage eine mit Eis gekühlte Falle angeschlossen ist. Die Apparatur muß gut getrocknet werden und gegen Feuchtigkeit geschützt sein.

In den Reaktionskolben wird eine getrocknete Mischung von 23,4 g (0,30 mol) CaF$_2$ und 19,8 g (0,10 mol) As$_2$O$_3$ eingefüllt und 98 g (0,95 mol) konz. H$_2$SO$_4$ hinzugefügt. Das Gemisch wird langsam im Wasserbad erwärmt, so daß das Produkt kontinuierlich abdestilliert. Das bei 63 °C übergehende Destillat enthält die Substanz. Ausbeute 11,2 g (85 %). Das so erhaltene Arsen(III)-fluorid ist genügend rein zur Darstellung von PF$_3$, kann jedoch – falls es erforderlich ist – zur weiteren Reaktion in einer gut getrockneten Glasapparatur über eine Füllkörperkolonne mit Glaswendeln bei Atmosphärendruck fraktioniert werden.

---

* Mit freundlicher Genehmigung von Inorganic Synthesis Inc.
   Aus: Inorganic Synthesis **4**, 150 (1953)

Literatur

[1] J. R. van Wazer, K. Moedritzer und D. W. Matula, J. Am. Chem. Soc. **86**, 807 (1964).
[2] E. E. Aignsley, R. E. Dodd und R. A. Little, Spectrochim. Acta **18**, 1005 (1962).
[3] D. M. Yost und J. E. Sherborne, J. Chem. Phys. **2**, 125 (1934).
[4] C. J. Hoffmann, Inorg. Synth. **4**, 150 (1953).
[5] O. Ruff, Die Chemie des Fluors, Springer-Verlag, Berlin 1920.

Arsen(III)-chlorid, AsCl$_3$

Daten

Ra [1, 2] $\bar{\nu}$ in cm^{-1}	Zuordnung	Punktgruppe C_{3v}
405	ν_1 (A$_1$)	
194	ν_2 (A$_1$)	
370	ν_3 (E)	
158	ν_4 (E)	

M 181,28 g · mol^{-1}
Schmp. −8,5 °C
Sdp. 130,2 °C

Bemerkungen   Löslich in HBr, HCl, Ether.

Arbeitsvorschrift [3]

$$2\,As + 3\,Cl_2 \rightarrow 2\,AsCl_3$$

Man bringt gepulvertes Arsen in einem Schiffchen in ein Reaktionsrohr aus Geräteglas und leitet trockenes Chlor darüber. Das Arsen entzündet sich meist von selbst und verbrennt im Chlorstrom; evtl. leitet man die Reaktion durch schwaches Anwärmen. An das Reaktionsrohr ist über einen längeren, absteigenden Luftkühler ein Destillierkolben angeschlossen, der zunächst als Vorlage dient. Nach beendeter Reaktion gibt man etwas Arsenpulver in den Kolben, um freies Chlor zu binden, und destilliert dann in einer Schliffapparatur. Zur Feinreinigung unterwirft man das Produkt einer fraktionierten Destillation über Arsenpulver.

Literatur

[1] H. Siebert, Anwendungen der Schwingungsspektroskopie in der Anorganischen Chemie, S. 57, Springer-Verlag, Berlin–Heidelberg–New York 1966.
[2] P. W. Davies und R. A. Oetjen, J. Mol. Spectrosc. **2**, 253 (1958).
[3] G. Brauer, Handbuch der Präparativen Anorganischen Chemie, 3. Auflage, Bd. I, S. 572, F. Enke-Verlag, Stuttgart 1975.

Antimon(III)-iodid, SbI$_3$

Daten

Röntgenstruktur

7-273

d	3.30	2.55	2.16	6.98	SbI$_3$
I/I$_1$	100	37	27	7	ANTIMONY (III) IODIDE

Rad. CuKα$_1$ λ 1.5405 Filter Ni Dia.
Cut off I/I$_1$ SPECTROMETER
Ref. NBS CIRCULAR 539, VOLUME 6 (1956)

Sys. HEXAGONAL (RHOMBOHEDRAL) S.G. C_{3i}^2 – $R\bar{3}$
a$_0$ 7.485   b$_0$ c$_0$ 20.93   A   C
α   β   γ   Z 6(HEX.) Dx 4.93
Ref. IBID.   2(RHOMB.)

ε a   n ω β   ε γ   Sign
2V   D   mp   Color RED-ORANGE
Ref.

SPECT. ANALYSIS OF THE SAMPLE SHOWS < 0.1 % Bi; < 0.01 % Al; < 0.001 % Ca, Mg. AsI$_3$ STRUCTURE TYPE. PATTERN MADE AT 25°C.

REPLACES 1-0673

d Å	I/I$_1$	hkl	d Å	I/I$_1$	hkl
6.98	7	003	1.581	2	1.1.12
6.19	4	101	1.458	3	229
5.51	11	012	1.3858	6	413
3.74	4	110	1.3573	8	2.0.14, 3.0.12
3.52	4	015			
3.489	13	006	1.3107	6	416
3.300	100	113	1.3076	6	0.0.16
2.552	37	116	1.2769	1	1.2.14, 2.2.12
2.428	3	018			
2.385	3	122	1.2476	3	330
2.325	3	009	1.2089	4	419
2.161	27	300	1.1751	3	425,336
2.114	2	125	1.0990	1	339
2.065	2	303	1.0805	2	600
2.034	1	208	1.0606	<1	342
1.976	17	119	1.0318	1	606
1.837	9	306	1.0266	2	523
1.807	14	223	1.0240	1	3.0.18
1.743	4	0.0.12	1.0148	1	3.3.12
1.648	7	226	0.9949	1	526

M   502,46 g · mol^{-1}
Schmp.   170 °C
Subl.   401 °C

Bemerkungen Rote blättchenförmige Kristalle (trigonal). Außer der trigonalen roten Form existieren noch zwei grünliche Modifikationen, und zwar eine rhombische und eine monokline.

Arbeitsvorschrift* [1, 2, 3]

$$2\,Sb + 3\,I_2 \rightarrow 2\,SbI_3$$

* Mit freundlicher Genehmigung von Inorganic Synthesis Inc.
  Aus: Inorganic Synthesis **1**, 104 (1939)

Eine Lösung von 14 g (0,055 mol) I$_2$ in 300 mL Toluol wird mit 7 g (0,057 mol) feingepulvertem Sb am Rückflußkühler bis zum Verschwinden der Iodfarbe erwärmt. Die grünlichgelbe Lösung wird vom unumgesetzten Antimon abfiltriert (am besten mit einer Tauchfritte unter CO$_2$-Druck); anschließend läßt man auskristallisieren, wobei sich Antimon(III)-iodid in roten Blättchen abscheidet. Es wird im Vakuumexsikkator bei 40 °C vom Toluol befreit und anschließend im Kohlendioxidstrom oder im Vakuum umsublimiert. Es geht dabei zwischen 180 °C und 200 °C über.
Ausbeute: 14,75 g (80 %)

Literatur

[1] G. Brauer, Handbuch der Präparativen Anorganischen Chemie, 3. Auflage, Bd. I, S. 591, F. Enke-Verlag, Stuttgart 1975.
[2] W. Biltz und A. Sapper, Z. Anorg. Allg. Chem. **203**, 282 (1932).
[3] J. C. Bailar und P. F. Cundy, Inorg. Synth. **1**, 104 (1939).

Tellur(IV)-iodid, TeI$_4$

Daten

M   635,22 g · mol^{-1}
Schmp. 280 °C (im geschlossenen Rohr)
Bemerkungen   Eisengraue, kristalline Substanz

Arbeitsvorschrift [1, 2, 3]

$$\text{Te(OH)}_6 + 6\,\text{HI} \rightarrow \text{TeI}_4 + \text{I}_2 + 6\,\text{H}_2\text{O}$$

Man vermischt bei Zimmertemperatur eine stark konzentrierte Tellursäurelösung mit etwas mehr als der äquivalenten Menge rauchender Iodwasserstoffsäure. Es fällt augenblicklich ein schwerer, grauer Niederschlag von TeI$_4$ aus, der auf einer Glasfritte abgenutscht und durch Abpressen auf Ton von anhaftender Iodwasserstoffsäure befreit wird. Durch Einengen der Mutterlauge bei normaler Temperatur kann eine beträchtliche zusätzliche Menge gewonnen werden. Nach dem Trocknen wäscht man die Kristalle zur Entfernung von eingeschlossenem Iod mehrmals mit reinem Tetrachlorkohlenstoff und pulverisiert schließlich unter dem gleichen Lösungsmittel so lange, bis die ständig erneuerte Waschflüssigkeit nicht mehr gefärbt wird. Das Produkt ist danach analysenrein.

Literatur

[1] G. Brauer, Handbuch der Präparativen Anorganischen Chemie, 3. Auflage, Bd. I, S. 435, F. Enke-Verlag, Stuttgart 1975.
[2] A. Gutbier und F. Flury, Z. Anorg. Allg. Chemie **32**, 108 (1902).
[3] S. a. M. Damiens, Ann. Chim. [9] **19**, 44 (1923).

Eisen(III)-chlorid, $FeCl_3$

Daten

Röntgenstruktur

I-1059 MAJOR CORRECTION

2807 d 1-1060	2.68	2.08	5.9	5.9	FECL₃		FECL₃	
I/I₁ 1-1059	100	40	32	32	IRON (III) CHLORIDE		(MOLYSITE)	

				d Å	I/I₁	hkl	d Å	I/I₁	hkl
Rad. MoKα λ 0.709		Filter ZrO₂		5.9	32	00.3	1.63	16	
Dia. 16 INCHES Cut off		Coll.		5.1	5	10.1	1.46	6	
I/I₁ CALIBRATED STRIPS		d corr. abs.? No		4.79	<6	NI	1.34	5	
Ref. H				4.50	<3	01.2	1.30	2	
				3.03	3	11.0	1.19	3	
Sys. HEX. (RHOMB. DIV.)		S.G. D_3^7 -R32		2.90	3	00.6, 01.5	1.12	5	
a₀ 6.69 b₀ c₀		A C		2.68	100	11.3	1.08	2	
α 52°30' β γ		Z 2 D_x 3.04		2.52	2	20.2	1.06	3	
Ref. Wys				2.40	2	NI	1.01	2	
				2.23	2	02.4	0.99	3	
εa n_ω β ε γ Sign				2.08	40	11.6, 20.5			
2V D 2.904 mp 304 Color BROWNISH YELLOW				2.02	2	01.8			
Ref. C.C.				1.96	3	00.9, 21.1			
B.P. 319				1.75	32	30.0			
				1.67	6	20.8			
				INDEXED BY LGB USING a₀=6.0, c₀=17.4					

M   162,21 g · mol⁻¹
Schmp. 308 °C (in Chloratmosphäre)
Sdp.   316 °C (berechnet)

Bemerkungen   Läßt sich im Hochvakuum nur unter teilweiser Zersetzung sublimieren.
Metallisch glänzende, etwas grünlich schimmernde Blättchen. Äußerst hygroskopisch. In Wasser, Ethylalkohol, Ether oder Aceton sehr leicht löslich.

Arbeitsvorschrift [1-4]

$$2\,Fe + 3\,Cl_2 \rightarrow 2\,FeCl_3$$

Man trocknet einen Chlorstrom mit Hilfe von konzentrierter Schwefelsäure und Tetraphosphordekaoxid (P_4O_{10}) scharf und verflüssigt das Gas am besten in einem mit Kohlendioxid-Aceton-Mischung auf etwa $-40\,°C$ gekühlten U-Rohr (oder Gasfalle). Das aus dem tief eintauchenden U-Rohr bei $-34,1\,°C$ absiedende reine Chlor wird dann über möglichst reinen, etwa 0,2 mm starken Eisendraht geleitet, der sich in einem gut vorgetrockneten Rohr aus schwer schmelzbarem Glas (Duran 50) befindet.

Die Umsetzung, welche bei 250 °C bis 400 °C in Gang kommt, soll so geleitet werden, daß durch eine hinten angeschlossene, mit wenig konzentrierter Schwefelsäure beschickte Sicherheitswaschflasche stets noch überschüssiges Chlor entweicht. Um eine Verstopfung des Rohrs zu vermeiden, schiebt man den benutzten elektrischen Ofen von Zeit zu Zeit ein wenig von der Kondensationsstelle weg.

Das Präparat wird nach beendeter Umsetzung zweckmäßig nochmals im Chlorstrom bei 220 °C bis 300 °C umsublimiert. Dann verdrängt man alles Chlor durch scharf getrockneten Stickstoff (oder Luft) und füllt das Präparat im Stickstoffstrom in dicht verschließbare Gefäße ab.

Literatur

[1] G. Brauer, Handbuch der Präparativen Anorganischen Chemie, 2. Auflage, Bd. II, S. 1301, F. Enke-Verlag, Stuttgart 1962.
[2] G.G. Maier, Techn. Pap. Bur. Mines Washington Nr. **360**, 40 (1925).
[3] O. Hönigschmid, L. Birkenbach und R. Zeiss, Ber. Dtsch. Chem. Ges. **56**, 1476 (1923).
[4] H. Schäfer, Angew. Chem. **64**, 111 (1952).

Kupfer(I)-chlorid, CuCl

Daten

Röntgenstruktur

6-0344

d	3.13	1.92	1.63	3.127	CuCL			
I/I₁	100	55	32	100	Copper (I) Chloride		(Nantokite)	

			d Å	I/I₁	hkl	d Å	I/I₁	hkl
Rad. Cu	λ 1.5405	Filter	3.127	100	111			
Dia.	Cut off	Coll.	2.710	8	200			
I/I₁		d corr. abs.?	1.915	55	220			
Ref. Swanson et al., NBS Circular 539 Vol. IV p. 35-6 (1953)			1.633	32	311			
			1.354	6	400			
Sys. Cubic		S.G. $T_d^2 - F\bar{4}3m$	1.243	9	331			
a₀ 5.416 b₀	c₀	A C	1.1054	8	422			
α β	γ	Z 4	1.0422	5	511			
Ref. Ibid.			0.9574	2	440			
ε a	n ω β	ε γ Sign	.9154	4	531			
2V	D x 4.138 mp	Color	.8564	3	620			
Ref.								
Sample from the Baker Chemical Co. Spect. anal.: <0.01% Ag, Al, Ca, Mg, Si, Sn; <0.001% Ba, Fe, Ni. X-ray pattern at 25°C.								
Replaces 1-0759, 1-0793								

M   98,99 g · mol⁻¹
Schmp. 430 °C

Arbeitsvorschrift [1]

$$2\,Cu^{2+} + 2\,SO_4^{2-} + 2\,Na^+ + 2\,Cl^- + SO_2 + 2\,H_2O \rightarrow$$
$$2\,CuCl + 3\,SO_4^{2-} + 2\,Na^+ + 4\,H^+$$

Man löst 25 g (0,1 mol) CuSO₄ · 5 H₂O und 12 g (0,21 mol) NaCl in 200 mL H₂O, erwärmt auf 60–70 °C und leitet unter Rühren Schwefeldioxid ein, bis der Kupfer(I)-chloridniederschlag sich nicht mehr vermehrt und die Lösung fast farblos ist. Dann dekantiert man die Lösung von dem sich schnell absetzenden Niederschlag und wäscht diesen zunächst zweimal mit je 50 mL schwefeldioxidhaltigem Wasser durch kurzes Umrühren und anschließendes Dekantieren.

Man überführt den Niederschlag mit 100 mL schwefeldioxidhaltigem Wasser auf die Glasfritte eines Filtertiegels. Durch Darüberblasen eines Schwefeldioxid- oder Kohlendioxidstromes hält man während der Filtration den Luftsauerstoff vom CuCl fern. Man wäscht viermal mit je 20 mL Eisessig – die letzte Waschflüssigkeit muß farblos ablaufen – zweimal mit je 25 mL absolutem Ethanol und zweimal mit je 25 mL wasser- und peroxidfreiem Diethylether. Nach kurzem Trocknen des Präparates im Inertgasstrom wird das CuCl eingeschmolzen. Dazu darf das Präparat nicht mehr nach Diethylether riechen! Explosionsgefahr!

Literatur

[1] F. Umland und K. Adam, Übungsbeispiele aus der Anorganischen Experimentalchemie, S. 238, S. Hirzel-Verlag, Stuttgart 1968.

Wolframoxidtetrachlorid, WOCl$_4$

Daten

Röntgenstruktur

    Kristallstruktur: Tetragonal

    Raumgruppe I4; a = 848 pm, c = 399 pm

23-1452

d	5.98	3.61	4.23	5.98	WOCl$_4$
I/I$_1$	100	50	20	100	Tungsten Oxide Chloride

Rad. CuKα$_1$ λ 1.5405 Filter Mono. Dia. 114.6mm
Cut off 50Å I/I$_1$ Photometer
Ref. Technisch Physische Dienst, Delft, Holland

Sys. Tetragonal S.G. I4*
a$_0$ 8.463 b$_0$ c$_0$ 3.989 A C 0.47132
α β γ Z 2 Dx 3.971
Ref. Ibid.

εα nωβ εγ Sign
2V D 3.95 mp Color
Ref. Ibid.

*S.G. from Hess-Hartung, Z. anorg. allgem. Chem., 344 157 (1966)

d Å	I/I$_1$	hkl	d Å	I/I$_1$	hkl
5.98	100	110	1.373	<2	242
4.23	20	020			
3.61	50	011			
2.993	2	220			
2.745	6	121			
2.677	16	130			
2.303	4	031			
2.116	4	040			
2.023	4	231			
1.995	6	002,330			
1.892	6	112,240			
1.825	6	141			
1.804	2	022			
1.659	2	150,222			
1.599	2	132			
1.558	2	051,341			
1.496	<2	440			
1.462	2	251			
1.451	2	042,350			
1.410	<2	060,332			

M   341,75 g · mol^{-1}
Schmp. 209 °C
Sdp.   232 °C

198 Präparate

Bemerkungen Lange, glänzende, rote Nadeln, die im durchfallenden Licht gelb erscheinen. Löslich in Schwefelkohlenstoff und Benzol. WOCl$_4$ wird durch Wasser sofort, durch Luftfeuchtigkeit langsamer unter Bildung von Wolframsäure zersetzt.

Arbeitsvorschrift [1, 2]

$$WO_3 + 2\,SOCl_2 \rightarrow WOCl_4 + 2\,SO_2$$

WO$_3$ wird mit der vierfachen Menge SOCl$_2$ im zugeschmolzenen Bombenrohr 6–12 h auf 200 °C erhitzt. Die Reaktion verläuft nur dann vollständig, wenn das entstandene Schwefeldioxid durch vorübergehendes Öffnen des Bombenrohres entfernt wird. Aus dem überschüssigen Thionylchlorid kristallisiert das Produkt in langen roten Nadeln aus. Um die Verbindung rein zu erhalten, wird Thionylchlorid im Vakuum abgesaugt.

Literatur

[1] G. Brauer, Handbuch der Präparativen Anorganischen Chemie, 3. Auflage, Bd. III, S. 1569, F. Enke-Verlag, Stuttgart 1981.
[2] H. Hecht, G. Jander und H. Schlapmann, Z. Anorg. Allg. Chem. **254**, 261 (1947).

Molybdän(V)-chlorid, MoCl$_5$

Daten

Röntgenstruktur

17-654

d	5.68	2.63	5.76	8.68	MoCl$_5$
I/I$_1$	100	60	55	5	Molybdenum(V) Chloride

Rad. CuKα λ 1.5418 Filter Ni Dia.
Cut off   I/I$_1$ Diffractometer
Ref. Couch and Brenner, J. Research Nat. Bur. Stds.
63A 185 (1959)

Sys.   S.G.
a$_0$ b$_0$ c$_0$ A   C
α   β   γ   Z   Dx
Ref.

ξα   n ω β   ξ γ   Sign
2V   D   mp   Color
Ref.

0 assigned because unindexed (Ed)

d Å	I/I$_1$	d Å	I/I$_1$	d Å	I/I$_1$
8.68	5	3.59	<5	2.297	5
6.87	5	3.48	20	2.273	5
5.76	55	3.36	15	2.226	15
5.68	100	3.22	10	2.195	10
5.30	40	3.11	5	2.137	5
5.24	55	3.07	10	2.092	10
5.12	30	2.968	5	2.080	5
5.07	55	2.895	20	2.054	10
4.83	5	2.877	20	1.975	30
4.67	10	2.810	5	1.969	10
4.54	10	2.756	35	1.866	10
4.33	20	2.730	25	1.857	5
4.29	15	2.684	25	1.768	5
4.24	20	2.633	60	1.758	10
4.20	30	2.592	30	1.743	30
4.17	10	2.533	5	1.688	5
4.05	10	2.481	10	1.668	10
3.94	5	2.406	5	1.642	5
3.74	5	2.354	5		
3.68	25	2.347	15		

M   273,21 g · mol^{-1}
Schmp.   194 °C [1]
Sdp.   268 °C [1]

ϱ_4^{20} 2,928 g · cm^{-3} [1]

Bemerkungen   Dunkelgrüne Kristalle

Arbeitsvorschrift* [2]

$$MoO_3 + 3\,CCl_2{=}CCl{-}CCl_3 \rightarrow MoCl_5 + CCl_2{=}CCl{-}COCl + \tfrac{1}{2}Cl_2$$

20 g (0,139 mol) MoO$_3$ und 200 mL CCl$_2$=CCl—CCl$_3$ werden in einen 500-mL-Rundkolben gefüllt, der mit einem Rückflußkühler mit Trockenrohr versehen ist. Die Reaktionsmischung wird so lange am Rückfluß gekocht, bis die Reaktion beendet ist, ca. 15–20 min. Nach Abkühlen der Mischung auf Raumtemperatur wird der Kolbeninhalt durch eine Vakuumfritte unter Ausschluß von Luftfeuchtigkeit abfiltriert, der Rückstand mehrfach mit kaltem, trockenem Tetrachlorkohlenstoff gewaschen und anschließend unter Zwischenschaltung einer Falle an der Vakuumpumpe 1 h evakuiert, um Lösungsmittel zu entfernen.
Ausbeute: ca. 90%

Literatur

[1] Handbook of Chemistry and Physics, 58. Auflage, The Chemical Rubber Co., Cleveland (USA), 1977/78.
[2] W. W. Porterfield und S. Y. Tyree, Jr., Inorg. Synth. **9**, 133 (1967).

Zinntetramethyl, Sn(CH$_3$)$_4$

Daten

NMR δ^1H: 0,07 ppm [1]
      Standard: TMS
      Lösungsmittel: CCl$_4$

      J(^{1}HC^{117}Sn): 51,4–51,6 Hz [2]   53,10 Hz [3]
      J(^{1}HC^{119}Sn): 53,7–54 Hz   53,7–54,0 Hz
      Lösungsmittel: CCl$_4$ CDCl$_3$

      $\delta^{13}C$: 9,6 ppm [4]
      Standard: TMS

* Mit freundlicher Genehmigung von Inorganic Synthesis Inc.
  Aus: Inorganic Synthesis **9**, 133 (1967)

IR/Ra [5–9] [16]	v in cm^{-1}					Zuordnung
berechnet [5]	beobachtet [5, 6, 7]	beobachtet [8, 9]				
2910	2909	2915 Ra	v_1	A$_1$	v_sCH$_3$
1198	1197	1205 Ra	v_2	A$_1$	δ_sCH$_3$
506	506	508 Ra	v_3	A$_1$	v_sSnC$_4$
inaktiv	–	–	v_4	A$_2$	τCH$_3$
2982	2982	2987 Ra	v_5	E	v_{as}CH$_3$
1434	1434	–	v_6	E	δ_{as}CH$_3$
766	769	768 Ra	v_7	E	ϱCH$_3$
151	151	157 Ra	v_8	E	δ_sSnC$_4$
–	–	2987	v_9	F$_1$	v_{as}CH$_3$
–	–	1445	v_{10}	F$_1$	δ_{as}CH$_3$
–	–	768	v_{11}	F$_1$	ϱCH$_3$
inaktiv	–	–	v_{12}	F$_1$	τCH$_3$
2982	2982	2991 st IR	v_{13}	F$_2$	v_{as}CH$_3$
2910	2909	2919 st IR	v_{14}	F$_2$	v_sCH$_3$
1434	1434	1447 m IR	v_{15}	F$_2$	δ_{as}CH$_3$
1196	1197	1200 st IR	v_{16}	F$_2$	δ_sCH$_3$
770	769	771 st IR	v_{17}	F$_2$	ϱCH$_3$
525	525	529 st IR	v_{18}	F$_2$	v_{as}SnC$_4$
152	151	–	v_{19}	F$_2$	δ_{as}SnC$_4$
kapillar					

MS [10] Fragment   rel. Intensität in %

SnC$_4$H$_{12}$	0,31
SnC$_3$H$_9$	61,1
SnC$_2$H$_7$	0,36
SnC$_2$H$_6$	12,1
SnC$_2$H$_5$	0,71
SnCH$_3$	0,87
SnCH$_2$	1,95
SnCH	14,2
SnH	3,23
Sn	5,11

Ionisierungsenergie: 70 eV

M   178,83 g · mol^{-1}
Schmp. -55 ± 1 °C [11]
Sdp.   78 °C

ϱ   1,2905 g · cm^{-3} [12]
n$_D^{25}$ 1,4388 [13]

Arbeitsvorschrift [14–15]

$$CH_3I + Mg \rightarrow CH_3MgI$$

$$SnCl_4 + 4\,CH_3MgI \rightarrow Sn(CH_3)_4 + 4\,MgICl$$

In einen 1-L-Dreihalsrundkolben mit Rührer, Rückflußkühler und Trockenrohr sowie Tropftrichter werden 50 g (2,06 mol) Mg-Späne und 600 mL n-Butylether gegeben. Unter Zugabe einiger Iod-Kristalle startet man die Reaktion mit wenigen mL einer Lösung von 225 g (1,59 mol) frisch destilliertem CH$_3$I in 100 mL n-Butylether. Anschließend wird die Hauptmenge langsam unter ständigem Sieden zugetropft. Nach der vollständigen Zugabe (ca. 3 h) wird die Reaktionsmischung auf Raumtemperatur abgekühlt und tropfenweise 75 g (0,29 mol) wasserfreies SnCl$_4$ zugegeben. Dabei darf die Reaktionsmischung nur bis zum schwachen Sieden erwärmt werden. Nach der Zugabe wird noch 1 h am Rückfluß gekocht und mehrere Stunden stehen gelassen. Dann wird das Rohprodukt, bestehend aus Zinntetramethyl und n-Butylether, bei 85–95 °C überdestilliert und diese Mischung fein fraktioniert. Das Reaktionsprodukt siedet bei 76–77 °C. Ausbeute: 45,6 g (0,255 mol, 89 %).

Literatur

[1] C. F. Shaw und A. L. Allred, J. Organomet. Chem. **28**, 53 (1971).
[2] J. R. Holmes und H. D. Kaesz, J. Am. Chem. Soc. **83**, 3903 (1961).
[3] G. Barbieri und F. Taddei, J. Chem. Soc., Perkin Transactions II **1972**, 1327.
[4] T. N. Mitchell, J. Organomet. Chem. **59**, 189 (1973).
[5] H. Siebert, Z. Anorg. Allg. Chem. **268**, 177 (1952).
[6] H. Siebert, Z. Anorg. Allg. Chem. **271**, 75 (1952).
[7] H. Siebert, Z. Anorg. Allg. Chem. **263**, 82 (1950).
[8] W. F. Edgell und C. H. Ward, J. Mol. Spectrosc. **8**, 343 (1962).
[9] W. F. Edgell und C. H. Ward, J. Am. Chem. Soc. **77**, 6486 (1955).
[10] E. Heldt, K. Höppner und K. H. Krebs, Z. Anorg. Allg. Chem. **347**, 95 (1966).
[11] G. W. Smith, J. Chem. Phys. **42**, 4229 (1965).
[12] D. Seyferth und H. M. Cohen, Inorg. Chem. **1**, 913 (1962).
[13] R. C. Putnam, Can. J. Chem. **44**, 1343 (1966).
[14] W. F. Edgell und C. H. Ward, J. Am. Chem. Soc. **76**, 1169 (1954).
[15] H. C. Clark und C. J. Willis, J. Am. Chem. Soc. **82**, 1881 (1960).
[16] Tabelle aus: Gmelin, Handbuch d. Anorg. Chem. Bd. **26**, Teil 1, S. 40 (1975).

Bleitetraphenyl, Pb(C$_6$H$_5$)$_4$

Daten

NMR [1, 2]

δ^1H: 7,64 ppm (H in 2,6-Position)
7,48 ppm (H in 3,5-Position)
7,40 ppm (H in 4-Position)

J$_{(^{207}Pb-^1H)}$: 78 Hz
: 31 Hz
: 18 Hz

δ^{13}C: 150,1 ppm (C in 1-Position)
137,7 ppm (C in 2,6-Position)
129,5 ppm (C in 3,5-Position)
128,6 ppm (C in 4-Position)

J$_{(^{207}Pb-^{13}C)}$: 481 Hz
68 Hz
80 Hz
20 Hz

Standard: TMS
Lösungsmittel: CDCl$_3$

IR/Ra [3]

IR $\bar{\nu}$ in cm^{-1}	Ra $\bar{\nu}$ in cm^{-1}	Zuordnung (Bezeichnung nach Whiffen) [4]
3059 m	3061 st	}
3037 m	3041 sst	} νCH
3016 schw	3021 schw	}
2981 schw	2987 schw	
1955 schw		
1895 schw		
1875 schw		
1818 schw		
1762 schw		
1640 schw		
1569 mst	1570 sst	}
1475 mst	1474 st	}
1428 st	1432 m	} νCC
1377 schw	1397 schw	}
1328 m	1331 m	}

IR/Ra [3]	IR $\bar{\nu}$ in cm^{-1}	Ra $\bar{\nu}$ in cm^{-1}	Zuordnung (Bezeichnung nach Whiffen [4])
	1299 m		
	1258 m	1262 schw	
	1213 sschw	1190 mst	
	1172 schw		βCH
	1149 m	1159 st	
		1153 Sch	
	1061 st	1063 m	q Zweig
	1018 st	1019 st	βCH
	997 st	998 st	p Zweig
	984 sschw	986 schw	γCH
	974 m		
	907 m	915 schw	
	851 schw	856 sschw	
	754 m, br	740 schw	γCH
	726 sst		
	697 sst	700 schw	ϕCC
	668 m		
		645 sst	
	617 sschw	617 m	αCCC
	450 st	447 schw	
	440 st	437 schw	
	223 st	224 m	ν_{as}Pb—C$_6$H$_5$
		214 m	
	201 st	199 sst	ν_sPb—C$_6$H$_5$
	181 st	184 schw	
	147 m	152 st	
		110 m	
		87 sst	Skelettschwingung
		72 m	

IR: In Nujol
Ra: Als Feststoff

UV [5] λ_{max}: 250 nm
              257 nm
              268 nm (Schulter)
Substanz gelöst in 95%igem Ethanol

204 Präparate

MS [6]

a) m/e	rel. Intensität bez. auf m/e = 208 Pb in %	b) m/e	rel. Intensität bez. auf m/e = 208 Pb in %
515	0,1	515	0,07
439	100	439	89
285	20	285	66
208	36	208	100
154	10	154	10
77	7	77	8
		51	12

a) Ionisierungsenergie: 17 eV
b) Ionisierungsenergie: 70 eV
Verdampfungstemperatur: 140 °C

Röntgenstruktur [7, 8]
Symmetrieklasse C_{4h}
Raumgruppe S_4^2
a = 1347 pm   Z = 2
b = 1347 pm   Packungskoeffizient: 0,684
c = 635 pm   Abstand Pb—C 219 ± 3 pm

M   515,62 g · mol^{-1}
Schmp. 227,7 °C (Zersetzung ab 270 °C)

Bemerkungen Weiße Nadeln, löslich in Benzol.

Arbeitsvorschrift [9]

$$4\,Mg + 4\,C_6H_5Br \xrightarrow{Ether} 4\,C_6H_5MgBr$$

$$4\,C_6H_5MgBr + 2\,PbCl_2 \xrightarrow{Ether} Pb(C_6H_5)_4 + Pb + 4\,Mg(Cl, Br)_2$$

Man gibt in einen 100-mL-Kolben mit Tropftrichter, Rückflußkühler mit Trockenrohr und Magnetrührer 3,7 g (0,152 mol) fettfreie Mg-Späne und 10 mL trockenen Diethylether. Dann gibt man durch den Tropftrichter tropfenweise 25 g (0,16 mol) C_6H_5Br zu. Die einsetzende Reaktion ist am Sieden des Ethers zu erkennen. Sollte die Reaktion nicht anspringen, ist vorsichtig auf dem Wasserbad zu erwärmen, *bevor* größere Anteile Brombenzol zugegeben worden sind. Eventuell muß auch etwas Iod zugesetzt werden. Die weitere Umsetzung ist bedarfsweise durch Kühlen bzw. Erwärmen zu Ende zu führen, wobei sich das Magnesium vollständig auflöst.

In die Grignard-Lösung trägt man unter Umschütteln in kleinen Portionen 24 g (0,087 mol) trockenes PbCl$_2$ ein und läßt die Mischung unter gelegentlichem Umschütteln 2 d stehen. Dann gießt man sie langsam in 200 mL Wasser, säuert mit 10%iger Salzsäure schwach an und filtriert den dunklen, bleihaltigen Niederschlag ab, wäscht mit Wasser und trocknet bei 80–100 °C im Trockenschrank. Dann wird die getrocknete Masse zweimal mit je 100 mL Benzol am Rückfluß ausgekocht, heiß abfiltriert und die vereinigten Filtrate auf etwa 75 mL eingeengt. Es kristallisiert farbloses Bleitetraphenyl aus, das aus Chloroform umkristallisiert wird.

Literatur

[1] D. de Vos, D.C. van Beelen und J. Wolters, J. Organomet. Chem. **172**, 303 (1979).
[2] B.L. Shapiro und L.E. Mohrmann, J. Phys. Chem. Ref. Data **6**, 919 (1977).
[3] J.H. Clark, A.G. Davies und R.J. Puddephatt, Inorg. Chem. **8**, 457 (1969).
[4] D.H. Whiffen, J. Chem. Soc. **1956**, 1350.
[5] C.N.R. Rao, J. Ramachandran und A. Balasubramanian, Can. J. Chem. **39**, 171 (1961).
[6] H.J. Frohn, aus eigenen Messungen.
[7] G.S. Zhadonov und I.G. Ismailzade, Zh. Fiz. Khim. **24**, 1495 (1950); ref. C.A. **45**, 4112b (1951).
[8] V. Busetti, H. Mammi, A. Signor und A. Del Pra, Inorg. Chim. Acta **1**, 424 (1967).
[9] F. Umland und K. Adam, Übungsbeispiele aus der Anorganischen Experimentalchemie, S. Hirzel-Verlag, Stuttgart 1968.

Diphenylbleidiiodid, (C₆H₅)₂PbI₂

Daten

IR/Ra [1]

IR $\bar{v}$ in cm^{-1}	Zuordnung	IR $\bar{v}$ in cm^{-1} a	$\bar{v}$ in cm^{-1} b	Ra $\bar{v}$ in cm^{-1} c	$\bar{v}$ in cm^{-1} d	Zuordnung
3041 m	νCH	440 st		441 m	437 st	
1963 sschw		242 mst				
1891 sschw		232 mst		235 m	229 st	ν_{as}PbC₆H₅
1863 sschw		217 st				
1739 sschw		205 m	208 schw	208 st, p	205 st	ν_sPbC₆H₅
1566 m		186 st	186 st			
1550 schw		136 st?	140 m	162 Sch	160 st	νPbI
1466 mst	νCC	121 st	118 st	152 sst, p	144 st	
1429 mst		177 Sch				u-Zweig [4]
1365 m, br			158 m			
1315 m		136 st				x-Zweig [4]
1297 m			94 st			Skelett-
1183 schw						schwingung
1154 m	βCH					
1083 m						
1053 m						
1042 m	q Zweig (Ring-Deformation) [4]					
1010 m	βCH					
992 st	p Zweig (Ring-Deformation) [4]					
982 st						
898 schw						
808 schw	γCH					
728 Sch						
720 sst						
685 m	ϕCC					
672 m						
668 m						
643 m	r-Zweig (Ring-Deformation) [4]					
618 sschw	αCCC					
607 sschw	s-Zweig (Ring-Deformation) [4]					
fest in Nujol	a und b: fest					
	c: in Benzol					
	d: in CCl₄					

Thermische Analyse

DTA: 110 °C endothermer Effekt [2]
200 °C exothermer Effekt
295 °C exothermer Effekt
380 °C endothermer Effekt
Aufheizrate: 5 °C/min
Referenzsubstanz: Al₂O₃

M 589,8 g · mol^{-1} (Monomer in Benzol) [1]
Schmp. 105–107 °C (Zersetzung)

Bemerkungen   Zitronengelbe Kristalle

Arbeitsvorschrift [3]

$$(C_6H_5)_4Pb + 2I_2 \rightarrow 2C_6H_5I + (C_6H_5)_2PbI_2$$

3 g (5,8 mmol) $(C_6H_5)_4Pb$ werden in ca. 50 mL warmem Chloroform gelöst und nach dem Abkühlen unter dem Abzug so lange mit einer Lösung von etwa 3 g (11,8 mmol) I_2 in wenig Schwefelkohlenstoff versetzt, bis die Iodfarbe bestehen bleibt. Man läßt das Chloroform verdunsten, extrahiert den Rückstand mit einmal 10 mL und einmal 5 mL Schwefelkohlenstoff, engt die vereinigten klaren Filtrate ohne Flamme auf 5–10 mL ein und läßt nach Zusatz von 2–3 mL absolutem Ethanol kristallisieren. Die Kristalle werden mit absolutem Ethanol gewaschen und bei 30 °C getrocknet.

Literatur

[1] R.J.H. Clark, A.G. Davies und R.J. Puddephatt, Inorg. Chem. **8**, 457 (1969).
[2] H.J. Frohn, unveröffentlichte Messung.
[3] F. Umland und K. Adam, Übungsbeispiele aus der Anorganischen Experimentalchemie, S. Hirzel-Verlag, Stuttgart 1968.
[4] Nomenklatur: D.H. Whiffen, J. Chem. Soc. **1956**, 1350.

Bis(pentahapto-cyclopentadienyl)eisen, „Ferrocen"
Fe(C$_5$H$_5$)$_2$

Daten

NMR [1] δ^1H: 4,05 ppm
Standard: TMS
Lösungsmittel: CCl$_4$

IR/Ra

IR [2, 3] $\bar{\nu}$ in cm^{-1}	Ra [2, 3] $\bar{\nu}$ in cm^{-1}
3085 st	3099 st
1758 m	3058 m
1720 m	
1684 m	
1650 m	
1620 m	
1566 sschw	
1411 st	1408 m
1356 schw	1363 schw
1188 schw	1178 m
1108 st	1105 st
1051 schw	1050 schw
1002 st	1010 schw
834 schw	
811 st	
782 schw	
492 st	
478 st	
	388 schw
	303 m
170 m	

IR: 400–1200 cm^{-1} in Nujol
1000–3500 cm^{-1} in CS$_2$ und CCl$_4$
Ra: In CS$_2$, CCl$_4$, CHCl$_3$, C$_6$H$_6$

UV [5, 6, 7] λ_{max}: 325 nm, ε: 50 L · mol^{-1} · cm^{-1}
λ_{max}: 440 nm, ε: 87 L · mol^{-1} · cm^{-1}

Zuordnung für D_{5d}-Symmetrie [4]

Irreduzible Darstellung	"Gleichtakt" Schwingung	$\bar{\nu}$ in cm^{-1}	Angenäherte Schwingungsart	Irreduzible Darstellung	"Gegentakt" Schwingung	$\bar{\nu}$ in cm^{-1}
A_{1g}	1	3110	CH Valenz-Schwingung	A_{2u}	8	3086
	3	1390	Ring-Atmung		10	1408
	4	306	M-Ring Valenz-Schwingung		11	478
A_{2u}	9	1104	CH Deformations-Schwingung ($\perp$)	A_{1g}	2	1105
A_{2g}	7	(1249)	CH Deformations-Schwingung ($\parallel$)	A_{1u}	5	(1253)
			Torsion		6	—
E_{1g}	14	818	CH Deformations-Schwingung ($\perp$)	E_{1u}	19	814
	16	390	Ring-Neigung		21	490
			R—M—R Deformations-Schwingung		22	(170)
E_{1u}	17	3086	CH Valenz-Schwingung	E_{1g}	12	3089
	18	1004	CH Deformations-Schwingung ($\parallel$)		13	998
	20	1408	CC Valenz-Schwingung		15	1412
E_{2g}	23	3045	CH Valenz-Schwingung	E_{2u}	29	(3035)
	24	1361	CH Deformations-Schwingung ($\parallel$)		30	(1351)
	26	1527	CC Valenz-Schwingung		32	
	27	1054	CCC Deformations-Schwingung ($\parallel$)		33	(1054)
E_{2u}	31	(1188)	CH Deformations-Schwingung ($\perp$)	E_{2g}	25	1184
	34	(567)	CCC Deformations-Schwingung ($\perp$)		28	591

($\parallel$) und ($\perp$) bedeuten Schwingungen parallel und senkrecht zur z-Achse

MS [8] Fragment	rel. Intensität in %
$(C_5H_5)_2Fe^+$	100
$C_5H_5Fe^+$	25
Fe^+	15

Röntgenstruktur [9, 10]

    Raumgruppe $P2_{1/a}$, monoklin
    a = 1056 pm $\beta = 121°$
    b = 763 pm   Z = 2
    c = 595 pm

Mössbauer-Spektrum [11]

    Quadrupolaufspaltung: $0{,}236 \text{ cm} \cdot \text{s}^{-1}$ (25 °C)
                                        $0{,}237 \text{ cm} \cdot \text{s}^{-1}$ (−195 °C)
    Isomerenverschiebung: $0{,}060 \text{ cm} \cdot \text{s}^{-1}$ (25 °C)
                                        $0{,}068 \text{ cm} \cdot \text{s}^{-1}$ (−195 °C)

M $186{,}04 \text{ g} \cdot \text{mol}^{-1}$
Schmp.   172,5–173 °C
Sdp.   249 °C

Bemerkungen   Gelbe Nadeln. Sublimierbar. Löslich in Alkohol, Ether, Benzol, Methanol. Diamagnetisch, in der Gasphase monomer.

Arbeitsvorschrift* [12]

$$2\,KOH + 2\,C_5H_6 + FeCl_2 \cdot 4\,H_2O \rightarrow Fe(C_5H_5)_2 + 2\,KCl + 6\,H_2O$$

Ein 500-mL-Dreihalskolben mit Magnetrührkern und einem Anschluß zur Stickstoffspülung wird mit 120 mL 1,2-Dimethoxyethan und 50 g (0,89 mol) KOH beschickt. Die gerührte Mischung wird mit 11,0 mL (0,134 mol) monomerem C_5H_6 versetzt. Ein Seitenhals des Kolbens wird mit einem Schliffstopfen geschlossen und auf den mittleren Hals ein 100-mL-Tropftrichter mit geöffnetem Hahn aufgesetzt. Wenn angenommen werden kann, daß die Luft aus dem Reaktionsgefäß möglichst vollständig durch Stickstoff verdrängt ist, wird der Hahn des Tropftrichters verschlossen. Das Einleitungsrohr eines Quecksilber-Sicherheitsventils, das in die Stickstoffzuleitung geschaltet ist, wird über die Quecksilberoberfläche gezogen, so daß Atmosphärendruck im Kolben besteht. In den Tropftrichter wird eine Lösung von 13 g (0,065 mol) $FeCl_2 \cdot 4\,H_2O$ in 50 mL Dimethylsulfoxid gegeben. Nachdem die Lösung im Kolben 10 min heftig ge-

---

* Mit freundlicher Genehmigung von Inorganic Synthesis Inc.
  Aus: Inorganic Synthesis **11**, 120 (1968)

rührt worden ist, wird die FeCl$_2$-Lösung tropfenweise so zugegeben, daß innerhalb von 45 min die Zugabe der gesamten Lösung beendet ist. Danach wird der Tropftrichter verschlossen und die Reaktionsmischung wird weitere 30 min gerührt. Die Mischung wird in 180 mL 6 M Salzsäure und etwa 600 g Eis geschüttet und der Kolben mit einer kleinen Menge davon ausgespült. Nach 15 min Rühren wird der ausgefallene Niederschlag auf einer grobporigen Glasfilternutsche abgesaugt und mit 4 Portionen á 25 mL H$_2$O gewaschen. Das Produkt wird auf einem großen Uhrglas an der Luft getrocknet. Ausbeute 11,0–11,9 g (89–98%). Zur weiteren Reinigung kann das Ferrocen sublimiert werden.

Anmerkungen zur Vorschrift:
1. Das Eisen(II)-chlorid sollte möglichst in einem Mörser pulverisiert werden.
2. Das Lösen in Dimethylsulfoxid erfordert unter gutem Rühren etwa 1 h.

Literatur

[1] D. W. Slocum, T. R. Engelmann, R. Lewis und R. J. Kurland, J. Chem. Eng. Data **13**, 378 (1968).
[2] E. R. Lippincot und R. D. Nelson, Spectrochim. Acta **10**, 307 (1958).
[3] E. R. Lippincot, J. Xavier und D. Steele, J. Am. Chem. Soc. **83**, 2262 (1961).
[4] H. P. Fritz, Adv. Organomet. Chem. **1**, 267 (1964).
[5] K. Schlögel, Monatsh. Chem. **88**, 601 (1957).
[6] L. Kaplan, W. C. Kester und J. J. Kaatz, J. Am. Chem. Soc. **75**, 5531 (1952).
[7] G. Wilkinson, M. Rosenblum, M. C. Whiting und R. B. Woodward, J. Am. Chem. Soc. **74**, 2125 (1952).
[8] F. W. McLafferty, Anal. Chem. **28**, 306 (1956).
[9] J. D. Dunitz und L. E. Orgel, Nature (London) **171**, 121 (1953).
[10] J. D. Dunitz, L. E. Orgel und A. Rich, Acta Crystallogr. **9**, 373 (1956).
[11] G. K. Wertheim und R. H. Herber, J. Chem. Phys. **38**, 2106 (1963).
[12] W. L. Jolly, Inorg. Synth. **11**, 120 (1968).

Dibenzolchrom, Cr(C$_6$H$_6$)$_2$

Daten

IR [1]

a) $\bar{v}$ in cm^{-1}	b) $\bar{v}$ in cm^{-1}	a) $\bar{v}$ in cm^{-1}	b) $\bar{v}$ in cm^{-1}	Punktgruppe D$_{6h}$
418 (0)		1142 (6)	1143 (2)	
425 (7)		1251 (2)	1249 (2)	
459 (10)	459 (10)	1285 (1)		
490 (9)	490 (9)	1308 (0)		
512 (00)		1426 (8)	1431 (6)	
626 (00)		1452 (0)	1465 (0)	
673 (1)		1540 (0)	1542 (0)	
702 (4) br		1570 (0)	1586 (00)	
726 (0)	723 (2) br	1603 (0)		
769 (0)	756 (1) br	1654 (0)	1652 (1)	
794 (10)	789 (10)	1690 (2)	1695 (2)	
832 (2)	828 (3)	1757 (2) br	1757 (2)	
866 (1)		1840 (0)	1840 (1)	
971 (8)	973 (9)		2045 (6)*	
999 (7)	998 (6)	2786 (1)		
1012 (5)	1010 Sch	2907 (2)	2932 (2)	
1022 (2)		3037 (6)	3058 (9)	
1069 (1)	1071 (00)			
1114 (1)				
1124 (1)				
1137 (1)				

a) KBr-Preßling
b) In CS$_2$ bzw. CCl$_4$
In Klammern geschätzte Intensitäten
* Diese Bande tritt nur in CS$_2$-Lösung auf.

MS [2]

Fragment	rel. Intensität in %
(CrC$_{12}$H$_{12}$)$^+$	28,5
(CrC$_{12}$H$_{11}$)$^+$	0,4
(CrC$_6$H$_6$)$^+$	37,6
(CrC$_6$H$_5$)$^+$	2,1
(CrC$_4$H$_4$)$^+$	0,8
(CrC$_2$H$_2$)$^+$	0,6

MS [2]	Fragment	rel. Intensität in %
	$(CrC_2H)^+$	3,1
	$(Cr)^+$	100
	$(CrC_{12}H_{12})^{++}$	6,2
	$(C_6H_6)^+$	8,0

Ionisierungsenergie: 50 eV
Temperatur der Ionenquelle: 180 °C

M 208,24 g · mol^{-1}
Schmp. 284–285 °C (Zersetzung ab 300 °C)
Subl. 150 °C im Hochvakuum

Bemerkungen Dunkelbraune Kristalle

Arbeitsvorschrift* [3]

$$3 CrCl_3 + 2 Al + AlCl_3 + 6 C_6H_6 \rightarrow 3 [Cr(C_6H_6)_2][AlCl_4]$$

$$2 [Cr(C_6H_6)]^+ + S_2O_4^{2-} + 4 OH^- \rightarrow 2 Cr(C_6H_6)_2 + SO_3^{2-} + 2 H_2O$$

0,7 g (0,026 mol) Al-Pulver**, 5 g (0,031 mol) gepulvertes $CrCl_3$, 12 g (0,09 mol) sublimiertes und rasch gepulvertes $AlCl_3$ und 25 mL trockenes Benzol werden in ein Bombenrohr von ca. 60 mL Inhalt gegeben. Dann wird das Rohr evakuiert, wobei man Benzol bei Raumtemperatur einige Minuten absieden läßt. Das Rohr wird unter Vakuum abgeschmolzen, sein Inhalt gründlich gemischt und unter Drehen 6 h auf 140 °C erhitzt. Nach dem Abkühlen wird der Rohrinhalt unter einer Stickstoffdusche auf eine kleine Glasnutsche mit Ablaufhahn gebracht und in einen 100-mL-Tropftrichter mit evakuierbarem Seitenarm filtriert. Absaugen muß so erfolgen, daß ein Auskristallisieren in der Nutsche unterbleibt. Das Bombenrohr wird zweimal mit je 10 mL trockenem N_2-gesättigtem Benzol und der Filterrückstand zusätzlich dreimal mit je 10 mL Benzol ausgewaschen. Mittlerweile wird in einem 1-L-Dreihalskolben mit Rührer und Hahnverschlüssen unter N_2 eine Lösung von 40 g KOH in 250 mL H_2O, 100 mL Methanol und 450 mL Benzol hergestellt und dann 30 g Natriumdithionit unter Rühren zugefügt. Zu dem durch Außenkühlung auf ca. 10 °C gehaltenen Kolbeninhalt wird im langsamen N_2-Strom unter kräftigem Rühren der Inhalt des Tropftrichters zugegeben.

---

* Mit freundlicher Genehmigung von Inorganic Synthesis Inc.
   Aus: Inorganic Synthesis **6**, 132 (1960)
** $AlCl_3$ frisch sublimiert, Benzol frei von anderen aromatischen Verunreinigungen, Al-Pulver mit Benzol gewaschen, $CrCl_3$ mit siedender 2 M Salzsäure behandelt, mit Wasser, Methanol und Ether gewaschen.

Danach wird ohne weiteren N$_2$-Einsatz im verschlossenen Gefäß weitere 2 h gerührt. Die Benzolschicht wird dann in einen evakuierten Tropftrichter gesaugt und die wäßrige Phase noch einmal mit etwas Benzol nachextrahiert. Die vereinigten Benzollösungen werden kurz mit KOH getrocknet und in eine Destillationsapparatur überführt (alle Handhabungen von Cr(C$_6$H$_6$)$_2$-Lösungen unter trockenem N$_2$!). Das Lösungsmittel wird unter Stickstoff, am Ende im Vakuum abdestilliert. Ausbeute an schwarzem, festem Rk.-Produkt 6,2–6,4 g (95–98%).

Zur Reinigung kann mit trockenem Diethylether extrahiert und dann im Hochvakuum bei ca. 160 °C sublimiert werden.

Alternativ für größere Ansätze:
In einem 250-mL-Dreihalskolben mit verschließbaren Ausgängen werden 25 g (0,16 mol) gepulvertes, wasserfreies CrCl$_3$, 3,5 g (0,13 mol) Al-Pulver und 60 g (0,45 mol) sublimiertes und rasch gepulvertes AlCl$_3$ eingewogen. Nach Evakuieren und anschließendem Füllen mit trockenem O$_2$-freiem Stickstoff werden unter Stickstoff 100 mL Benzol zugefügt. Dann wird vorsichtshalber wieder einige Minuten evakuiert, bis etwa 10 mL Benzol abdestilliert sind. Es werden ca. 0,3 mL (10 Tropfen) trockenes Mesitylen zugefügt, ein Rückflußkühler mit Überdruckventil und ein Rührer aufgesetzt. Nach Abstellen des Stickstoffstroms wird die Mischung unter kräftigem Rühren 30–35 h bei gelegentlicher Kontrolle der Apparatur auf Dichtheit am Rückfluß gekocht. Zwischenzeitlich wird ein 5-L-Dreihalskolben mit Hahnverschlüssen und Rührer mit einer Lösung von 220 g KOH in 1300 mL H$_2$O, 500 mL Methanol und 2 L Benzol vorbereitet. Nach Stickstoffspülung werden 140 g Natriumdithionit eingerührt. Der abgekühlte gelb-grüne Inhalt des Ansatzgefäßes wird bei kräftiger Außenkühlung mit Wasser in die Reduktionslösung unter Stickstoff eingerührt und auch feste Rückstände so vollständig wie möglich und so weit wie möglich unter Luftabschluß übergeführt. Dann wird im verschlossenen Gefäß 2 h intensiv bei Raumtemperatur gerührt. Die Benzollösung wird dann wie zuvor aufgearbeitet. Ausbeute bei Verwendung reinster und absolut trockener Ausgangsmaterialien ca. 95%.

Literatur

[1] H.P. Fritz, W. Lüttke, H. Stammreich und R. Forneris, Spectrochim. Acta **17**, 1068 (1961).
[2] J. Müller und P. Göser, J. Organomet. Chem. **12**, 163 (1968).
[3] E.O. Fischer, Inorg. Synth. **6**, 132 (1960).

Di-eisen-enneacarbonyl, Fe$_2$(CO)$_9$

Daten

IR/Ra	IR [1] $\bar{v}$ in cm^{-1}	IR [2] $\bar{v}$ in cm^{-1}	Ra [3] $\bar{v}$ in cm^{-1}	Zuordnung	Punktgruppe D$_{3h}$
	2080	2075	2106 (4)	⎫	
	2034	2020	2068 (schw)	⎬ CO, terminal	
			2012 (10)	⎭	
	1828	1821	1898 (1)	⎫ CO, Brücke	
			1821 (1)	⎭	
	662				
	597		595 (schw)		
	557				
		453	450 (1)	⎫	
		422 (schw)	414 (b)	⎬ Fe—C	
		386 m	386 (1)	⎭	
			320 (2)		

IR [1]: Wenig aufgelöstes Spektrum, Pulver zwischen KBr-Fenster

Röntgenstruktur [4]

Raumgruppe: C—O terminal: 115 ± 50 pm
C 6$_3$/m   C—O Brücke: 130 ± 5 pm
Z = 2   Fe—Fe: 246 pm

M   363,79 g · mol^{-1}
Sublimation: ≈ 70 °C/10^{-5} mbar
Zersetzung: 100–120 °C

Bemerkungen   Orangefarbige, hexagonale Blättchen, diamagnetisch.
In organischen Lösungsmitteln praktisch unlöslich, in THF und CH$_2$Cl$_2$ tritt allmähliche Zersetzung ein.
Aufzubewahren im Dunkeln unter Inertgas, am besten Kohlenmonoxid. Oberflächliche Zersetzungsprodukte können durch Waschen mit 25%iger Salzsäure, Wasser, Ethanol und schließlich Ether unter Stickstoff entfernt werden.

Arbeitsvorschrift* [5]

$$2\,\text{Fe(CO)}_5 \xrightarrow{h \cdot \nu} \text{Fe}_2(\text{CO})_9 + \text{CO}$$

---
* Mit freundlicher Genehmigung von Inorganic Synthesis Inc.
Aus: Inorganic Synthesis **8**, 178 (1966)

Wegen der hohen Toxizität der beteiligten Stoffe sind alle Arbeiten im Abzug auszuführen!

Ein 1-L-Pyrex(Duran)Dreihalskolben mit wirkungsvollem Rührer, Gaseinlaß und Quecksilberverschluß wird in einem passenden Behälter montiert, der an allen Innenseiten einschließlich Boden und Deckel mit Aluminiumfolie ausgekleidet ist. In diesem Behälter muß eine Maximaltemperatur des Kühlwassers von 25 °C einzuhalten sein. Der Kolben wird von einer möglichst nahe angebrachten 125 Watt Hochdruck-Quecksilberlampe bestrahlt, die in einem Quarzschutzrohr in das Wasserbad eingehängt wird. Nach gründlicher Spülung mit Stickstoff werden in den Kolben 146 g (0,746 mol) Fe(CO)$_5$ und 200 mL wasserfreie Essigsäure eingefüllt und unter intensivem Rühren bestrahlt. Sollte sich Fe$_2$(CO)$_9$ an der Kolbenwand absetzen, muß zur Vermeidung von Lichtschwächung die Reaktion unterbrochen und das Produkt abfiltriert werden. Das Filtrat wird nach erneuter Stickstoffspülung weiter bestrahlt. Nach 24 h Bestrahlungszeit wird das ausgefallene Fe$_2$(CO)$_9$ abfiltriert, mit Ethanol, dann mit Ether gewaschen und im Vakuum getrocknet.

Ausbeute: 100–122 g (74–91% bezogen auf Fe(CO)$_5$)

Literatur

[1] R.K. Sheline und K.S. Pitzer, J. Am. Chem. Soc. **72**, 1107 (1950).
[2] H.P. Fritz und E.F. Paulus, Z. Naturforsch. **18b**, 435 (1963).
[3] W.P. Griffith und A.J. Wickham, J. Chem. Soc. (A) **1969**, 834.
[4] H.M. Powell und R.V.G. Ewens, J. Chem. Soc. **1939**, 286.
[5] E.H. Braye und W. Hübel, Inorg. Synth. **8**, 178 (1966).

Cyclopentadienylmangantricarbonyl, C$_5$H$_5$Mn(CO)$_3$

Daten

IR [1, 2, 3]	$\bar{\nu}$ in cm^{-1}	Lokale Symmetrie der CO-Gruppierungen: C$_{3v}$
	3120 schw	
	2023 sst	
	1939 sst	
	1422 m	
	1358 schw	
	1115 schw	
	1058 schw	
	1012 ⎫ m	
	1000 ⎭	

IR $\bar{\nu}$ in cm^{-1} Lokale Symmetrie der CO-Gruppierungen: C_{3v}
[1, 2, 3]

939 m
848 st
835 st
665 ⎫
      ⎬ sst
668 ⎭

In CS$_2$/CCl$_4$ bzw. NaCl

UV [4] λ_{max}: 332 nm (in Cyclohexan)
        ε_{max}: 1010 L · cm^{-1} · mol^{-1}

M   204,07 g · mol^{-1}
Schmp. 76,8–77,1 °C

Bemerkungen Schwach gelbe Plättchen mit kampferähnlichem Geruch. In Substanz luft- und lichtstabil, in Lösung Oxidation durch Luft, Zersetzung unter UV-Bestrahlung. Löslich in Petrolether und ähnlichen Lösungsmitteln. Diamagnetisch.

Arbeitsvorschrift [5]

$$2 C_5H_6 + 2 Na \rightarrow 2 C_5H_5Na + H_2$$

$$MnCl_2 + 2 C_5H_5Na \rightarrow Mn(C_5H_5)_2 + 2 NaCl$$

$$Mn(C_5H_5) + 3 CO \rightarrow C_5H_5Mn(CO)_3 + [C_5H_5 \cdot]$$

Der Ansatz wird in einem 3-L-Mehrhalskolben, ausgerüstet mit Thermometer, Rückflußkühler, Rührer und Feststoffdosierkolben unter Stickstoff ausgeführt. Zunächst wird eine Suspension von Natrium in Ethylenglykoldimethylether (DMC) durch Zusatz von 46 g (2,0 mol) in Xylol dispergiertem Natrium zu 2 L DMC hergestellt. Hierzu werden langsam unter Kühlung 2,0 mol frisch destilliertes Cyclopentadien gegeben. Die Temperatur soll während der Zugabe 30 °C nicht überschreiten.

Danach werden aus dem Feststoffdosierkolben 125,8 g (1,0 mol) pulverisiertes, wasserfreies MnCl$_2$ zugegeben. Die entstandene Mischung wird bei 70 °C 5 h gerührt. Dann wird das Volumen des Ansatzes durch Abziehen im Vakuum bei Raumtemperatur auf 500 mL gebracht. Die Mischung wird nun in einen 3 L Autoklaven übergeführt, der dann auf ca. 60 bar mit CO beladen wird. Unter Schütteln wird 2 h lang auf 225 °C erhitzt.

Nach Abkühlen auf Raumtemperatur wird das überschüssige CO abgelassen und der Autoklaveninhalt nach Öffnen des Autoklaven filtriert. Der verbleibende dunkle amorphe Feststoff wird einmal mit DMC gewaschen. Waschflüssigkeit und ursprüngliches Filtrat werden zusammen unter vermindertem Druck vom Lösungsmittel befreit.

Der Rückstand wird mehrmals mit kleinen Anteilen Pentan extrahiert, bis die Lösungen nicht mehr gelb sind. Die vereinigten Pentanfraktionen werden durch langsames Eindampfen im Vakuum konzentriert. Man erhält drei Portionen hellgelber Kristalle, die fast reines Cyclopentadienylmangantricarbonyl sind. Weitere Reinigung erfolgt durch Umkristallisieren aus Ligroin. Ausbeute 50%.

Literatur

[1] R. L. Pruett und E. L. Morehouse, Chem. and Ind. (London) **1958**, 980.
[2] T. S. Piper, F. A. Cotton and G. Wilkinson, J. Inorg. Nucl. Chem. **1**, 165 (1955).
[3] F. A. Cotton, A. D. Liehr und G. Wilkinson, J. Inorg. Nucl. Chem. **1**, 175 (1955).
[4] T. S. Piper und G. Wilkinson, J. Inorg. Nucl. Chem. **3**, 104 (1956).
[5] W. L. Jolly, Preparative Inorg. Reactions **2**, 198 (1965).

Benzalaceton-eisentricarbonyl, $(C_{10}H_{10}O)Fe(CO)_3$

Daten

NMR [1] δ^1H: 2,6 ppm Singulett, $-CH_3$
3,03 ppm Dublett, $-CH$
5,35 ppm Dublett, $-CH$
6,88 ppm Multiplett, $-C_6H_5$
Standard: TMS
Lösungsmittel: C_6D_6

IR [2] $\bar{\nu}$ in cm^{-1} Zuordnung

2065	
2005	CO-Gruppen des $Fe(CO)_3$
1985	
In Cyclohexan	

M   286,05 g · mol^{-1}
Schmp.   88–89 °C

Bemerkungen   Dunkelrote Kristalle, an der Luft handhabbar. Aufbewahrung für längere Zeit unter Schutzgas. Gut löslich in organischen Lösungsmitteln.

Arbeitsvorschrift* [1-3]

$$\underset{\underset{C_6H_5}{|}}{\overset{H_3C}{\diagdown}}C=O + Fe(CO)_5 \xrightarrow[-CO]{h\cdot\nu} \underset{\underset{C_6H_5}{||-Fe(CO)_4}}{\overset{\overset{O}{||}}{C}-CH_3} \xrightarrow{-CO} \underset{\underset{C_6H_5}{\diagdown}}{\overset{H_3C}{\diagdown}}\underset{\diagdown}{C}\overset{O}{\diagup}Fe(CO)_3$$

I   II   III   IV

2,05 g (14 mmol) Benzalaceton [4] werden in einer mit Argon gefüllten Belichtungsapparatur (Hg-Hochdrucklampe 125 W) mit magnetischem Rührer und Blasenzähler in 95 mL absolutem, luftfreiem Benzol gelöst und 2,5 mL (3,64 g; 18,6 mmol) Fe(CO)$_5$ mit einer kalibrierten Spritze zugegeben. Nach Einschaltung der Lampe wird die Wasserkühlung des Lampenschachtes so einreguliert, daß die gerührte Reaktionslösung eine Temperatur von 20–30 °C beibehält. Die anfangs kräftige Gasentwicklung wird nach ca. 30 min merklich schwächer, die Reaktionslösung lachsfarben. [Das IR-Spektrum der Reaktionslösung (Flüssigkeitsküvette, Schichtdicke 50 µm, Meßbereich 2200–1900 cm^{-1}) zeigt oberhalb des Bereiches der $v_{c=o}$Banden des Fe(CO)$_5$ die Zu- bzw. Abnahme der höchstfrequenten $v_{c=o}$Banden von III (2094 cm^{-1}) und IV (2065 cm^{-1}).] Nach etwa 1,5–2 h Belichtungszeit ist die Gasentwicklung beendet und die Reaktionslösung wird unter Ar in einen 250-mL-Schwanzhahnkolben abgelassen. Falls IR-spektroskopisch noch Reste an III zu erkennen sind, wird der Kolben mit der Lösung etwas evakuiert und ca. 30 min im Wasserbad auf 50–60 °C erwärmt. Dann werden Lösungsmittel und restliches Fe(CO)$_5$ im Vakuum in eine mit flüssigem Stickstoff gekühlte Falle destilliert. Der rotbraune Rückstand wird in wenig Benzol aufgenommen und unter Argon an Kieselgel (Kieselgel 60, 70–230 mesh ASTM, Merck, im Ölpumpenvakuum entlüftet, mit Argon begast, mit entlüftetem Benzol eingeschlämmt) mit Benzol : Essigester 50 : 2 chromatographiert (Säulendurchmesser 2,5 cm, Höhe der Füllung ca. 15–20 cm). Eine gelbe Vorfraktion (ca. 150 mL) wird verworfen, die rote Hauptfraktion (60–90 mL) wird unter Argon aufgefangen und liefert nach Eindampfen ca. 2,5 g (62% d.Th.) reines, krist. IV.

Literatur

[1] M. Brookhart und G.O. Nelson, J. Organomet. Chem. **164**, 193 (1979).
[2] A.J.P. Domingos, J.A.S. Howell, B.F.G. Johnson und J. Lewis, Inorg. Synth. **16**, 103 (1976).
[3] H.W. Frühauf, Privatmitteilung, modifiziert nach 1 und 2.
[4] N.L. Drake und P. Allen, Jr., Org. Synth. Coll. Vol. I, **1941**, 77.

* Mit freundlicher Genehmigung von Inorganic Synthesis Inc.
  Aus: Inorganic Synthesis **16**, 103 (1976)

Bis(pentahapto-cyclopentadienyl)-titan(IV)-dichlorid, $(C_5H_5)_2TiCl_2$

Daten

NMR δ^1H: 6,70 ppm [1]
Standard: TMS
Lösungsmittel: THF

IR

$\bar{\nu}$ in cm^{-1} [2]	Zuordnung	$\bar{\nu}$ in cm^{-1} [1]	Zuordnung
3077	ν_1	3118 st	ν_sC—H
?	ν_2		
1441	ν_3	1445 st	ν_sC—C
		1375 schw	ν_{as}C—C
1130	ν_4	1131 sschw	Symm. Ringschw.
1015	ν_5	1028 m	δ_{as}C—H
		1014 st	
871	ν_6	868 m	γ_{as}C—H
823	ν_7	820 sst	δ_sC—H
595	ν_8		
415	ν_9		

Zu [1] 4000–1250 cm^{-1} in Hexachlorbutadien
1250– 600 cm^{-1} in Nujol

MS [1]

Fragment	rel. Intensität in % (Bezogen auf die Gesamtausbeute an metallhaltigen Ionen)
$(C_5H_5)_2TiCl_2^+$	12
$(C_5H_5)_2TiCl^+$	18
$(C_5H_5)TiCl_2^+$	29
$(C_5H_5)TiCl^+$	31
$C_3H_3TiCl_2^+$	2
$C_3H_3TiCl^+$	4
$TiCl_2^+$	2
Ti^+	2

Direkteinlaß
100–150 °C
50 eV Ionisierungsenergie

M 249,0 g · mol^{-1}
Schmp. 289 ± 2 °C

Bemerkungen   Hellrote nadelförmige Kristalle. Mäßig löslich in Toluol, Chloroform, Alkoholen; schwer löslich in Ether, Benzol, Schwefelkohlenstoff, Tetrachlorkohlenstoff, Petrolether und Wasser.

Arbeitsvorschrift [3]

$$2\,NaC_5H_5 + TiCl_4 \rightarrow (C_5H_5)_2TiCl_2 + 2\,NaCl$$

Alle Arbeiten werden unter trockenem Schutzgas ausgeführt.

4,6 g (0,2 mol) Na werden in THF fein suspendiert und 13,0 g (0,2 mol) monomeres C_5H_6 (durch thermische Dissoziation von Diclopentadien bei 170 °C) eindestilliert und die Mischung bei Raumtemperatur gerührt, bis die Gasentwicklung beendet ist. Diese Lösung wird dann abgekühlt (0 °C) und in eine Suspension von 14,2 g (0,075 mol) $TiCl_4$ in THF (Gesamtvolumen 250 mL) unter Rühren und Eiskühlung eingetropft. Nach 3 h wird das Lösungsmittel unter vermindertem Druck abdestilliert und der Rückstand wiederholt unter langsamem Durchleiten von HCl mit siedendem Chloroform extrahiert. Nach Abdestillieren des Lösungsmittels unter vermindertem Druck wird noch einmal mit HCl-gesättigtem Chloroform extrahiert und anschließend nach erneutem Abziehen des Lösungsmittels aus Toluol umkristallisiert. Ausbeute 90% bezogen auf $TiCl_4$.

Literatur

[1] P. M. Druce, B. M. Kingston, M. F. Lappert, T. R. Spalding und R. C. Srivastava, J. Chem. Soc. (A) **1969**, 2106.
[2] H. P. Fritz, Adv. Organomet. Chem. **1**, 267 (1964).
[3] G. Wilkinson, und J. M. Birmingham, J. Am. Chem. Soc. **76**, 4281 (1954).

Ammoniumtetrathiowolframat(VI), $(NH_4)_2WS_4$

Daten

DTA-Untersuchung: Exothermes Signal bei 290–300 °C (T_{max}), Zersetzung. [1]

M   348,15 g · mol^{-1}

Arbeitsvorschrift [2]

$$H_2WO_4 + 2\,NH_3 + 4\,H_2S \rightarrow (NH_4)_2WS_4 + 4\,H_2O$$

10 g (0,040 mol) H$_2$WO$_4$ werden unter leichtem Erwärmen in 100 mL 11 M NH$_3$-Lösung in einem 250-mL-Zweihalskolben gelöst. In diese Lösung leitet man etwa 5 h H$_2$S ein, filtriert und füllt das Filtrat in eine passende Flasche – sie muß vollständig gefüllt werden – und verschließt sie. Nach 8–10 d haben sich goldgelbe Kristalle von (NH$_4$)$_2$WS$_4$ abgeschieden. Die Kristalle werden abfiltriert, mit wenig H$_2$S-Wasser, Ethanol und Ether gewaschen und im Vakuumexsikkator 2 d über P$_4$O$_{10}$ getrocknet.

Literatur

[1] H.-J. Frohn, Persönliche Mitteilung.
[2] F. Umland und K. Adam, Übungsbeispiele aus der Anorganischen Chemie, S. Hirzel-Verlag, Stuttgart 1968.

Kalium-trioxalatoferrat(III)-trihydrat, K$_3$[Fe(C$_2$O$_4$)$_3$] · 3 H$_2$O

Daten

IR [1, 2]	$\bar{v}$ in cm^{-1}		Zuordnung
	1712	v_7	v_{as}(C=O)
	1677	v_1	v_{as}(C=O)
	1649		
	1390	v_2	v_s(C—O) + v(C—C)
	1270	v_8	v_s(C—O) + δ(O—C=O)
	1255		
	885	v_3	v_s(C—O) + δ(O—C=O)
	797	v_9	δ(O—C=O) + v(M—O)
	785		
	580		Kristallwasser
	528	v_4	v(M—O) + v(C—C)
	498	v_{10}	Ringdef. + δ(O—C=O)
	366	v_{11}	v(M—O) + Ringdef.
	340	v_5	δ(O—C=O)
	KBr-Preßling		

Thermische Analyse [3]

Die TGA in Luft und Stickstoff ist unterschiedlich, aber die Stufe der Dehydratation ist für beide gleich. Das Wasser beginnt sofort mit dem Aufheizen zu verdampfen und die Dehydratation ist bei 160 °C beendet. Der wasserfreie Komplex ist bis 260 °C stabil. Die Zersetzung des Komplexes an der Luft läuft oberhalb 260 °C ab mit einem ungefähren Gewichtsverlust von 33%, der auf die Bildung von freiem Kaliumoxalat und Fe_2O_3 zurückzuführen ist. Röntgenanalyse des rotbraunen Rückstandes bestätigte die Anwesenheit von Kaliumoxalat, Fe_2O_3 konnte aber nicht nachgewiesen werden, weil es möglicherweise zu fein verteilt war.

Oberhalb von 330 °C ist ein weiterer Gewichtsverlust festzustellen, der bei 380 °C zu einem stabilen Rückstand führt mit einem Gewichtsverlust von insgesamt 41,3%. Dieser Gewichtsverlust ist auf die Bildung von K_2CO_3 aus $K_2C_2O_4$ zurückzuführen. Bei 580 °C macht sich ein zusätzlicher Gewichtsverlust bis auf 45,5% bemerkbar, der unter Bildung eines gelb-grauen Pulvers abläuft, das nach der Röntgenaufnahme aus Kaliumferrat(III) besteht. Eine letzte Zersetzung von überschüssigem Kaliumcarbonat konnte oberhalb von 800 °C beobachtet werden.

Unter Stickstoff zeigt die TGA, daß die Zersetzung wie unter Luft bei 260 °C beginnt, um eine stabile gelbe Festsubstanz nach einem Gewichtsverlust von 18,5% zu liefern, deren Röntgenaufnahme $K_2C_2O_4$ und nicht identifizierte „Pattern" ergibt. Oberhalb 400 °C zersetzt sich diese Mischung, um bei 445 °C zu einem zweiten Rückstand zu führen, der aus $K_2C_2O_4$ und Fe_3O_4 besteht. Über 460 °C hinaus erfolgt langsame Zersetzung, die schließlich zu einem Gemisch von Kaliumcarbonat und Eisen führt.

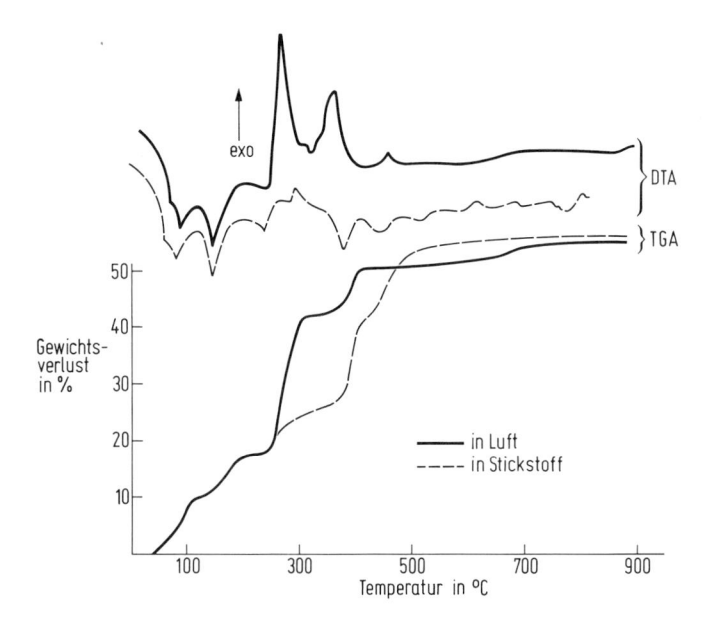

Die Differentialthermoanalyse (DTA) belegt, daß drei Wassermoleküle in einer Dehydratisierungsstufe mit einem endothermen Peak bei 110°C entfernt werden. Die anschließende exotherme Zersetzung unter Luft erzeugt zwei sich überlappende Peaks bei 280°C und 300°C, an die sich ein einzelner Peak bei 345°C anschließt. Bei 430°C und 755°C erscheinen zwei kleinere exotherme Peaks.

Unter Stickstoff erscheint ein kleiner exothermer Peak bei 280°C und ein scharfer endothermer bei 440°C, dem eine kleine Schulter bei 400°C vorgelagert ist. Ein weiterer endothermer Peak folgt bei 520°C.

M   491,25 g · mol^{-1}

Bemerkungen   Grüne Kristalle

Arbeitsvorschrift [4]

$$FeCl_3 + 3 K_2C_2O_4 \rightarrow K_3[Fe(C_2O_4)_3] + 3 KCl$$

Eine Lösung von 5,3 g (0,019 mol) $FeCl_3 \cdot 6 H_2O$ in 8 mL Wasser wird zu einer warmen Lösung von 12 g (0,054 mol) $K_2C_2O_4 \cdot H_2O$ in 20 mL Wasser gegeben. Die Lösung wird auf 0°C abgekühlt und einige Zeit bis zur vollständigen Kristallisation bei dieser Temperatur gehalten. Die Mutterlauge wird abdekantiert und das Salz in 20 mL warmem Wasser gelöst. Erneutes Abkühlen auf 0°C führt zur Kristallisation der Substanz, die abfiltriert wird, mit einigen Millilitern Eiswasser gewaschen und an der Luft getrocknet wird. Ausbeute mehr als 5 g (> 50%).

Literatur

[1] K. Nakamoto, Infrared Spectra of Inorganic and Coordination Compounds, 2. Auflage, Wiley-Interscience, New York 1970.
[2] J. Fujita, A. E. Martell und K. Nakamoto, J. Chem. Phys. **36**, 324 (1962).
[3] D. Broadbent, D. Dollimore und J. Dollimore, J. Chem. Soc. (A) **1967**, 451.
[4] R. C. Johnson, J. Chem. Educ. **47**, 702 (1970).

Kalium-hexacyanocobaltat(III), K$_3$[Co(CN)$_6$]

Daten

IR [1] $\bar{v}$ in cm^{-1} Zuordnung

2143 $v_{C\equiv N}$
In Nujol

M   332,32 g · mol^{-1}

Arbeitsvorschrift* [2–4]

$$2\,CoCl_2 + 4\,KCN \rightarrow 2\,Co(CN)_2 \cdot 2{,}5\,H_2O + 4\,KCl$$

$$2\,Co(CN)_2 \cdot 2{,}5\,H_2O + 6\,KCN \rightarrow 2\,K_3[Co(CN)_5]$$

$$2\,K_3[Co(CN)_5] + O_2 \rightarrow K_6[(CN)_5CoOOCo(CN)_5]$$

$$K_6[(CN)_5CoOOCo(CN)_5] + 2\,KCN \rightarrow 2\,K_3[Co(CN)_6] + K_2O_2$$

I. Eine Lösung von 3,00 g (0,046 mol) KCN in 20 mL H$_2$O wird langsam innerhalb von 10 min zu einer gut gerührten Lösung von 4,80 g (0,020 mol) CoCl$_2$ · 6 H$_2$O in 50 mL H$_2$O gegeben. Der hellgraue Niederschlag von Co(CN)$_2$ · 2,5 H$_2$O wird auf einer Porzellannutsche abgesaugt und mit Portionen von 10 mL kaltem H$_2$O und anschließend mit 10 mL Aceton gewaschen. Die Filtration verläuft sehr langsam und erfordert etwa 30 min. Es sollte eine möglichst große Porzellannutsche benutzt werden.

Das feuchte Salz wird in einen 250-mL-Erlenmeyerkolben überführt und eine Lösung von 6,00 g (0,092 mol) KCN in 25 mL H$_2$O zugesetzt. Die Farbe wechselt von grün nach tiefrot oder rotbraun und zeigt damit die Bildung der Zwischenprodukte K$_3$[Co(CN)$_5$] und K$_6$[(CN)$_5$CoOOCo(CN)$_5$] an. Daß die Oxidation von Co(II) zu Co(III) exotherm verläuft, ist an der Erwärmung des Erlenmeyerkolbens festzustellen. Nach 5 min Rühren erfolgt eine deutliche Abschwächung der Farbe nach orange.

Der Kolbeninhalt wird anschließend 15 min zu leichtem Sieden erwärmt. Die Farbe wechselt erneut zum hellen Gelb des K$_3$[Co(CN)$_6$] in dem Maße, wie die Peroxoverbindung quantitativ zersetzt wird. Die Lösung wird heiß filtriert. Beim Abkühlen werden gelbe Kristalle von Kaliumhexacyanocobaltat(III) erhalten. Der Niederschlag wird abgesaugt. Um größere Verluste an Produkt wegen der guten Löslichkeit in Wasser zu vermeiden, soll das Filtrat fast bis zur Trockene eingedampft und die Kristalle abgesaugt werden. Das Produkt kann aus wenig Wasser umkristallisiert werden. Gesamtausbeute: 75%.

---

* Mit freundlicher Genehmigung von Inorganic Synthesis Inc.
  Aus: Inorganic Synthesis **2**, 225 (1946)

Verläuft die Reaktion unter Ausschluß von Luftsauerstoff, ist ein anderer Weg zu beobachten.

$$2\,CoCl_2 + 4\,KCN \rightarrow 2\,Co(CN)_2 \cdot 2,5\,H_2O + 4\,KCl$$

$$2\,Co(CN)_2 \cdot 2,5\,H_2O + 6\,KCN \rightarrow 2\,K_3[Co(CN)_5]$$

$$2\,K_3[Co(CN)_5] + 2\,KCN + 2\,H_2O \rightarrow 2\,K_3[Co(CN)_6] + H_2 + 2\,KOH$$

II. Das Kobalt(II)cyanid wird wie zuvor hergestellt und in einen 250-mL-Kolben überführt. Zur Durchmischung des Kolbeninhalts ist ein Magnetrührer mit Magnetrührkern erforderlich und der Kolben wird mit Stickstoff gespült. Stickstoff und Wasserstoff können durch einen Seitenansatz des Kolbens ausströmen. Eine Lösung von 6,00 g (0,092 mol) KCN in 25 mL entgastem Wasser wird unter N_2-Atmosphäre zugesetzt und führt sofort zu einer grünen Lösung von $K_3[Co(CN)_5]$. Während dieser Zugabe wird keine Wasserstoffentwicklung beobachtet. Stufenweises Erwärmen der gerührten Lösung zum Sieden führt zu einem Farbwechsel von grün nach gelb und zur Entwicklung von Wasserstoff. Der entwickelte Wasserstoff kann mit einem 250 mL Meßzylinder und einer pneumatischen Wanne aufgefangen werden. Die Stickstoffspülung muß vor dem Erwärmen eingestellt werden. Zur Bestimmung des entwickelten Wasserstoffs muß berücksichtigt werden, daß der Stickstoff beim Erwärmen aus dem Kolben verdrängt wird. Es wurden so 74% Wasserstoff gemessen bei einer Ausbeute von 81% $K_3[Co(CN)_6]$. Die Aufarbeitung des Kaliumhexacyanocobaltat(III) erfolgt wie in Vorschrift I.

Literatur

[1] W.P. Griffith und G. Wilkinson, J. Inorg. Nucl. Chem. **7**, 297 (1958).
[2] P.S. Poskozim, J. Chem. Educ. **46**, 384 (1969).
[3] J.H. Bigelow, Inorg. Synth. **2**, 225 (1946).
[4] G.G. Schlesinger, „Inorganic Laboratory Preparations", S. 84, Chemical Publishing Company, Inc., New York 1962.

Chrom(III)-acetylacetonat, Cr(C$_5$H$_7$O$_2$)$_3$

Daten

IR [1]

$\bar{v}$ in cm^{-1}	$\bar{v}$ in cm^{-1}
1587 st	793 schw
1531 st	774 m
1435 m	691 m
1393 st	678 m
1377 Sch	602 st
1279 st	463 st
1194 schw	421 schw
1020 m	360 m
932 m	

Der Bereich von 5000 cm^{-1} bis 1650 cm^{-1} ist nicht aufgeführt, da nur Banden der C—H-Schwingungen im Bereich von 3000 cm^{-1} auftraten.

Das Spektrum wurde im Bereich von 5000–1325 cm^{-1} mit Halocarbonöl und von 1325–290 cm^{-1} mit Nujol als Suspensionsmittel vermessen.

MS [2]

m/e	rel. Int. [3]	rel. Int. [4]	Zuordnung
M$^+$	19	23	L$_3$Cr$^+$
[M − 99]$^+$	100	100	L$_2$Cr$^+$
[M − 181]$^+$	3	12	LCrOH$^+$
[M − 114]$^+$	5	5	[L$_2$Cr—CH$_3$]$^+$
[M − 198]$^+$	13	45	LCr$^+$
[M − 213]$^+$	1	4	[LCr—CH$_3$]$^+$
[M − 216]$^+$	1	3	[LCr—H$_2$O]$^+$
[M − 297]$^+$	2	2	Cr$^+$

Unter der gestrichelten Linie sind Ionen aufgeführt, die durch eine formelle Erniedrigung der Oxidationsstufe gekennzeichnet sind. Abbauwege sind zu finden in der Literatur [2].

M   349,33 g · mol^{-1}
Schmp. 216 °C
Sdp. ≈ 340 °C
Sublimation: ≈ 100 °C

Bemerkungen   Rotviolette Kristalle
   Praktisch unlöslich in kaltem Wasser, löslich in organischen Lösungsmitteln wie Alkohol, Chloroform, Benzol

Arbeitsvorschrift* [5]

$$CO(NH_2)_2 + H_2O \rightarrow 2NH_3 + CO_2$$

$$CrCl_3 + 3C_5H_8O_2 + 3NH_3 \rightarrow Cr(C_5H_7O_2)_3 + 3NH_4Cl$$

In 100 mL Wasser werden 2,66 g (0,01 mol) $CrCl_3 \cdot 6H_2O$ gelöst und anschließend mit 20 g (0,33 mol) $CO(NH_2)_2$ und 6 g (0,06 mol) $C_5H_8O_2$ versetzt. Die Reaktionsmischung wird mit einem Uhrglas bedeckt und über Nacht auf dem Wasserbad erwärmt. Mit fortschreitender Hydrolyse des Harnstoffs kommt es zur Bildung rotvioletter Kristalle. Sie werden abgesaugt und an der Luft getrocknet.

Das Rohprodukt wird in 20 mL heißem Benzol gelöst und langsam mit 75 mL warmem Petrolether versetzt. Die Mischung wird zuerst auf Raumtemperatur gebracht, mit Eis-Kochsalz-Mischung gekühlt und filtriert. Die Kristalle werden an der Luft getrocknet. Ausbeute: 2,9 g (83 %)

Literatur

[1] K. E. Lawson, Spectrochim. Acta **17**, 249 (1961).
[2] Mass Spectrometry of Metal Compounds, J. Charalambous, Editor, Butterworth, London u. Boston, 1975.
[3] G. M. Bancroft, C. Reichert und J. B. Westmore, Inorg. Chem. **7**, 870 (1968).
[4] C. G. Mac Donald und J. S. Shannon, Aust. J. Chem. **19**, 1545 (1966).
[5] W. C. Fernelius und J. E. Blanch. Inorg. Synth. **5**, 130 (1957).

* Mit freundlicher Genehmigung von Inorganic Synthesis Inc.
  Aus: Inorganic Synthesis **5**, 130 (1957)

Wasserfreie Salpetersäure, HNO$_3$

Daten

IR/Ra [1]

IR $\bar{\nu}$ in cm^{-1}	Ra $\bar{\nu}$ in cm^{-1}	IR $\bar{\nu}$ in cm^{-1}	Zuordnung
3550,0 m	3410 schw, p	3106 m	ν_1
1708,2 sst	1675 schw, dp	1646 sst	ν_2
1330,7 st	1395 schw, p	1420 m	ν_3
1324,9 sst	1303 sst, p	1256 sst	ν_4
878,6 st	926 st, p	958 st	ν_5
646,6 schw	677 st, p	722 st	ν_6
579,0 schw	612 m, dp	707 st	ν_7
762,2 st	771 (berechnet)	773 st	ν_8
455,8 m	485 schw	737 m	ν_9
Gasphase, 25 °C	Flüssigkeit, 25 °C	Festkörper, −190 °C	

Die Tabelle enthält nur Normalschwingungen, keine Kombinationsschwingungen und Obertöne.

Messungen in der Gasphase bei 26,7 mbar (20 Torr) und 66,7 mbar (50 Torr), 10,5 cm-Küvette, AgCl-Fenster.

M   63,00 g · mol^{-1}
Schmp.   −41,6 °C
Sdp.   84 °C (Steigt nach längerem Sieden infolge Zersetzung auf 87 °C)
ϱ_4^{15} 1,524 g · cm^{-3}

Bemerkungen   Farblose Flüssigkeit. Wasserfreie Säure zersetzt sich bei Raumtemperatur, besonders im Licht. Wasserhaltige, 68%ige Salpetersäure besitzt ein Siedemaximum bei 121 °C.

Arbeitsvorschrift [2]

Wiederholte Destillation mit Schwefelsäure

Man geht von einer möglichst konzentrierten Säure aus und bedient sich einer Apparatur, wie sie abgebildet ist.

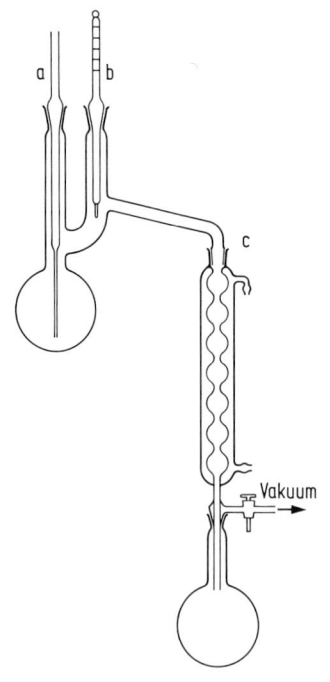

Der Destillationskolben faßt 600 mL und ist mit einer Siedekapillare und einem Schliffthermometer ausgerüstet. Ein angeschlossener Schlangen- oder Kugelkühler mündet in eine Vorlage.

Über eine Kühlfalle und einen Trockenturm ist die Apparatur mit einer Wasserstrahlpumpe verbunden. Ein Dreiwegehahn in der Vakuumleitung erlaubt, ein Manometer anzuschließen. Unter Kühlen mit Eis-Kochsalz-Mischung füllt man nun 150 mL Salpetersäure und 300 mL konzentrierte Schwefelsäure in den Destillierkolben. Beide Säuren müssen mit der gleichen Kältemischung vorgekühlt werden. Nun wird evakuiert und mit einem Wasserbad vorsichtig erwärmt. Salpetersäure geht bei 29,3 mbar (22 Torr) und 37–40 °C farblos in die mit Methanol/Trockeneis gekühlte Vorlage über. Das Destillat wird nochmals mit dem doppelten Volumen konzentrierter Schwefelsäure in der gleichen Weise destilliert. Bei 26,7 mbar (20 Torr) geht die reine Säure bei 36–38 °C über.

Die Schliffe dürfen selbstverständlich nicht mit oxidierbaren organischen Substanzen geschmiert werden. Wenn man nicht feuerpolierte Verbindungen verwenden kann, dient etwas P_4O_{10}, konzentrierte Schwefelsäure oder KEL-F-Fett (Polytrifluorchlorethylen) zur Abdichtung. Auf die Siedekapillare setzt man ein P_4O_{10}-Trockenrohr.

Literatur

[1] G.E. McGraw, D.L. Bernitt und I.C. Hisatsune, J. Chem. Phys. **42**, 237 (1965).
[2] G. Brauer, Handbuch der Präparativen Anorganischen Chemie, 3. Auflage, Bd. I, S. 477, F. Enke-Verlag, Stuttgart 1975.

Distickstoffmonoxid, N₂O

Daten

IR [1, 2, 3]	$\bar{v}$ in cm^{-1}	Punktgruppe: $C_{\infty v}$
	1285 v_1	
	589 v_2	
	2224 v_3	
	gasförmig	

M 44,01 g · mol^{-1}
Schmp. −90,9 °C
Sdp. −88,6 °C

Bemerkungen Die Löslichkeit in Wasser entspricht etwa der des Kohlendioxids (bei Raumtemperatur).

Arbeitsvorschrift [4, 5]

$$NH_2SO_3H + HNO_3 \rightarrow N_2O + H_2SO_4 + H_2O$$

Ein Rundkolben mit Schliff wird mit 4 g (41 mmol) H₂NSO₃H und 10 mL zuvor ausgekochter 73%iger HNO₃ beschickt. Man erwärmt mit kleiner Flamme, bis die Gasentwicklung einigermaßen lebhaft ist. Die Reaktion erhält sich dann von selbst. Wird die Gasentwicklung zu stürmisch, so kühlt man den Kolben kurz mit kaltem Wasser. Das entwickelte Distickstoffmonoxid wird durch ein geeignetes Gasableitungsrohr, in dem sich ein dichtes Glaswollefilter gegen vernebelte Säure befindet, in eine Waschflasche mit 5%iger Natronlauge geleitet und dann getrocknet.

Die Trocknung wird vorgenommen, indem das Gas mit 50%iger Kalilauge, dann mit konzentrierter Schwefelsäure und schließlich mit Tetraphosphordekaoxid (auf Glaswolle in einem längeren Trockenrohr) getrocknet wird. Reinheit 99,9%.

Literatur

[1] H. Siebert, Anwendungen der Schwingungsspektroskopie in der Anorganischen Chemie, S. 45, Springer-Verlag, Berlin–Heidelberg–New York 1966.
[2] R.P. Grosso und T.K. McCubbin jun., J. Mol. Spectrosc. **13**, 240 (1964).
[3] J. Pliva, J. Mol. Spectrosc. **12**, 360 (1964).
[4] G. Brauer, Handbuch der Präparativen Anorganischen Chemie, 3. Auflage, Bd. I, S. 469, F. Enke-Verlag, Stuttgart 1975.
[5] P. Baumgarten, Ber. **71**, 80 (1938, B).

Stickstoffdioxid, NO$_2$

Daten

IR [1]	$\bar{v}$ in cm^{-1}		Zuordnung
	1320	v_1	(A$_1$)
	750	v_2	(A$_1$)
	1618	v_3	(B$_1$)
	gasförmig		

M 46,01 g · mol^{-1}
Schmp. −11,25 °C [2]
Sdp. 21,15 °C

Bemerkungen Braunes Gas, äußerst giftig und korrosiv.
In flüssigem Zustand braun, in festem Zustand farblos, als N$_2$O$_4$ vorliegend.
Beim Schmelzpunkt schwach gelb und 0,01 % NO$_2$ enthaltend.
Beim Siedepunkt tief rotbraune Flüssigkeit (0,1 % NO$_2$).
Gasförmig bei 100 °C/1 bar: 90 % NO$_2$ und 10 % N$_2$O$_4$, oberhalb 150 °C beginnender Zerfall in NO und O$_2$.
Gut löslich in konzentrierter Schwefelsäure und konzentrierter Salpetersäure.

Arbeitsvorschrift [2–7]

$$Pb(NO_3)_2 \rightarrow PbO + 2NO_2 + \tfrac{1}{2}O_2$$

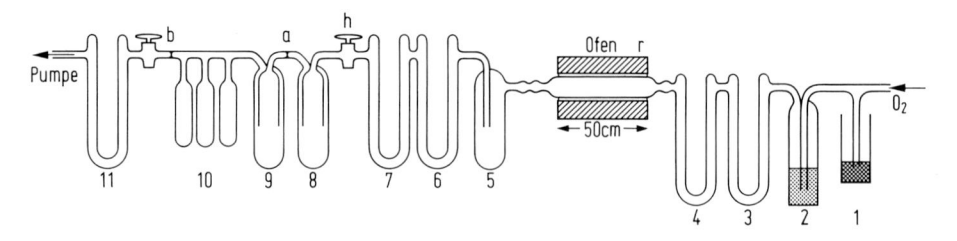

Darstellung von Stickstoffdioxid
r Rohr aus schwerschmelzbarem Glas, a, b Abschmelzstellen, 1 Hg-Überdruckventil, 2 konz. H$_2$SO$_4$, 3, 4 U-Röhren mit Natronkalk, 6 PbO$_2$, 7 P$_4$O$_{10}$, 8, 9 Kühlfallen, 10 Abschmelzampullen, 11 P$_4$O$_{10}$-Trockenrohr
aus: G. Brauer, Handbuch der Präparativen Anorganischen Chemie 3. Auflage Bd. I, S. 471, F. Enke-Verlag Stuttgart 1975.

Pulverisiertes Pb(NO$_3$)$_2$ wird mehrere Tage im Trockenschrank bei 120 °C getrocknet und dann in das Reaktionsrohr aus schwer schmelzbarem Glas eingefüllt. Das Rohr wird in einem langsamen Sauerstoffstrom bis zur beginnenden Gasentwicklung und dann langsam immer stärker erhitzt. Bei ca. 240 °C beginnt die Zersetzung des Bleinitrats und ist bei 550–600 °C vollständig. Das entstandene NO$_2$ wird in horizontal gestellten Rohren 6 und 7, die mit Bleidioxid bzw. Tetraphosphordekaoxid gefüllt sind, gereinigt und getrocknet. Das gereinigte Gas wird im Gefäß 8 bei −78 °C kondensiert. Ist die Zersetzung beendet, wird das zum Schmelzen gebrachte N$_2$O$_4$ im Wasserstrahlvakuum nach Gefäß 9 überdestilliert. Man pumpt zunächst einen Vorlauf ab, destilliert die Hauptmenge über und läßt einen kleinen Rest (wenige Milliliter) in 8. Anschließend wird bei a abgeschmolzen und das N$_2$O$_4$ im Hochvakuum in die einzelnen Ampullen 10 destilliert, die dann abgeschmolzen werden können.

Literatur

[1] H. Siebert, Anwendungen der Schwingungsspektroskopie in der Anorganischen Chemie, S. 48, Springer-Verlag, Berlin 1966.
[2] G. Brauer, Handbuch der Präparativen Anorganischen Chemie, 3. Auflage, Bd. I, S. 471, F. Enke-Verlag, Stuttgart 1975.
[3] M. Bodenstein, Z. Physik. Chem. **100**, 68 (1922).
[4] A. Klemenc und J. Rupp, Z. Anorg. Allg. Chem. **194**, 51 (1922).
[5] P. A. Guye und G. J. Druginin, J. Chim. Phys. **8**, 489 (1910).
[6] F. E. Schetter und J. P. Treub, Z. Phys. Chem. **81**, 308 (1913).
[7] A. Klemenc, Die Behandlung und Reindarstellung von Gasen, S. 207, Springer-Verlag, Wien (1948).

Iodsäure, HIO₃

Daten

IR [1] $\bar{\nu}$ in cm^{-1}	Zuordnung
2920 breit, schwach	ν(OH)
1163 schw 1101 schw	δ(OH)
835 Sch 820 Sch 804	ν_{3a}
763 745 Sch 718 Sch	ν_{3b}
650 m 637 m } breite Bande 577 m	ν_1
462 schw	

In Nujol und Hexachlorbutadien aufgenommen. Plattenmaterial KBr bzw. NaCl

M 175,91 g · mol^{-1}
Schmp. 110 °C (Zersetzung)

Bemerkungen Farblose Kristalle

Die Wasserabspaltung beginnt in geringem Maße bereits bei 70 °C, besonders wenn eine ganz geringe Menge HI$_3$O$_8$ bereits zugegen ist. Über 220 °C findet völlige Entwässerung zu I$_2$O$_5$ statt.

HIO$_3$ ist zwar leicht wasserlöslich, aber nicht hygroskopisch. Da HIO$_3$ lichtempfindlich ist, wird man, wenn ein völlig farbloses Präparat erforderlich ist, die Darstellung zweckmäßig unter weitgehendem Lichtausschluß vornehmen.

Arbeitsvorschrift [2, 3, 4]

$$3 I_2 + 10 HNO_3 \rightarrow 6 HIO_3 + 10 NO + 2 H_2O$$

100 g (0,394 mol) zweifach sublimiertes I$_2$ werden in einem Erlenmeyerkolben, der mit einem wasserdurchflossenen Rundkolben bedeckt ist, mit 500 g reiner rauchender HNO$_3$ auf 70–80 °C erhitzt, bis die Lösung eine hellgelbe Farbe angenommen hat. Das Reaktionsgemisch wird auf dem Wasserbad zur Trockene verdampft, dann einige Male mit etwas Wasser versetzt und nochmals zur Trok-

kene verdampft. Der Rückstand wird in konzentrierter Salpetersäure auf dem Wasserbad aufgenommen und die klare, farblose Lösung rasch in Eis gekühlt. Auf einer Glasfritte werden die ausgeschiedenen Kristalle abgesaugt und mehrere Tage im Exsikkator über festem Kaliumhydroxid oder im Trockenschrank bei etwa 60 °C getrocknet. Große Kristalle können erhalten werden, wenn man eine Iodsäurelösung in 20%iger Salpetersäure – möglichst nach Animpfen mit einem Impfkristall – langsam bei gewöhnlicher Temperatur oder über Calciumchlorid im Vakuumexsikkator eindunsten läßt, dann absaugt und mit ganz wenig Wasser wäscht.

Literatur

[1] W. E. Dasent und T. C. Waddington, J. Chem. Soc. **1960**, 2428–32.
[2] G. Brauer, Handbuch der Präparativen Anorganischen Chemie, 3. Auflage, Bd. I, S. 326, F. Enke-Verlag, Stuttgart 1975.
[3] E. Moles und A. Perez-Vitoria, Z. Phys. Chem. (A) **156a** (Bodenstein-Festband), 583 (1931).
[4] G. P. Baxter und G. St. Tilley, Z. Anorg. Allg. Chem. **61**, 295 (1909).

Tellursäure, H_6TeO_6

Daten

IR/Ra [1, 2]	$\bar{\nu}$ in cm^{-1}	Zuordnung
	3100 sst, b	
	2370 m	
	2280 m	$2\delta(TeOH)$
	2200 schw, Sch	
	1222 st	
	1190 mst, Sch	$\delta(TeOH)$
	1125 mst	
	730 st, Sch	
	708 st	
	675 sst, Sch	
	658 sst	$\nu(TeO)$
	650 sst, Sch	
	605 mst, b, Sch	
	411 schw	$\delta(TeO)$

Die Spektren wurden sowohl in Nujol-Suspension als auch in KBr vermessen und zeigten nur geringe Unterschiede.

Durch Kombination mit einem Ramanspektrum (in Lösung) ergeben sich folgende Normalschwingungen:

$\bar{\nu}$ in cm^{-1}	Zuordnung	Punktgruppe: O_h
646	ν_1 (A$_{1g}$)	
622	ν_2 (E$_g$)	
658	ν_3 (F$_{1u}$)	
411	ν_4 (F$_{1u}$)	
351	ν_5 (F$_{2g}$)	

M   229, 64 g · mol^{-1}

Schmp.   ≈ 136 °C (im geschlossenen Rohr)

Bemerkungen   Farblose, luftbeständige Kristalle, die in einer monoklinen Modifikation und einer kubischen Modifikation auftreten können; die großen Kristalle sind gewöhnlich monoklin, während das mikrokristalline Pulver häufig aus einer Mischung beider Formen besteht. Beim Erhitzen geht H$_6$TeO$_6$ zwischen 100 °C und 220 °C in feste, wasserunlösliche Polymetatellursäure über, die oberhalb 220 °C in TeO$_3$ und ab 400 °C in TeO$_2$ und O$_2$ zerfällt.

Arbeitsvorschrift [3, 4, 5]

$$5\,Te + 6\,HClO_3 + 12\,H_2O \rightarrow 5\,H_6TeO_6 + 3\,Cl_2$$

Als Ausgangsmaterialien dienen reines, feinstgepulvertes Tellur und eine wäßrige HClO$_3$-Lösung. Die für die Oxidation von 12,75 g (0,1 mol) Te benötigte Säuremenge bereitet man durch Zugabe einer lauwarmen Mischung von 40 mL H$_2$O und 7,2 mL konz. H$_2$SO$_4$ zu einer Lösung von 24 g Ba(ClO$_3$)$_2$ · H$_2$O in 100 mL H$_2$O. Nach etwa 5 h wird vom ausgeschiedenen Bariumsulfat durch ein Filter abdekantiert und der Rückstand eventuell einmal mit Wasser ausgezogen. Zur Oxidation füllt man die angegebene Tellur-Menge in einen 500-mL-Rundkolben, durchfeuchtet mit 5 mL 50%iger HNO$_3$ und gibt unter dem Abzug etwa ein Viertel der Chlorsäurelösung zu. Bei kräftigem Umschwenken gerät der Kolbeninhalt bald ins Sieden, und die Umsetzung verläuft in der Hitze unter starker Chlorentwicklung direkt zu Tellursäure. Auf keinen Fall darf die Reaktion durch vorübergehende Kühlung gebremst werden. Sollten in der Flüssigkeit weiße Flocken (H$_2$TeO$_3$ bzw. TeO$_2$) auftreten, so muß der Kolbeninhalt auf dem Babotrichter dauernd zum Sieden erhitzt werden. Sobald die Chlorentwicklung nachgelassen hat, gibt man den Rest der Chlorsäurelösung in mehreren großen

Anteilen zu und hält dabei unter ständigem Umschwenken weiter im Sieden. Nach 30 min soll die Umsetzung beendet und alles Tellur gelöst sein. Die klare Flüssigkeit wird nun in einer Porzellanschale zunächst auf freier Flamme, zum Schluß auf dem Wasserbad eingeengt, bis sich Kristalle abzuscheiden beginnen (etwa $^1/_3$ des ursprünglichen Volumens). Man stellt dann die Schale auf Eis und rührt die Säure als feines rein weißes Kristallmehl aus. Der durch eine Glasfrittennutsche abgesaugte Niederschlag wird zur Entfernung von anhaftenden Spuren HCl noch einmal in heißem destilliertem Wasser gelöst, die Lösung mit einigen Tropfen verdünnter Silbernitratlösung versetzt und nach dem Abfiltrieren des Silberchlorids erneut bis zur beginnenden Kristallisation eingedampft. Beim langsamen Abkühlen scheidet sich die Säure in schönen, wasserklaren, bis zu 2 cm langen Kristallen aus. Man saugt durch eine Glasfritte ab, wäscht mit Wasser von 0 °C, danach mit Alkohol und Ether aus und trocknet im Vakuumexsikkator über P_4O_{10}. Aus der Mutterlauge kann durch Versetzen mit dem gleichen Volumen Alkohol noch eine feinkristalline, in kaltem Wasser etwas leichter lösliche Fraktion gewonnen werden. Gesamtausbeute 90–95%.

Literatur

[1] H. Siebert, Anwendungen der Schwingungsspektroskopie in der Anorganischen Chemie, S. 103 und S. 82, Springer-Verlag, Berlin–Heidelberg–New York 1966.
[2] H. Siebert, Z. Anorg. Allg. Chem. **301**, 161 (1959).
[3] G. Brauer, Handbuch der Präparativen Anorganischen Chemie, 3. Auflage, Bd. I, S. 438, F. Enke-Verlag, Stuttgart 1975.
[4] J. Meyer und M. Holowatyj, Ber. **81**, 119 (1948).
[5] J. Meyer und W. Franke, Z. Anorg. Allg. Chem. **193**, 191 (1930).

Iodcyanid, ICN

Daten

IR/Ra	IR [1] $\bar{\nu}$ in cm^{-1}	IR [2] $\bar{\nu}$ in cm^{-1}	IR [3] $\bar{\nu}$ in cm^{-1}	Ra [4] $\bar{\nu}$ in cm^{-1}	Zuordnung
	451,5	451,5	486	486	ν_1
	327	328,5	320	zu schwach	ν_2
	2176	2176	2168	2168	ν_3

[1] kristallin bei 77 K
[2] kristallin bei 93 K
[3] gelöst in CHCl$_3$

M 152,92 g·mol^{-1}
Schmp. 146,5 °C (zugeschmolzenes Rohr)

Bemerkungen Farblose Kristalle, durch anhaftendes Iod häufig etwas braun gefärbt. Sublimierbar.

Arbeitsvorschrift [5]

$$NaCN + I_2 \rightarrow ICN + NaI$$

In einem 250-mL-Dreihalskolben mit Rührer und Thermometer werden 27 g (0,55 mol) NaCN in 100 mL Wasser gelöst. Man stellt den Kolben in ein Kältebad und kühlt die Lösung auf 0 °C ab. Dann werden insgesamt 127 g (0,50 mol) I_2 in Portionen von 3–5 g unter kräftigem Rühren in diese Lösung eingetragen. Arbeitet man dabei mit einer Einfüllbirne, dann muß entweder am Rührer- oder auch am Thermometereintritt noch eine Gefäßöffnung sein, die einen Druckausgleich gestattet. Man gebe jeweils nur nach völliger Umsetzung des zugefügten Iods (Entfärbung) eine weitere Menge Iod in die Reaktionslösung und achte darauf, daß die Temperatur des Reaktionsgemisches nicht über 5 °C ansteigt. 10 min nach Zusatz des gesamten Iods extrahiert man in einem Scheidetrichter aus der wäßrigen Phase zuerst mit 120 mL, dann mit 100 mL und schließlich mit 80 mL Diethylether das Iodcyanid. Die vereinigten Etherauszüge werden anschließend bei Zimmertemperatur unter vermindertem Druck eingedampft. Der danach verbleibende hellbraune Rückstand wird mit 150 mL Chloroform aufgenommen. Man erhitzt die Chloroformlösung zum Sieden und filtriert sie heiß. Das Filtrat kühlt man langsam auf −10 °C ab, wobei reines Iodcyanid in farblosen, nadelförmigen Kristallen ausfällt. Man filtriert die Kristalle ab, wäscht mit wenig kaltem Chloroform und trocknet an der Luft.

Literatur

[1] A. R. Bandy, H. B. Friedrich und W. B. Person, J. Chem. Phys. **53**, 674 (1970).
[2] W. O. Freitag und E. R. Nixon, J. Chem. Phys. **24**, 109 (1956).
[3] W. B. Person, R. E. Humphrey und A. J. Popov, J. Am. Chem. Soc. **81**, 273 (1959).
[4] D. A. Bahnick und W. B. Person, J. Chem. Phys. **48**, 5637 (1968).
[5] F. Umland und K. Adam, Übungsbeispiele aus der Anorganischen Experimentalchemie, S. 249, S. Hirzel-Verlag, Stuttgart 1968.

Chromnitrid, CrN

Daten

Röntgenstruktur
    NaCl-Typ

11-65

d	2.07	2.39	1.46	2.39	CrN
I/I_1	100	80	80	80	CHROMIUM NITRIDE

Rad. CuKα λ 1.542 Filter Ni Dia. 9cm				
Cut off I/I_1 VISUAL				
Ref. TURKDOGAN AND IGNATOWICE, J. IRON STEEL INST.				
(LONDON) 188 242 (1958)				
Sys. CUBIC S.G. FM3M (225)				
a_0 4.140 b_0 c_0 A C				
α β γ Z 4 Dx 6.1				
Ref. IBID.				

d Å	I/I_1	hkl
2.394	80	111
2.068	100	200
1.463	80	220
1.249	60	311
1.197	30	222
1.034	30	400
0.9496	50	331
.9260	60	420
.8460	60	422
.7979	30	511

εα   nωβ   εγ   Sign
2V   D 5.9   mp   Color
Ref. BLIX, Z. PHYSIK. CHEM. B3 229 (1929)

NACL TYPE.

REPLACES 3-1157

M   66,00 g · mol^{-1}

Bemerkungen   Schwarzes, magnetisches Pulver, unlöslich in Säuren und Laugen.

Arbeitsvorschrift [1–4]

I. $Cr + \frac{1}{2}N_2 \rightarrow CrN$

II. $CrCl_3 + 4NH_3 \rightarrow CrN + 3NH_4Cl$

I. Gepulvertes Elektrolytchrom wird in einem Quarz- oder Porzellanrohr im trockenen, O_2-freien Stickstoffstrom 2 h auf 800 °C bis 900 °C erhitzt. Nach dem Abkühlen wird das Produkt im Achatmörser zerrieben und noch einmal im Stickstoffstrom 2 h geglüht. Das Endprodukt wird so lange mit Salzsäure behandelt, bis sich nichts mehr löst, die Flüssigkeit also farblos bleibt. Der schwarze Rückstand wird ausgewaschen und getrocknet.

II. In einem schwer schmelzbaren Glasrohr (Duran 50) von etwa 25–30 cm Länge werden 5–10 g wasserfreies $CrCl_3$ im Ammoniakstrom mit dem Reihenbrenner zunächst gelinde und dann stark geglüht. Der Ammoniakstrom wird einer Bombe entnommen oder aus etwa 300 mL konzentriertem Ammoniakwasser durch Erhitzen gewonnen und durch einen Kalkturm und ein großes, mit CaO beschichtetes U-Rohr getrocknet. Das Reaktionsrohr trägt kein Ableitungsrohr, da sich ein solches durch sublimierendes Ammoniumchlorid verstopfen würde (Abzug!). Man glüht, bis keine Ammoniumchloriddämpfe mehr entweichen, läßt erkalten, pulvert das Reaktionsprodukt und glüht es nochmals im Ammoniakstrom aus. Die Ausbeute ist nahezu quantitativ.

Wünscht man, Spuren von Cr(III)-chlorid aus dem Präparat zu entfernen, so zieht man es in der Kälte mit etwas verdünnter Salzsäure unter Zugabe von etwas Zinn aus, wäscht mit Wasser, saugt ab und trocknet bei 100 °C bis 120 °C.

Literatur

[1] G. Brauer, Handbuch der Präparativen Anorganischen Chemie, 3. Auflage, Bd. III, S. 1493, F. Enke-Verlag, Stuttgart 1981.
[2] F. Briegleb und A. Geuther, Liebigs Ann. Chem. **123**, 239 (1862).
[3] R. Blix, Z. Phys. Chem., B **3**, 236 (1929).
[4] H. Biltz und W. Biltz, Übungsbeispiele aus der Anorg. Experimentalchemie, 3. und 4. Auflage 1920, S. 20.

Wolfram(IV)-sulfid, WS$_2$

Daten

Röntgenbeugung

8-237

d	6.18	2.28	2.67	6.18	WS$_2$					
I/I$_1$	100	36	27	100	Tungsten Sulfide			(Tungstenite)		

Rad. CuKα$_1$ λ 1.5405 Filter Ni Dia.
Cut off I/I$_1$ Diffractometer
Ref. NBS Circular 539, **8** (1958)

Sys. Hexagonal S.G. D_{6H}^4 — P6$_3$/MMC
a$_0$ 3.154 b$_0$ c$_0$ 12.362 A C
α β γ Z 2 Dx 7.732
Ref. Ibid.

εa nωβ εγ Sign
2V D mp Color Black; opaque
Ref.

Sample made at the NBS by combination of the elements in a sealed fused silica tube at 900°C. Spect. anal. showed <0.1% Mg, Si, <0.01% Cr, Cu, Mn, Pb. MoS$_2$ structure type. Pattern made at 25°C.

Replaces 2–0131

d Å	I/I$_1$	hkl	d Å	I/I$_1$	hkl
6.18	100	002	1.1954	4	205
3.089	13	004	1.1271	<1	1.0.10
2.731	24	100	1.1037	8	118
2.667	27	101	1.0392	2	1.0.11
2.498	7	102	1.0300	4	0.0.12
2.2772	36	103	1.0012	4	213
2.0606	12	006	0.9726	3	1.1.10
1.8335	17	105	.9524	4	215
1.6455	2	106	.9117	1	300
1.5783	16	110	.9021	1	302
1.5458	8	008	.8981	3	1.0.13
1.5288	14	112	.8830	<1	0.0.14
1.4832	3	107	.8630	1	2.0.11
1.4052	5	114	.8626	1	1.1.12
1.3658	3	200			
1.3575	3	201			
1.3449	4	108			
1.2524	7	116			
1.2362	1	0.0.10			
1.2274	1	109			

M 247,98 g · mol^{-1}
Schmp. 1250 °C (Zers.)

Bemerkungen Grau, metallisch, löslich in HNO$_3$ + HF und geschmolzenen Alkalimetallen

Arbeitsvorschrift [1]

$$(NH_4)_2WS_4 \rightarrow WS_2 + 2\,NH_3 + H_2S + S$$

Man füllt die Kristalle von (NH$_4$)$_2$WS$_4$ in ein schwerschmelzbares Glasrohr, durch das trockenes Kohlendioxid geleitet wird. Man erwärmt im Ofen, um vollständige Thermolyse zu gewährleisten, bis 150 °C über die aus dem DTA-Diagramm zu entnehmende Zersetzungstemperatur (aber nicht über 500 °C). Dunkles, beim Anreiben metallisch glänzendes Pulver bleibt zurück. Man läßt es im Kohlendioxidstrom erkalten.

Literatur

[1] F. Umland und K. Adam, Übungsbeispiele aus der Anorganischen Chemie, S. Hirzel-Verlag, Stuttgart 1968

Titan(IV)-sulfid, TiS$_2$

Daten

Röntgenstruktur
Kristallstruktur: Cd(OH)$_2$-Typ

15-853 Calculated Pattern (Peak height intensities)

d	2.62	5.69	2.05	5.69	TiS$_2$
I/I$_1$	100	55	45	55	Titanium Sulfide

Rad. Cu λ Filter Dia.
Cut off I/I$_1$
Ref. Nat. Bur. Stds. (U.S.) Mono. 25, Sec. 4 (1965)

Sys. hexagonal S.G. P$\bar{3}$m1(No. 164)
a$_0$ 3.4049 b$_0$ c$_0$ 5.6912 A C
α β γ Z 1 Dx 3.255
Ref. Y. Jeannin and J. Bénard, Compt. Rend. 248, 2875 (1959).

ε a n ω β ε γ Sign
2V D mp Color
Ref.

d Å	I/I$_1$	hkl	d Å	I/I$_1$	hkl
5.69	55	001	1.092	10	114
2.95	2	100			
2.85	2	002			
2.62	100	101			
2.05	45	102			
1.90	2	003			
1.70	25	110			
1.63	8	111			
1.60	16	103			
1.474	<1	200			
1.461	<1	112			
1.427	10	201			
1.423	4	004			
1.309	8	202			
1.281	<1	104			
1.267	2	113			
1.164	6	203			
1.138	<1	005			
1.114	<1	210			
1.094	8	211			

M 112,03 g · mol^{-1}
ϱ_4^{20} 3,22 g · cm^{-3} [1] 3,28 g · cm^{-3} [2]

Bemerkungen Messinggelbe, metallglänzende Schuppen; bei gewöhnlicher Temperatur luftbeständig, beim Erhitzen an der Luft Übergang zu TiO$_2$. Zersetzung durch Salpetersäure und heiße konzentrierte Schwefelsäure unter Schwefelabscheidung. Löslich in siedender Natron- und Kalilauge unter Bildung von Alkalititanat und -sulfid [2].

Arbeitsvorschrift* [3]

$$TiCl_4 + 2H_2S \rightarrow TiS_2 + 4HCl$$

---

* Mit freundlicher Genehmigung von Inorganic Synthesis Inc.
Aus: Inorganic Synthesis **5**, 83 (1957)

$$TiCl_4 + 2\,H_2S \longrightarrow TiS_2 + 4\,HCl$$

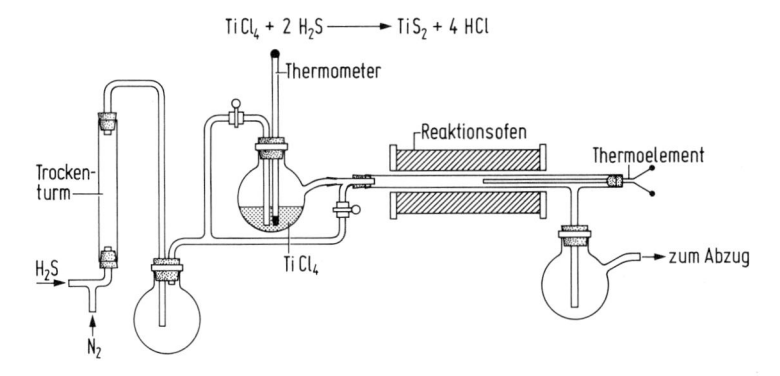

Ein langsamer Stickstoffstrom wird durch die Apparatur geleitet. Die gesamte Apparatur wird von außen mit Heißluft sorgfältig getrocknet. Stickstoff wird durch eine alkalische Pyrogallollösung geleitet, um Sauerstoff zu entfernen. Unter Stickstoffspülung werden 50 mL (0,46 mol) TiCl$_4$ eingefüllt.

Der Röhrenofen (30 mm Innendurchmesser, Glas) wird auf 650 °C und das Heizbad für TiCl$_4$ auf 145–150 °C erwärmt. Der Stickstoffstrom wird nun abgestellt und Schwefelwasserstoff (H$_2$S) in mäßigem Strom durchgeleitet. Der mit TiCl$_4$-Dampf gesättigte Schwefelwasserstoff wird durch den Reaktionsofen geleitet und bildet TiS$_2$. Die Reaktion dauert etwa 70–75 min.

Nach der Reaktion läßt man so lange H$_2$S durch die Apparatur strömen, bis die Temperatur auf ca. 200 °C abgesunken ist. Zum weiteren Abkühlen wird Stickstoff eingeleitet. Bei Raumtemperatur wird das Reaktionsprodukt aus dem Glasrohr herausgestoßen und an der Luft fein pulverisiert. Die Ausbeute beträgt 27,7 g (55 % bezogen auf TiCl$_4$).

Literatur

[1] Handbook of Chemistry and Physics, 58. Auflage, The Chemical Rubber Co., Cleveland (USA), 1977/78.
[2] G. Brauer, Handbuch der Präparativen Anorganischen Chemie, 3. Auflage, Bd. II, S. 1372, F. Enke-Verlag, Stuttgart 1978.
[3] R. C. Hall und J. P. Michel, Inorg. Synth. **5**, 83 (1957).

Magnesiumsilicid, Mg$_2$Si

Daten

Röntgenstruktur
　　　Kristallstruktur: Fluorit-Typ

1-1192 UNCHANGED						
3247 d 1-1187	2.25	3.70	1.30	3.70	Mg$_2$Si	
I/I$_1$ 1-1192	100	40	40	40	MAGNESIUM SILICIDE	

				d Å	I/I$_1$	hkl
Rad. MoKα　λ 0.709　Filter ZrO$_2$				3.70	40	111
Dia. 16 INCHES Cut off　Coll.				3.20	10	200
I/I$_1$ CALIBRATED STRIPS　d corr. abs.? No				2.25	100	220
Ref. H				1.92	15	311
				1.84	2	222
Sys. CUBIC　　　　　　S.G. O$_H^5$ FM3M						
a$_0$ 6.39　b$_0$　　c$_0$　　A　　C				1.59	20	400
α　β　γ　Z 4				1.466	6	331
Ref. WY, WYS				1.430	2	420
				1.304	40	422
				1.229	5	511
εa　　nωβ　εγ　Sign						
2V　D　mp　Color				1.129	8	440
Ref.				1.079	3	531
				1.009	9	620
				0.854	6	642
				*.847	3	731
				.754	1	822
*CALCULATED D=0.833						
INDEXED BY NBS USING A=6.40						

568

M　　　76,71 g · mol^{-1}
Schmp.　1102 °C
ϱ_4^{20}　　1,94 g · cm^{-3}

Bemerkungen　Harte, spröde, schieferblaue Kristalle; gegen Laugen beständig. Säuren zersetzen Mg$_2$Si unter Bildung von Siliciumwasserstoffen und Wasserstoff.

Arbeitsvorschrift [1]

$$2\,\text{Mg} + \text{Si} \rightarrow \text{Mg}_2\text{Si}$$

Magnesium-Feilspäne und gepulvertes Silicium werden im Verhältnis 3 : 1 gemischt, in ein Magnesiumoxidschiffchen eingefüllt und im Hochvakuum erhitzt. Die Reaktion beginnt bei 450 °C und dauert einige Minuten. Dabei vergrößert sich das Volumen sehr stark. Das Reaktionsprodukt enthält einen Überschuß an

Magnesium, der auf zwei Wegen entfernt werden kann:
1. Metallisches Magnesium wird bei 700 °C abdestilliert.
2. Das feste Reaktionsprodukt wird fein zermörsert und das Metall entweder mit Ethyliodid in Gegenwart von wasserfreiem Ether oder mit etherischem Brombenzol und einigen Körnchen Iod herausgelöst. Anschließend wird das Produkt mit Ether ausgewaschen und bei 300 °C getrocknet.

Literatur

[1] G. Brauer, Handbuch der Präparativen Anorganischen Chemie, 3. Auflage, Bd. 2, S. 916, F. Enke-Verlag, Stuttgart 1978.

Anhang

	PSE
I	Wellenzahlen der wichtigsten Störbanden im IR-Spektrum
II	IR-Lösungsmittelspektren
III	IR-Materialien für Küvettenfenster
IV	IR-Durchlässigkeitswerte für Küvettenmaterial
V	^{1}H—NMR-Spektren der gebräuchlichsten Lösungsmittel
VI	^{13}C—NMR-Spektren der gebräuchlichsten Lösungsmittel
VII	^{1}H—NMR-Referenzsubstanzen
VIII	^{13}C—NMR-Referenzsubstanzen
IX	^{19}F—NMR-Referenzsubstanzen
X	Reinigungsgerät für NMR-Röhrchen
XI	Massenspektren von Lösungsmitteln
XII	Massenspektren von Hahnfett
XIII	Fließmittelstärken (eluotrope Reihe)
XIV	Trockenmittel
XV	Trocknung von Lösungsmitteln über Al_2O_3
XVI	Trocknung von Lösungsmitteln über Molekularsieb
XVII	Physikalische Eigenschaften üblicher Lösungsmittel
XVIII	Reinigung von Lösungsmitteln
XIX	UV-Absorptionsgrenze von Lösungsmitteln
XX	Gefahrenklassen und Unfallverhütungsvorschriften

Periodensystem der Elemente

IA	IIA	IIIB	IVB	VB	VIB	VIIB	VIIIB
1 H 1.008							
3 Li 6.939	4 Be 9.012						
11 Na 22.990	12 Mg 24.312						
19 K 39.102	20 Ca 40.08	21 Sc 44.956	22 Ti 47.90	23 V 50.942	24 Cr 51.996	25 Mn 54.938	26 Fe 55.847	27 Co 58.933
37 Rb 85.47	38 Sr 87.62	39 Y 88.905	40 Zr 91.22	41 Nb 92.906	42 Mo 95.94	43 Tc (99)	44 Ru 101.07	45 Rh 102.91
55 Cs 132.91	56 Ba 137.34	57 La 138.91	72 Hf 178.49	73 Ta 180.95	74 W 183.85	75 Re 186.2	76 Os 190.2	77 Ir 192.2
87 Fr (223)	88 Ra (226)	89 Ac (227)	104 Ku[1] (257–260)	105 Ha[2] (260)				

58 Ce 140.12	59 Pr 140.91	60 Nd 144.24	61 Pm (145)	62 Sm 150.35	63 Eu 151.96	64 Gd 157.25	65 Tb 158.92	66 Dy 162.50
90 Th 232.04	91 Pa (231)	92 U 238.03	93 Np (237)	94 Pu (242)	95 Am (243)	96 Cm (247)	97 Bk (249)	98 Cf (251)

VIIIB	IB	IIB	IIIA	IVA	VA	VIA	VIIA	Edelgase
								2 He 4.003
			5 B 10.811	6 C 12.011	7 N 14.007	8 O 15.999	9 F 18.998	10 Ne 20.183
			13 Al 26.982	14 Si 28.086	15 P 30.974	16 S 32.064	17 Cl 35.453	18 Ar 39.948
28 Ni 58.71	29 Cu 63.54	30 Zn 65.37	31 Ga 69.72	32 Ge 72.59	33 As 74.922	34 Se 78.96	35 Br 79.909	36 Kr 83.80
46 Pd 106.4	47 Ag 107.87	48 Cd 112.40	49 In 114.82	50 Sn 118.69	51 Sb 121.75	52 Te 127.60	53 I 126.90	54 Xe 131.30
78 Pt 195.09	79 Au 196.97	80 Hg 204.59	81 Tl 204.37	82 Pb 207.19	83 Bi 208.98	84 Po (210)	85 At (210)	86 Rn (222)

67 Ho 164.93	68 Er 167.26	69 Tm 168.93	70 Yb 173.04	71 Lu 174.97
99 Es (254)	100 Fm (253)	101 Md (256)	102 No (253)	103 Lr (257)

I Wellenzahlen der wichtigsten Störbanden im IR-Spektrum

Aus: H. Günzler und H. Böck, IR-Spektroskopie, Taschentext 43/44, Verlag Chemie, Weinheim 1975.

Wellenzahl in cm^{-1}	Störung durch:	Anmerkungen
3450–3330	H_2O	Wasser in der Substanz bzw. in KBr
2345	CO_2	Inkompensation Meß-/Vergleichsstrahl
2325	CO_2	gelöst in Flüssigkeit
2000–1280	H_2O	Gas
1755–1695	C=O	Carbonylverbindungen verschiedenen Ursprungs (Weichmacher, Aceton, Oxidierte Produkte etc.)
1640	H_2O	
1610–1515	—COO$^-$	Org. Salze, evtl. aus der Reaktion mit dem Fenstermaterial
1355	NO_3^-	aus KBr, H_2O-Rückständen etc.
1265	Si—CH_3	Schliff-Fett
1100–1050	SiO_2 Si—O—Si	Glas
837	NO_3^-	aus KBr, H_2O-Rückständen etc.
973	CCl_4	Lösungsmittel
667	CO_2	Inkompensation Meß-/Vergleichsstrahl

II IR-Lösungsmittelspektren

Aus: H. Günzler und H. Böck, IR-Spektroskopie, Taschentext 43/44, Verlag Chemie, Weinheim 1975.

IR-Spektren der wichtigsten Lösungsmittel

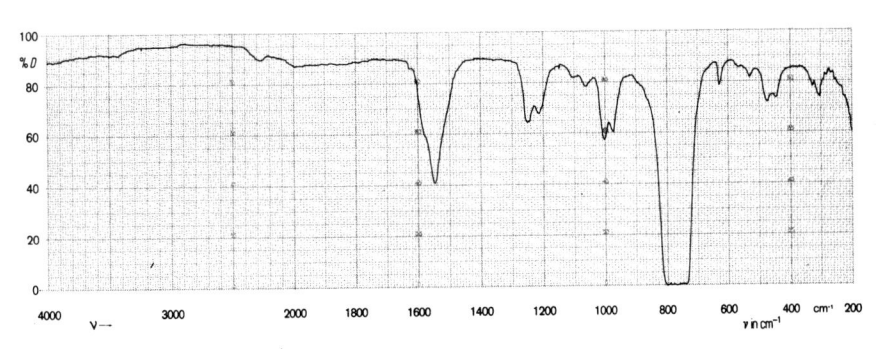

Tetrachlormethan.

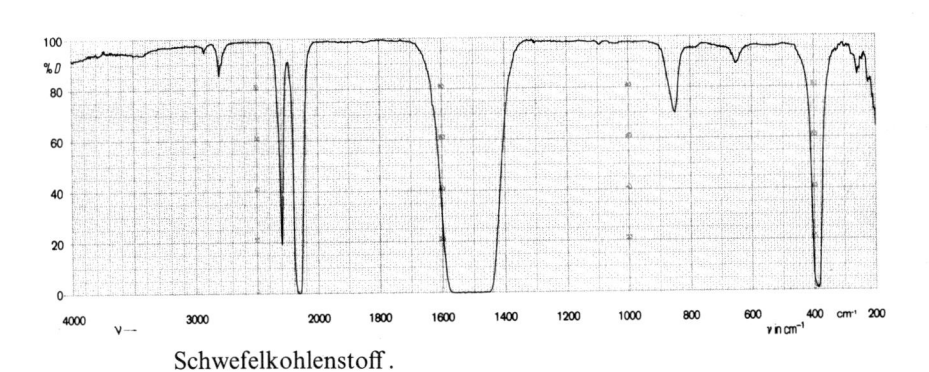

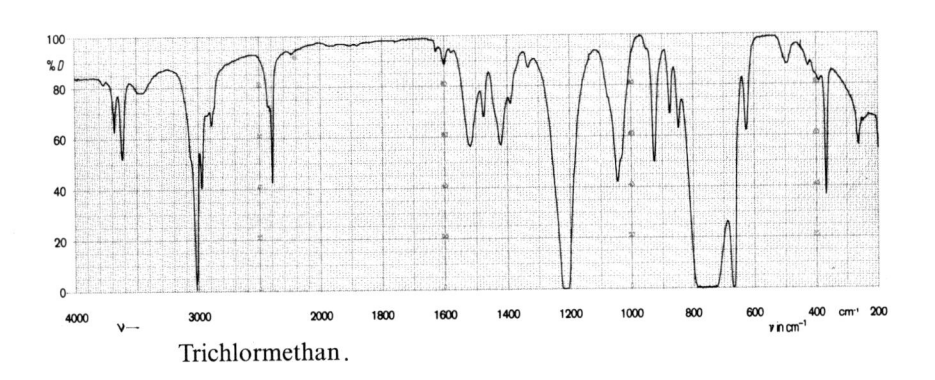

Schwefelkohlenstoff.

Trichlormethan.

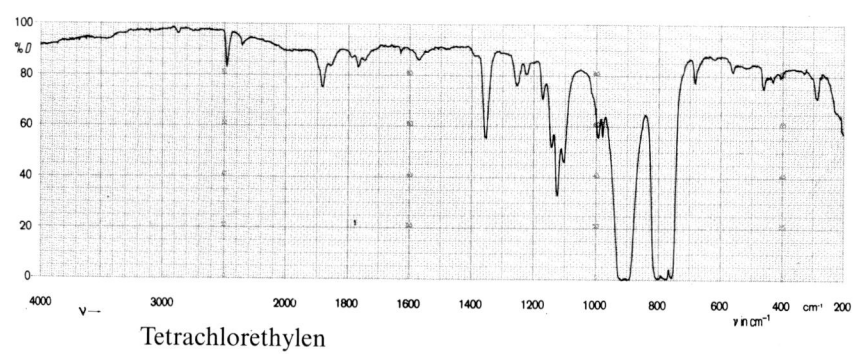

Tetrachlorethylen

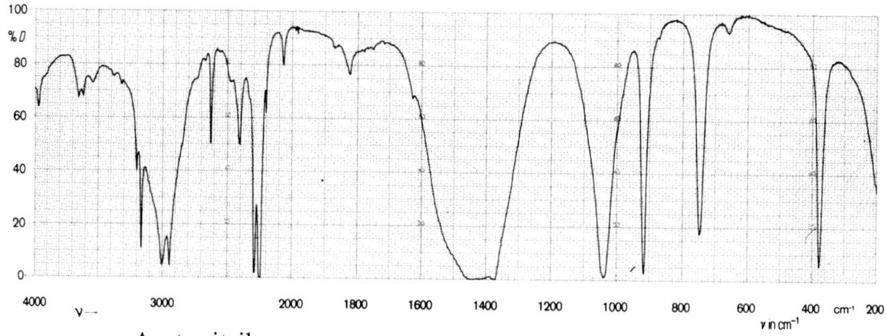

Acetonitril

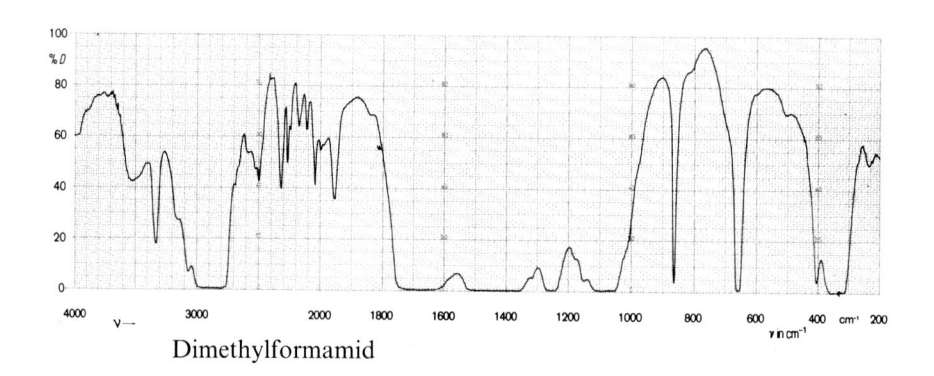

Dimethylformamid

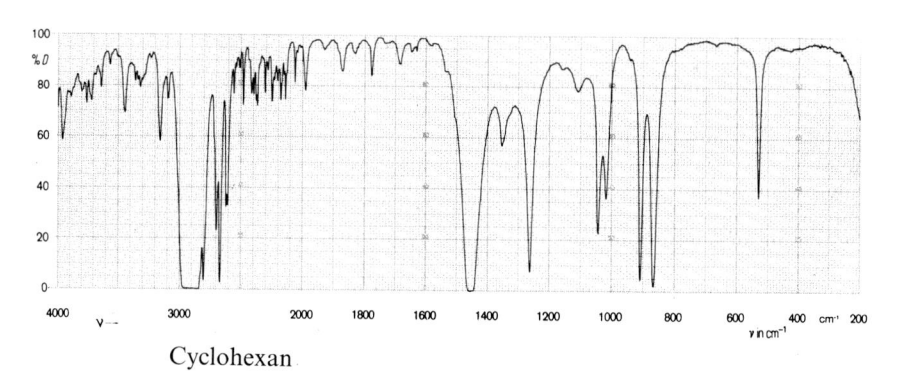

Cyclohexan

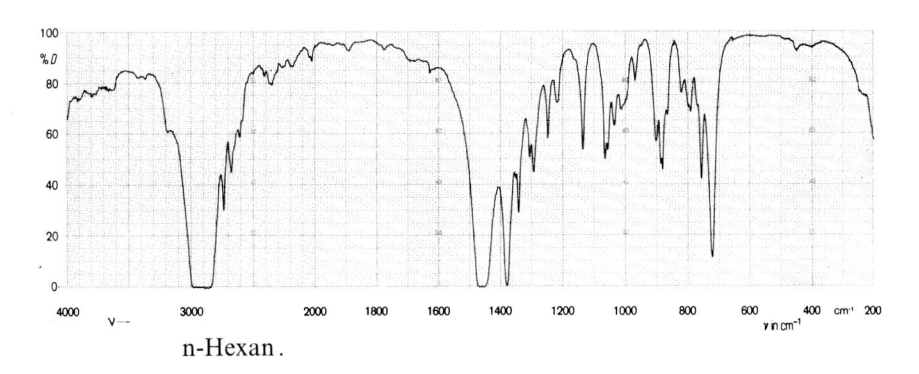

Anhang 253

n-Hexan.

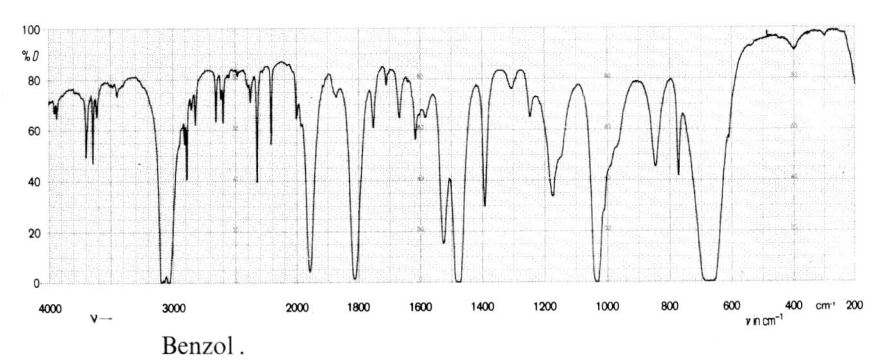

Benzol.

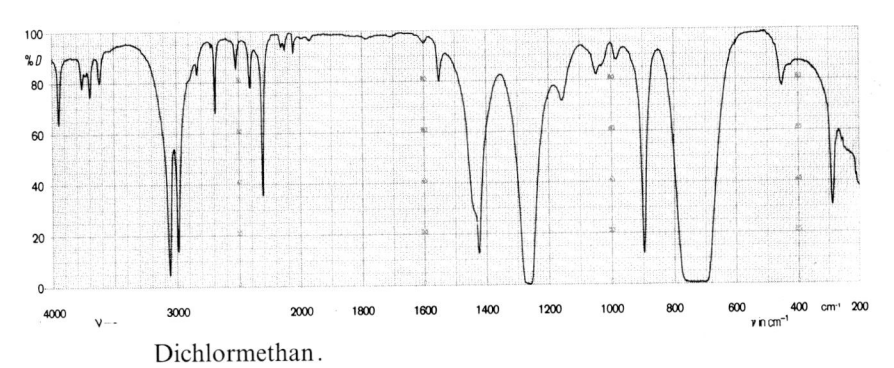

Dichlormethan.

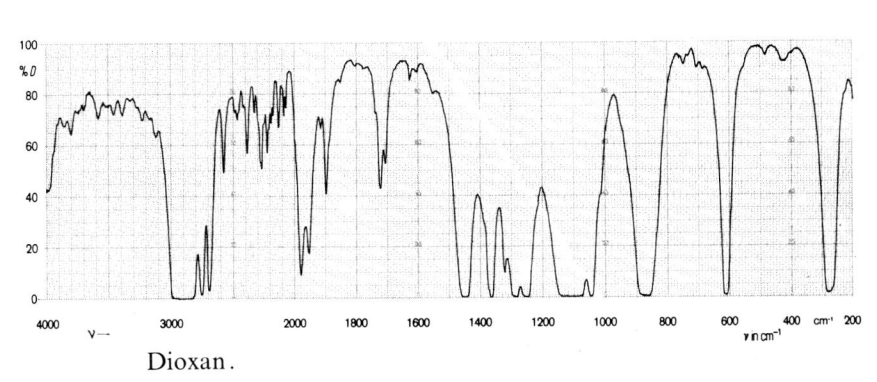

Dioxan.

Tetrahydrofuran

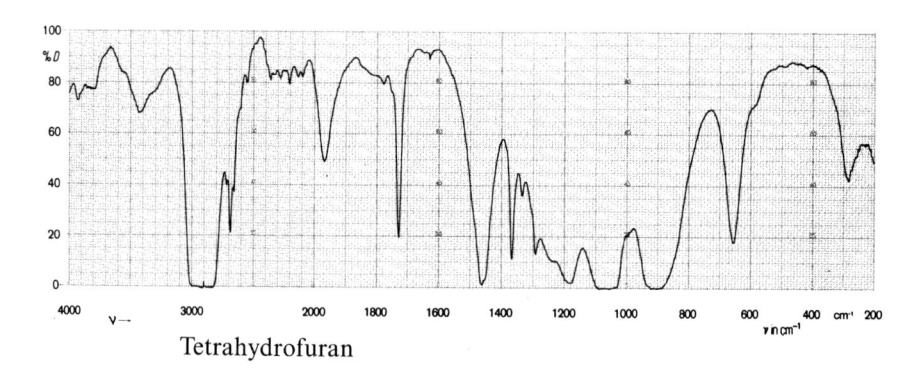

Anhang 255

III IR-Materialien für Küvettenfenster

Aus: H. Günzler und H. Böck, IR-Spektroskopie, Taschentext 43/44, S. 61–63, Verlag Chemie, Weinheim 1975.

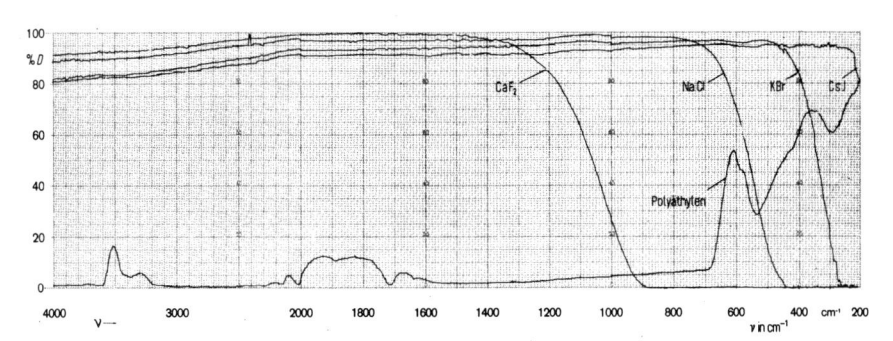

Durchlässigkeit von Küvettenfenstern. Fenstermaterialien: CsJ, KBr, NaCl, CaF$_2$, Polyäthylen; Schichtdicke: Polyäthylen 4 mm, alle anderen 5 mm.

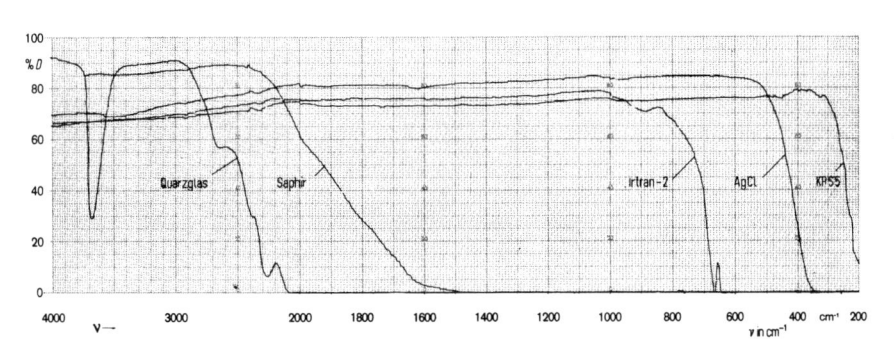

Durchlässigkeit von Küvettenfenstern.
Fenstermaterialien: Quarzglas, Saphir, KRS5, AgCl, Irtran-2; Schichtdicke: Quarzglas 3 mm, Irtran-2 2mm, alle übrigen 5 mm.

Material	Langwellige Grenze des nutzbaren Spektralbereiches μm / cm^{-1}	Löslichkeit in H$_2$O g/100 g H$_2$O	Härte nach Knoop	Verwendung	Bemerkungen
NaCl	16 / 625	35,7 (0°C) hygroskopisch	15,2–18,2	Standardfenster für den Bereich 2–15 μm (5000–625 cm^{-1})	preiswert; wenig löslich in Alkohol, wenn wasserfrei; Halogenaustausch
KBr	25 / 400	53,5 (0°C) hygroskopisch		für Messungen bis 400 cm^{-1}	löslich in Alkohol; Halogenaustausch
CsI	60 / 165	44,0 (0°C) hygroskopisch		für Messungen bis 165 cm^{-1}	löslich in Alkohol; Halogenaustausch
KRS5 (TlBrJ)	40 / 250	0,02 (20°C)		wäßrige Lösungen	42% TlBr, 58% TlJ; empfindl. gegen verschied. org. Lösungsmittel; sehr weich; hoher Brechungsindex (2,37 bei 100 cm^{-1}); hohe Reflexionsverluste (28,4% bei 100 cm^{-1} für 2 Oberflächen); giftig! Gummihandschuhe!
Irtran-2 (ZnS)	14 / 710	0,69·10^{-4} (18°C)	354	wäßrige Lsgg.; Säuren; Basen; höherer Druck; hohe Temperatur (bis 800°C)	sehr widerstandsfähig; unempfindlich gegen Temperaturänderungen; mechanisch stabil; Kompensationsfenster zweckmäßig

Material	Langwellige Grenze des nutzbaren Spektralbereiches μm / cm⁻¹	Löslichkeit in H₂O g/100 g H₂O	Härte nach Knoop	Verwendung	Bemerkungen
Irtran-5 (MgO)	8,5 / 1175	$6,2 \cdot 10^{-4}$	640	wäßrige Lsg., Druck-Küvetten	empf. gegen Säuren und Ammoniumsalzlösungen
CaF₂	9 / 1110	$2 \cdot 10^{-3}$ (20 °C)	158	wäßrige Lsg.	lösl. in Ammoniumsalzlösungen
BaF₂	12 / 830	0,17 (20 °C)		wäßrige Lsg.	lösl. in Säuren u. Ammoniumsalzlösungen; Sulfat- u. Phosphat-Ionen bilden Niederschlag
AgCl	23 / 435	unlöslich		wäßrige Lsg., korrosive Flüssigkeiten einschl. HF, Tieftemperaturküvetten	lichtempfindlich! nicht polieren!
AgBr	38 / 285				sehr weich; lösl. in Ammoniak, Na₂S₂O₃ und KW; preiswert
Al₂O₃ (Saphir)	5,5 / 1800	$9,8 \cdot 10^{-5}$	1370	hohe Drucke	extrem hart, schwierig zu schleifen
SiO₂ (Infrasil)	4,0 / 2500	unlöslich	ca. 470	nahes IR; Druck-Küvetten	sehr widerstandsfähig, empfindlich gegen Alkali
Polyethylen	1000 / 10	unlöslich		wäßrige Lsg., org. Lösungsmittel, Säuren usw. im langwelligen und fernen IR, widerstandsfähig; billigstes wasserunlösliches Material	über 500 cm⁻¹ nur als Film zum Schutz anderer Fenstermaterialien verwendbar; in dickerer Schicht erst unter 500 cm⁻¹ ausreichend durchlässig

258 Anhang

IV IR-Durchlässigkeitswerte für Küvettenmaterial

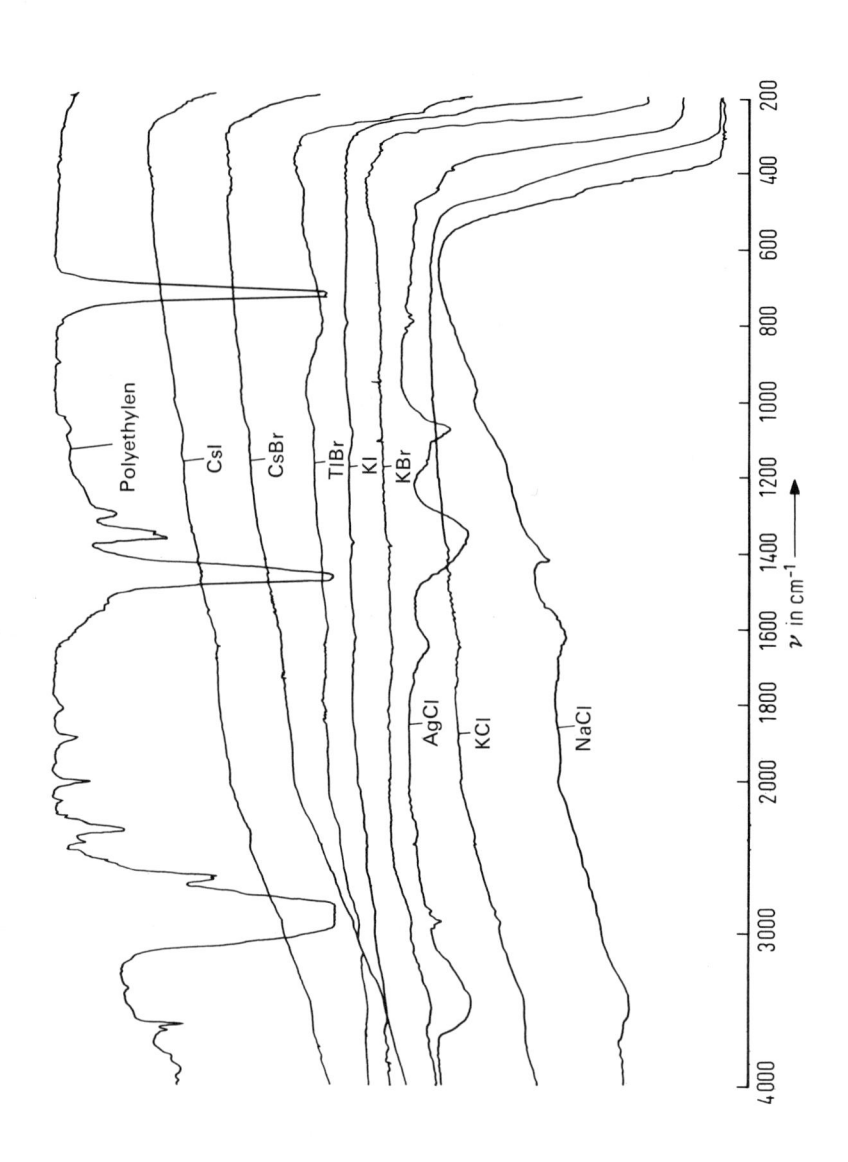

# V ¹H–NMR-Spektren der gebräuchlichsten Lösungsmittel

Aus: Pretsch, Clerc, Seibl, Simon, Tabellen zur Strukturaufklärung organischer Verbindungen, Springer-Verlag, Berlin 1976.

δ in ppm relativ zu TMS

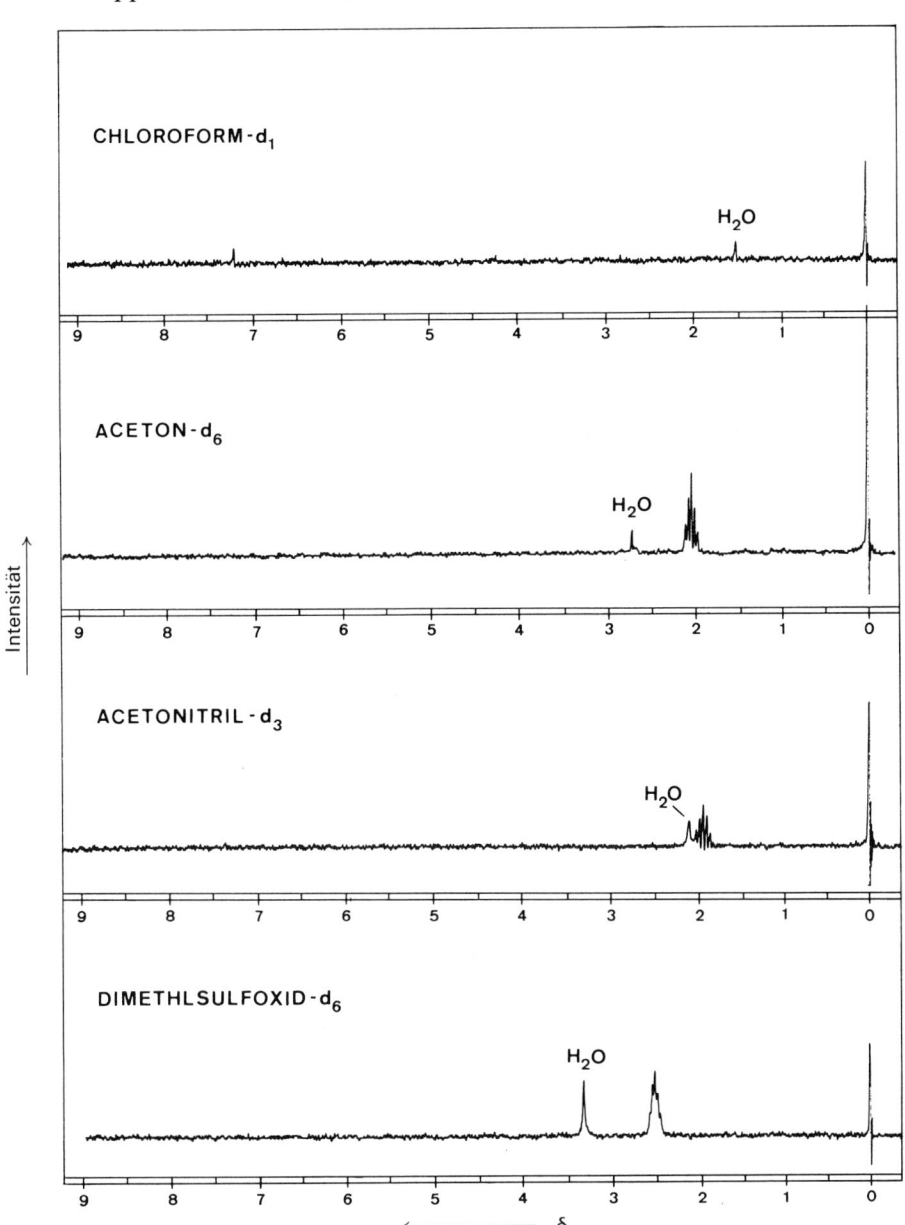

260 Anhang

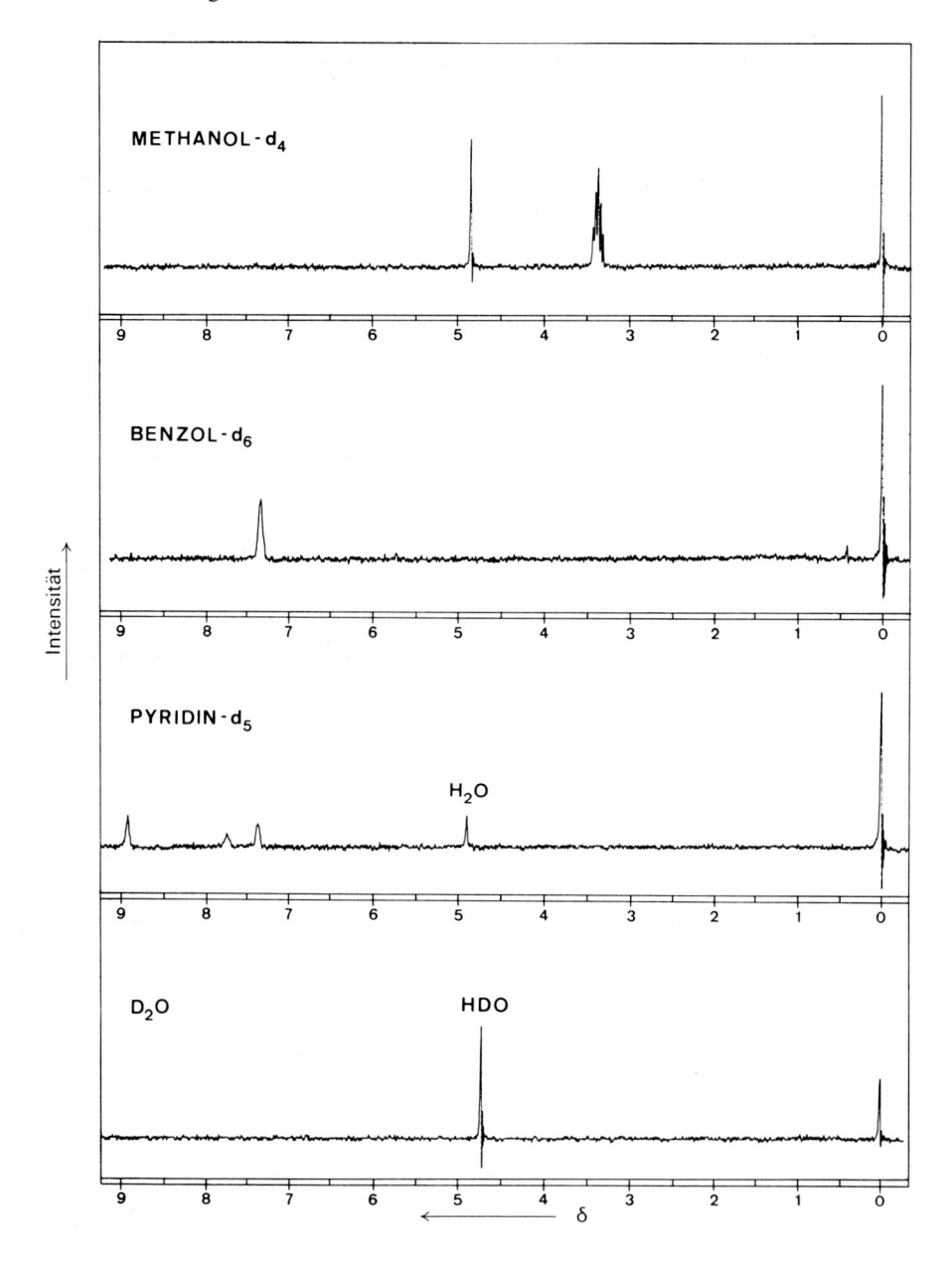

Anhang 261

VI ¹³C—NMR-Spektren der gebräuchlichsten Lösungsmittel

Aus: Pretsch, Clerc, Seibl und Simon, Strukturaufklärung organischer Verbindungen, Springer Verlag, Berlin 1976.

δ in ppm relativ zu TMS, Linienintensitäten idealisiert

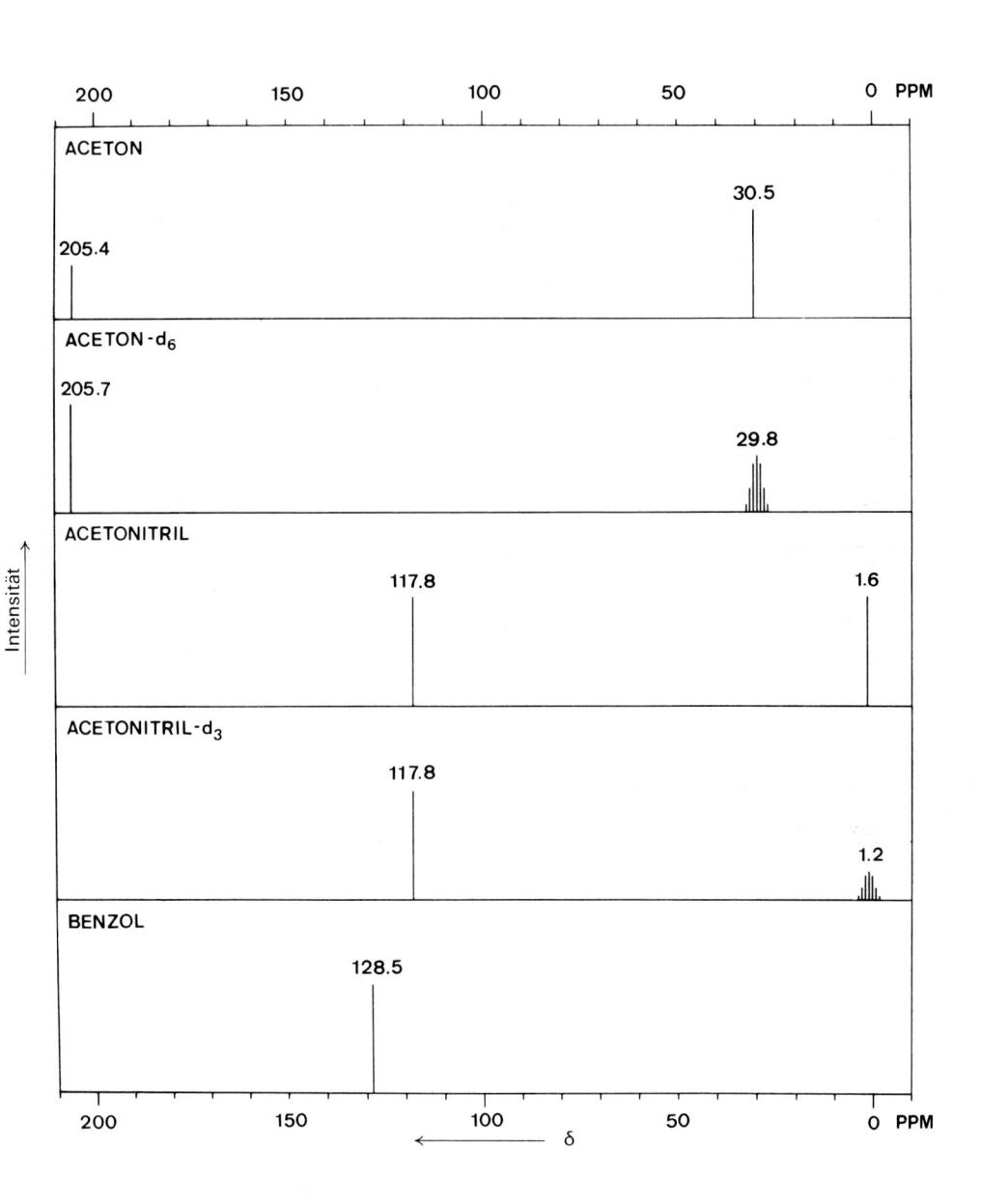

ACETON
205.4
30.5

ACETON-d₆
205.7
29.8

ACETONITRIL
117.8
1.6

ACETONITRIL-d₃
117.8
1.2

BENZOL
128.5

262 Anhang

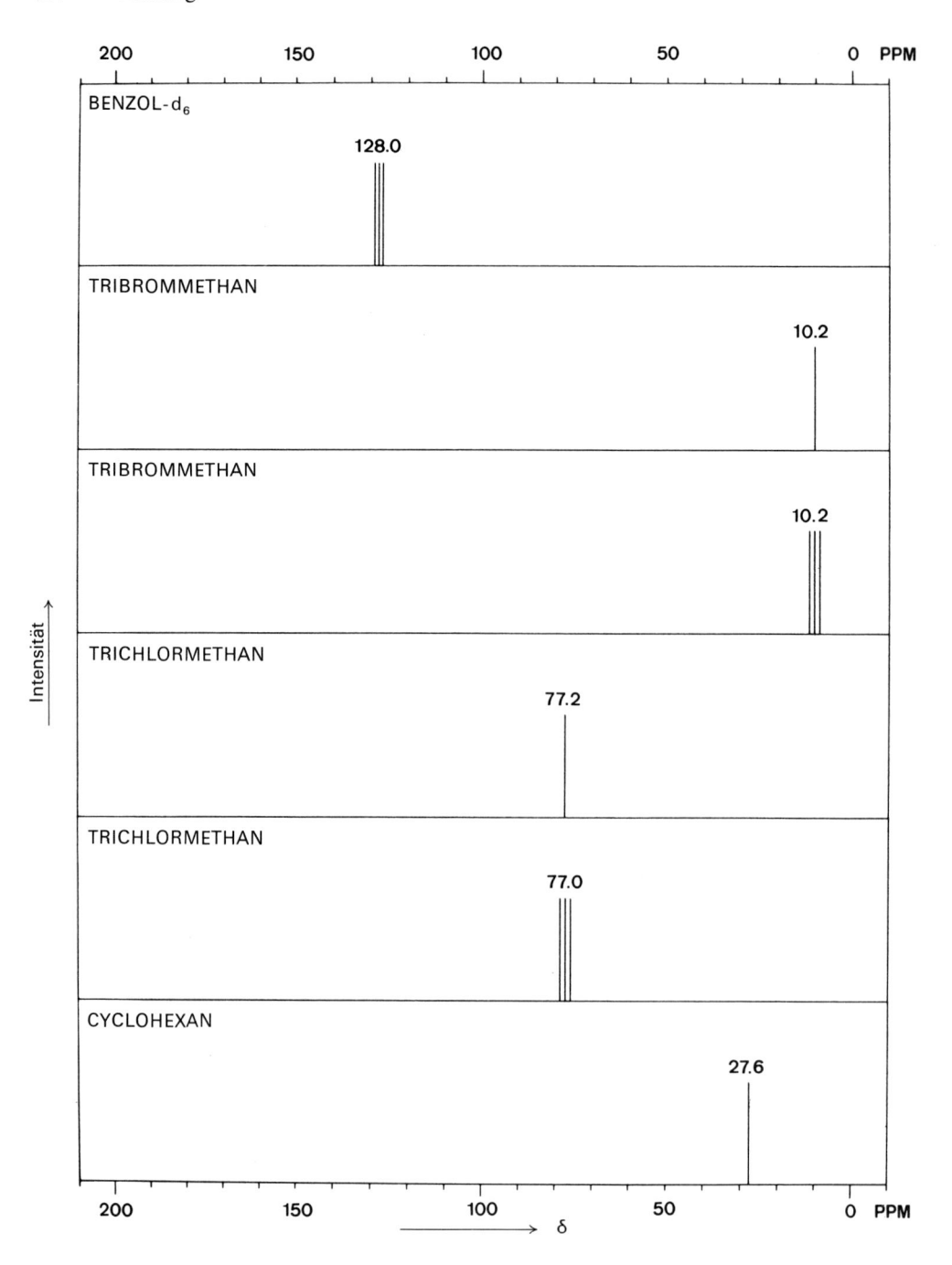

BENZOL-d₆: 128.0

TRIBROMMETHAN: 10.2

TRIBROMMETHAN: 10.2

TRICHLORMETHAN: 77.2

TRICHLORMETHAN: 77.0

CYCLOHEXAN: 27.6

Anhang 263

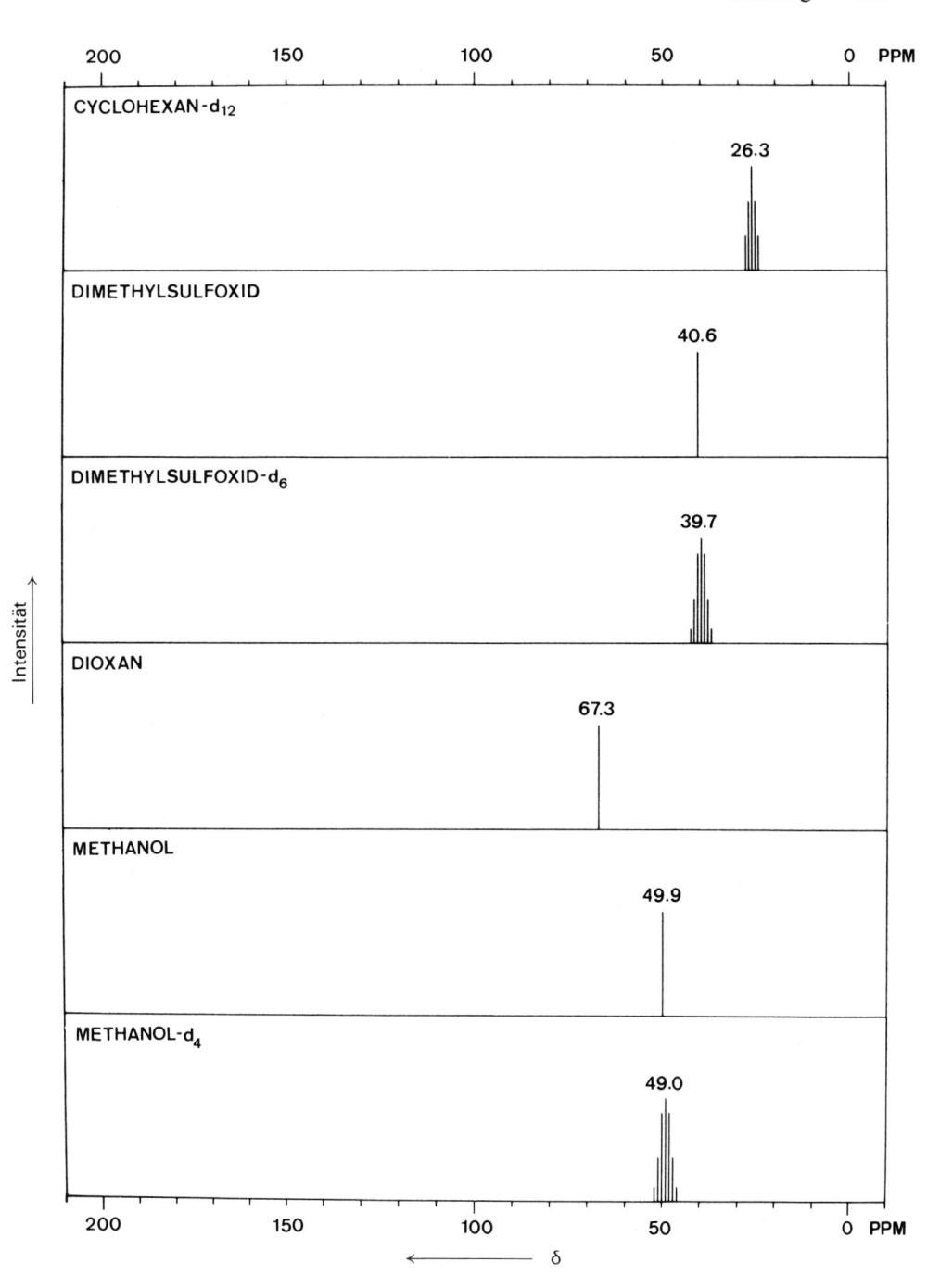

Solvent	δ (ppm)
CYCLOHEXAN-d₁₂	26.3
DIMETHYLSULFOXID	40.6
DIMETHYLSULFOXID-d₆	39.7
DIOXAN	67.3
METHANOL	49.9
METHANOL-d₄	49.0

264 Anhang

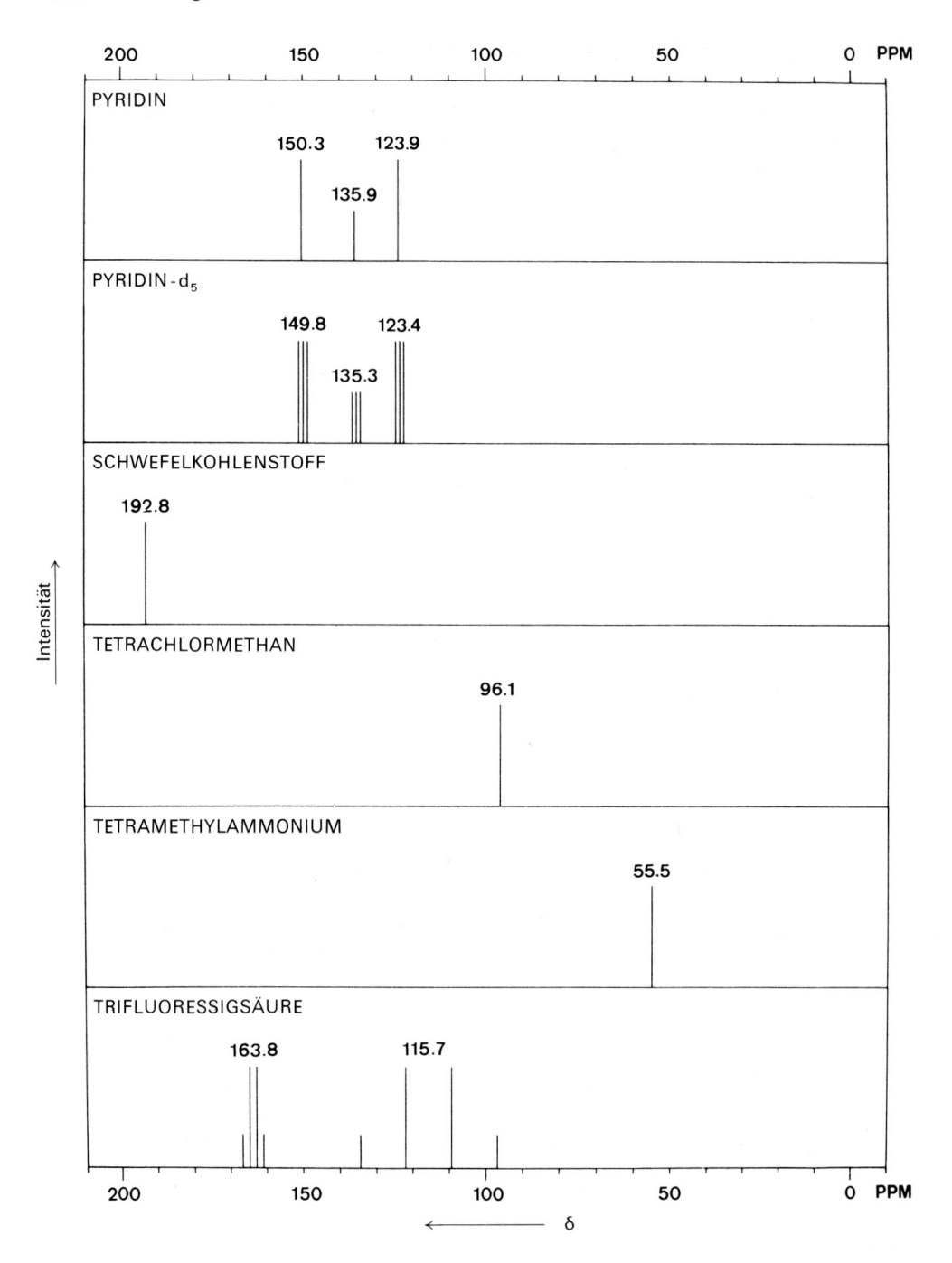

PYRIDIN: 150.3, 135.9, 123.9

PYRIDIN-d$_5$: 149.8, 135.3, 123.4

SCHWEFELKOHLENSTOFF: 192.8

TETRACHLORMETHAN: 96.1

TETRAMETHYLAMMONIUM: 55.5

TRIFLUORESSIGSÄURE: 163.8, 115.7

← δ

VII ¹H—NMR-Referenzsubstanzen

Richtwerte zur Umrechnung der auf verschiedene Referenzen X bezogenen chemischen Verschiebungen δ_X auf TMS als internen Standard

$$\delta_{TMS} = \delta_X + K_X$$

Referenz X	Korrektur K_X
Cyclohexan	1,43
Aceton	2,09
Dimethylsulfoxid	2,55
Dioxan	3,57
Wasser	4,79
Methylenchlorid	5,30
Benzol	7,27
Chloroform	7,27

VIII ¹³C—NMR-Referenzsubstanzen

Schwefelkohlenstoff CS_2
Tetramethylsilan (TMS) $[(CH_3)_4]Si$

IX ¹⁹F—NMR-Referenzsubstanzen

Aus: T. Axenrod und G. S. Webb, Nuclear Magnetic Resonance Spectroscopy Of Nuclei Other Than Protons, J. Wiley & Sons, New York 1974.

	δ (ppm)		δ (ppm)
$CFCl_3$	0,0	C_4F_8	−135,15
CF_3COOH (int)	−76,55		−114,20
CF_3COOH (ext)	−78,90		
CF_3CCl_3	−82,2		−118,47
$CFCl_2 \cdot CFCl_2$	−67,80	C_6F_{12}	−133,23
$CF_2Cl \cdot CCl_3$	−65,10	C_6F_6	−164,9

X Reinigungsgerät für NMR-Röhrchen

Aus: NMR-Accessories, Oriel GmbH, 6100 Darmstadt

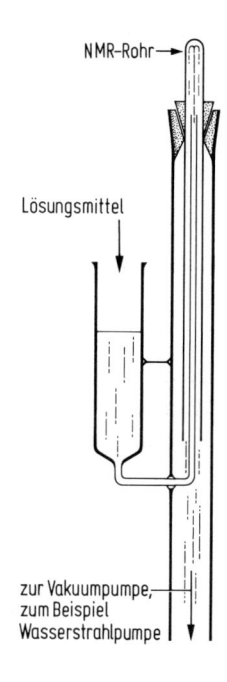

Anhang 267

XI Massenspektren von Lösungsmitteln

Aus: Pretsch, Clerc, Seibl und Simon, Strukturaufklärung organischer Verbindungen, Springer Verlag, Berlin 1976.

Das Zeichen [50] an der Intensitätsskala bedeutet, daß die Skala bei 50% relativer Intensität endet und in 5%-Stufen unterteilt ist. Die Intensität des Basispeaks ist in diesen Fällen auf 100% zu ergänzen.

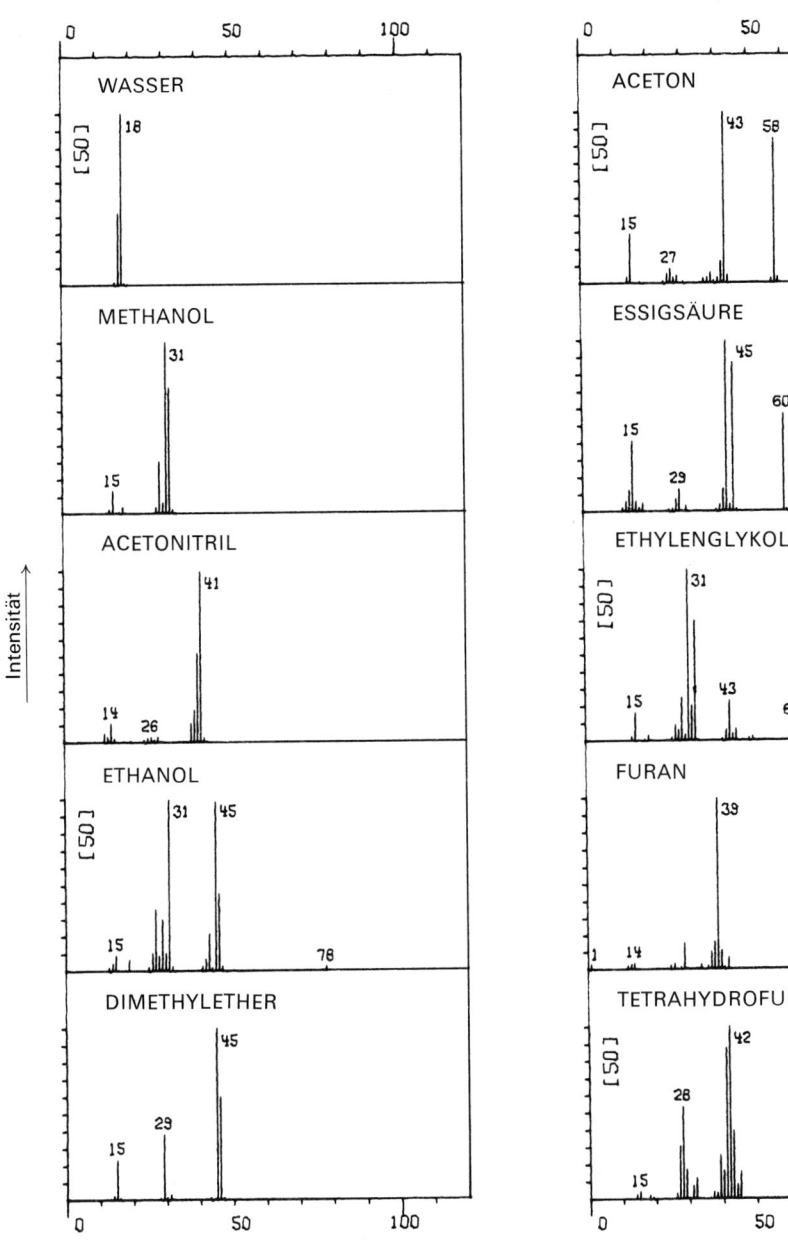

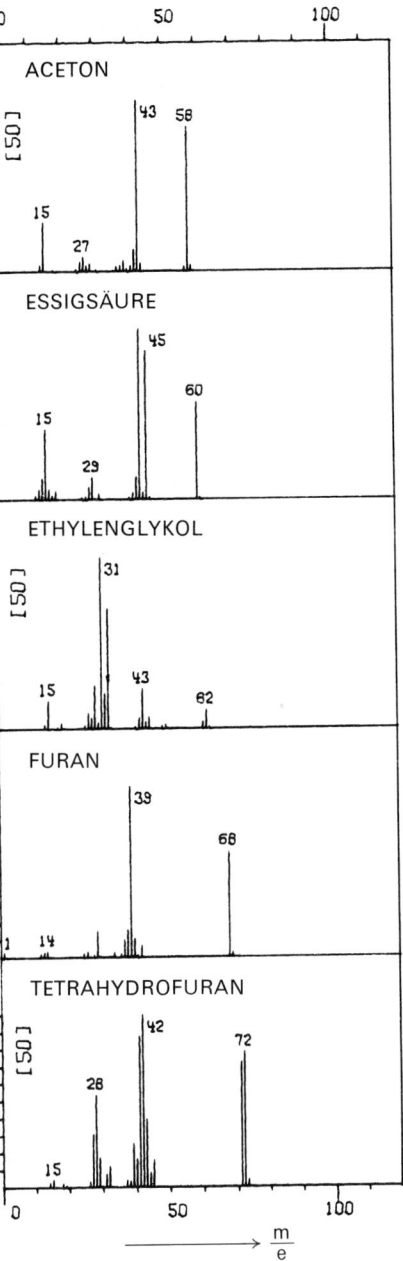

268 Anhang

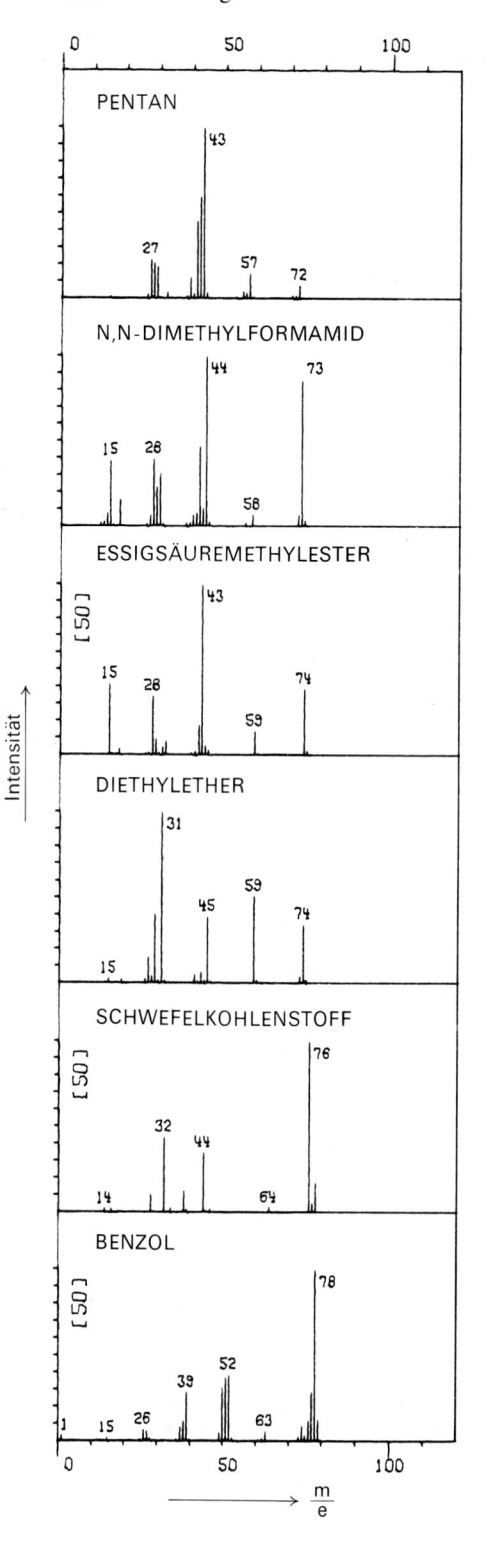

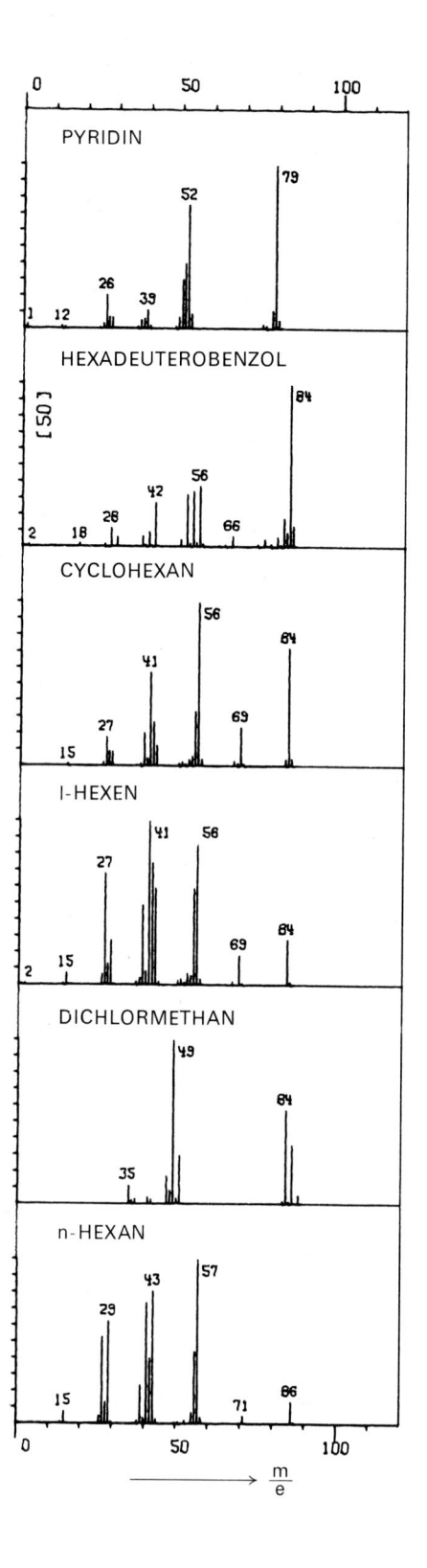

Anhang 269

270   Anhang

XII Massenspektren von Hahnfett

a) Kohlenwasserstoffgemisch

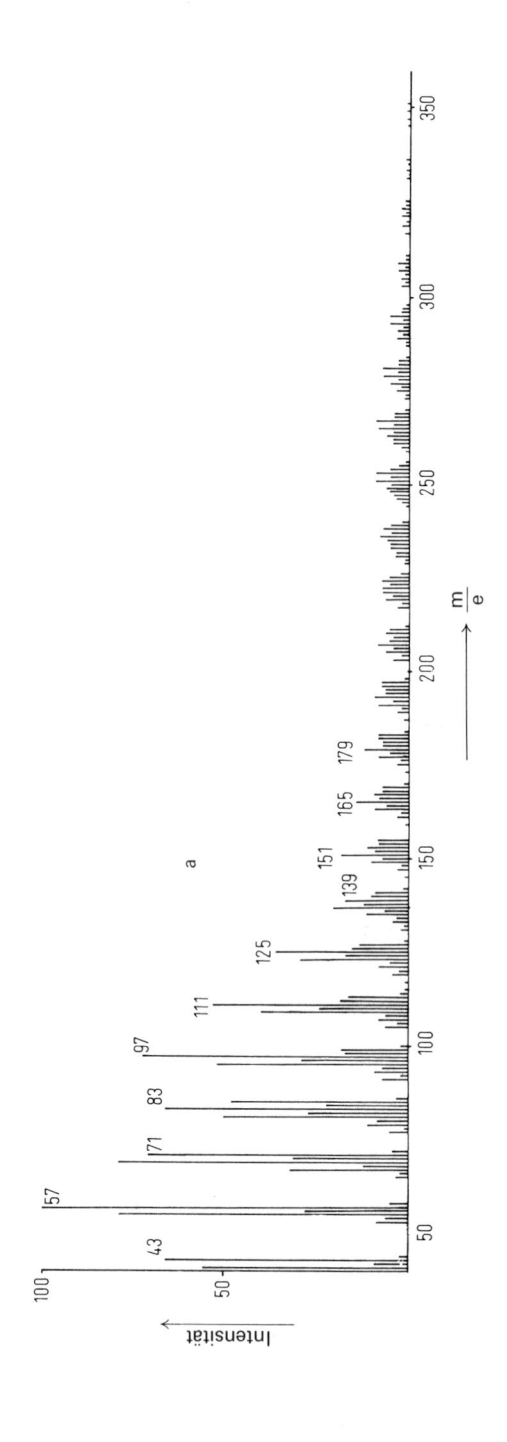

Anhang 271

b) Siliconfett

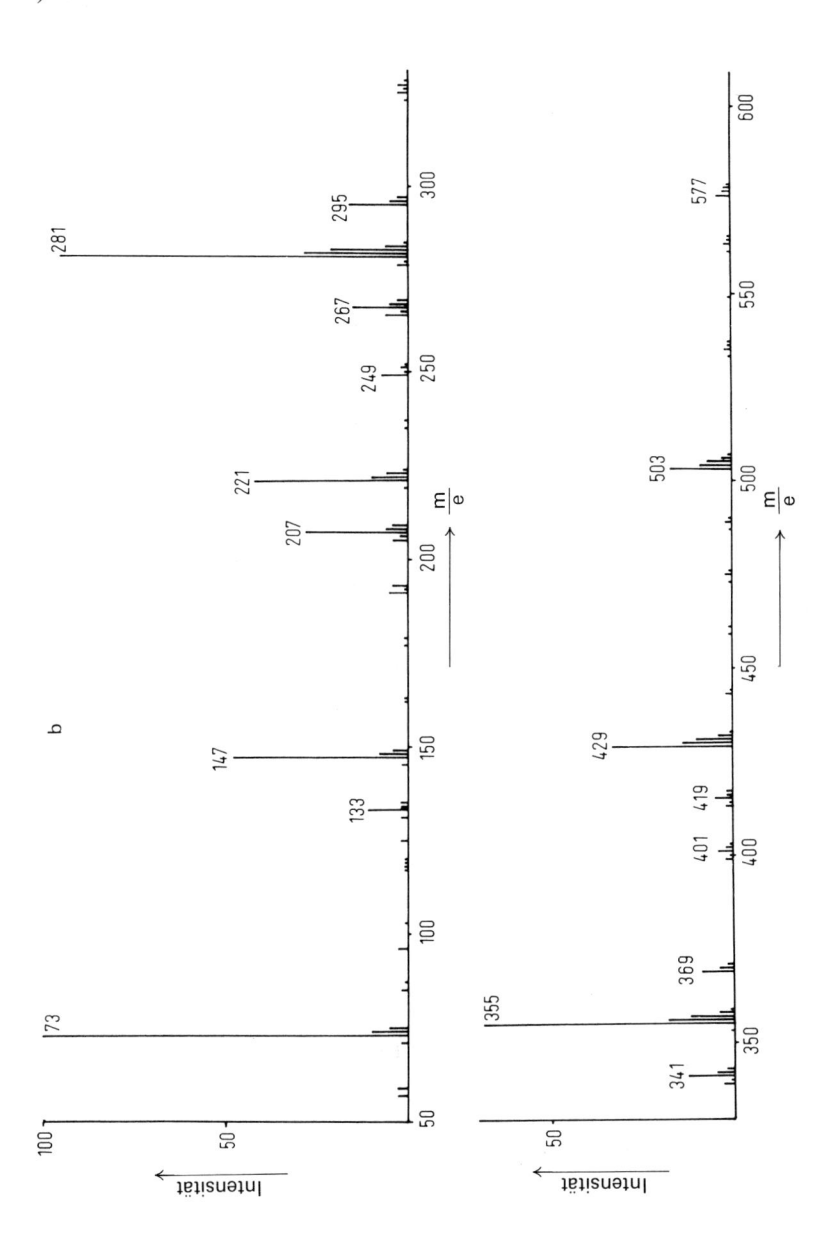

Aus: H. Budzikiewicz, Massenspektrometrie, Taschentext 5, Verlag Chemie, Weinheim 1972.

XIII Fließmittelstärken (eluotrope Reihe)

Aus: L. R. Snyder, Principles of Adsorption Chromatography, Marcel Dekker Inc., New York 1968.

Fließmittel	Fließmittelstärke in $\varepsilon°$ Al_2O_3	SiO_2	Fließmittel	Fließmittelstärke in $\varepsilon°$ Al_2O_3	SiO_2
Fluoralkane	−0,25		Dichlormethan	0,42	0,32
n-Pentan	0,00	0,00	Methylisobutylketon	0,43	
Isooctan	0,01		Tetrahydrofuran	0,45	
Petrolether	0,01		Dichlorethan	0,49	
n-Decan	0,04		Methylethylketon	0,51	
Cyclohexan	0,04		1-Nitropropan	0,53	
Cyclopentan	0,05		Aceton	0,56	0,47
Di-isobutylen	0,06		Dioxan	0,56	0,49
1-Penten	0,08		Essigsäureethylester	0,58	0,38
Schwefelkohlenstoff	0,15		Essigsäuremethylester	0,60	
Tetrachlormethan	0,18	0,11	Amylalkohol	0,61	
Amylchlorid	0,26		Dimethylsulfoxid	0,62	
Xylol	0,26		Anilin	0,62	
Isopropylether	0,28		Diethylamin	0,63	
Isopropylchlorid	0,29		Nitromethan	0,64	
Toluol	0,29		Acetonnitril	0,65	0,50
n-Propylchlorid	0,30		Pyridin	0,71	
Chlorbenzol	0,32		Butyl-Cellusolve	0,74	
Benzol	0,35	0,25	Iso- und n-Propanol	0,82	
Ethylbromid	0,38		Ethanol	0,88	
Diethylether	0,38	0,38	Methanol	0,95	
Ethylsulfid	0,38		Ethylenglykol	1,11	
Trichlormethan	0,40	0,26	Essigsäure	≫1	

XIV Trockenmittel
Anwendung, Restwassergehalte, Regenerierungsbedingungen

Aus: F. W. Küster und A. Thiel, Rechentafeln für die chemische Analytik, 102. Auflage, W. de Gruyter, Berlin 1982.

Chemisch wirkende regenerierbare Trockenmittel

Trockenmittel	Anwendbar für	Nicht anwendbar für	Restwasser*)	Regenerierung
Calciumchlorid	gesättigte, olefinische und aromatische Kohlenwasserstoffe, Alkylhalogenide, Ether, viele Ester	Ammoniak, Amine, Alkohole, Aldehyde, Phenole, Ester, Ketone	0,14–0,25	250 °C
Calciumoxid	Ammoniak, Amine, Alkohole, Distickstoffoxid	Säuren, Säurederivate, Aldehyde, Ketone	0,2	1000 °C
Calciumsulfat	universelle Anwendung		0,07	190–230 °C
Kaliumcarbonat	basische Lösungsmittel (z. B. Ammoniak, Amine), Nitrile, chlorierte Kohlenwasserstoffe, Aceton	Säuren		158 °C fein gepulvert schon ab 100 °C
Kupfer(II)-sulfat	niedrige Fettsäuren, Alkohole, Ester		1,4	
Magnesiumoxid	basische Flüssigkeiten, Kohlenwasserstoffe, Alkohole	saure Verbindungen	0,008	800 °C
Magnesiumperchlorat	inerte Gase, Luft, Ammoniak	organische Substanzen (Explosionsgefahr)	0,0005	240 °C, 1,3 mbar
Magnesiumsulfat	Fast alle Verbindungen einschließlich Säuren, Säurederivaten, Aldehyden und Ketonen		1,0	erst 200 °C dann Rotglut
Natriumsulfat	Alkyl- und Arylhalogenide, Fettsäuren, Ester, Aldehyde, Ketone		12	150 °C

*) mg Wasserdampf/L getrockneter Luft

Nicht regenerierbare chemische Trockenmittel

Trockenmittel	Anwendbar für	Nicht anwendbar für	Restwasser*)
Aluminium	Alkohole		
Calcium	Alkohole		
Calciumhydrid	Gastrocknung, organische Lösungsmittel, auch Ketone, Ester	Verbindungen mit aktivem Wasserstoff	
Kaliumhydroxid	basische Flüssigkeiten (z. B. Amine)	Säuren, Ester, Amide, Phenole	0,002
Lithiumaluminiumhydrid	Kohlenwasserstoffe, Ether	Säuren, Säurederivate (Chloride, Anhydride, Amide, Nitrile), aromatische Nitroverbindungen	
Magnesium	Alkohole		
Natrium	Ether, gesättigte aliphatische und aromatische Kohlenwasserstoffe, tertiäre Amine	Säuren, Säurederivate, Alkohole, Aldehyde, Ketone, Alkyl- und Arylhalogenide	
Natrium-Blei-Legierung	Ether, gesättigte aliphatische und aromatische Kohlenwasserstoffe, Alkyl- und Arylhalogenide, Amine	Säuren, Säurederivate, Alkohole, Aldehyde, Ketone	
Natriumhydroxid	basische Flüssigkeiten, z. B. Amine	Säuren, Säurederivate, Phenole	
Natrium-Kalium-Legierung	Ether, gesättigte aliphatische und aromatische Kohlenwasserstoffe	Säuren, Säurederivate, Alkohole, Aldehyde, Ketone, Alkyl- und Arylhalogenide	
Phosphorpentoxid	Gastrocknung neutraler und saurer, gesättigter aliphatischer und aromatischer Kohlenwasserstoffe, Acetylen, Anhydride, Nitrile, Alkyl- und Arylhalogenide, Schwefelkohlenstoff	Alkohole, Amine, Säuren, Ketone, Ether, Chlorwasserstoff, Fluorwasserstoff	< 0,000025
Schwefelsäure, konzentriert	inerte neutrale und saure Gase und in Exsikkatoren	Ungesättigte und andere organische Verbindungen, Schwefelwasserstoff, Iodwasserstoff	0,003

*) mg Wasserdampf/L getrocknete Luft

Physikalisch wirkende Trockenmittel

Trocken-mittel	Anwendbar für	Nicht anwendbar für	Rest-wasser*)	Regene-rierung
Aluminium-oxide	Kohlenwasserstoffe, Ether und andere Lösungsmittel	Verbindungen, die Epoxid-, Carbonyl- oder Thiogruppen enthalten, Schwefel-kohlenstoff	0,003	75 °C
Kieselgel	Gastrocknung, breite Ver-wendung für organische Flüssigkeiten	Fluorwasserstoff	0,002	100–250 °C
Molekular-siebe	Die Anwendung ist ab-hängig vom Porendurch-messer, breite Anwendung für Gase und Flüssigkeiten		0,001	300–350 °C

*) mg Wasserdampf/L getrockneter Luft

XV Trocknung von Lösungsmitteln über Al$_2$O$_3$

Firmenschrift Woelm Pharma GmbH & Co., Eschwege. Lösungsmittelreinigung Al 19 2/179/109 nach G. Wohlleben, Angew. Chem. **67**, 741 (1955).

Lösungsmittel	Wasser-gehalt %	Al$_2$O$_3$	Säulen-durchmesser in mm	Rest-wasser %	in Fraktion in mL
Diethylether, wassergesättigt	1,28	100 g, basisch	22	0,01	200– 600
Benzol, wassergesättigt	0,07	25 g, basisch	15	0,004	100–2500
Chloroform, wassergesättigt	0,09	25 g, basisch	15	0,005	50– 800
Essigsäureethylester, wassergesättigt	3,25	250 g, neutral	37	0,01	150– 350
Pyridin wassergesättigt	0,65	30 g basisch	14	0,02	20– 45

XVI Trocknung von Lösungsmitteln über Molekularsieb

Aus: G. Brauer, Handbuch der Präparativen Anorganischen Chemie, 3. Auflage, Bd. I, Ferdinand Enke-Verlag, Stuttgart 1975.

Lösungsmittel	Anfangs-wasser-gehalt in %	Molekular-sieb	Lösungsmittel-volumen in L das sich mit 250 g Molekularsieb ohne Regenerierung trocknen läßt	Rest-wasser-gehalt in %
Diethylether, handelsüblich	0,12	4 A	10	0,001
Diethylether, wassergesättigt	1,17	4 A	3	0,004
Diisopropylether, handelsüblich	0,03	4 A	10	0,003
Diisopropylether, wassergesättigt	0,53	4 A	8	0,002
Tetrahydrofuran, handelsüblich	0,04–0,2	4 A	7–10	0,001–0,003
Dioxan, handelsüblich	0,08–0,28	4 A	3–10	0,002
Benzol, wassergesättigt	0,07	4 A	10	0,003
Toluol, wassergesättigt	0,05	4 A	10	0,003
Xylol, wassergesättigt	0,045	4 A	10	0,002
Cyclohexan, wassergesättigt	0,009	4 A	10	0,002
Dichlormethan, wassergesättigt	0,17	4 A	10	0,002
Trichlormethan, wassergesättigt	0,09	4 A	10	0,002
Tetrachlormethan, wassergesättigt	0,01	4 A	10	0,002
Pyridin, handelsüblich	0,03–0,3	4 A	2–10	0,004
Acetonitril, handelsüblich	0,05–0,2	3 A	3–4	0,002–0,004
Essigsäureethylester, handelsüblich	0,015–0,21	4 A	8–10	0,003–0,006
Dimethylformamid, handelsüblich	0,06–0,3	4 A	4–5	0,006–0,007
Methanol	0,04	3 A	10	0,005
Ethanol	0,04	3 A	10	0,003
Isopropanol	0,07	3 A	7	0,006

XVII Physikalische Eigenschaften üblicher Lösungsmittel

Aus: Handbook of Chemistry and Physics, 56. Aufl., The Chemical Rubber Co., Cleveland, Ohio 1975/6.

Substanz	Schmp. °C	Sdp. °C [a]	$\varrho \dfrac{g}{cm^3}$ [b]	n_D [c]
n-Pentan	−129,72	36,1	0,6262	1,3575
Cyclohexan	6,55	80,7	0,77855	1,42662
n-Decan	− 29,7	174,1 57,6[10]	0,7300	1,41023
Cyclopentan	− 93,879	49,3	0,7457	1,4065
Schwefelkohlenstoff	−111,53	46,3 0[128]	1,2632	1,6319
Tetrachlormethan	− 22,99	76,5	1,5940	1,4601
Benzol	5,5 (3,3)	80,1	0,87865	1,5011
Trichlormethan	− 63,5	61,7	1,4832	1,4459
Dichlormethan	− 95,1	40	1,3266	1,4242
Toluol	− 95	110,6	0,8669	1,4961
1.4-Dioxan	11,8	101[750]	1,0337	1,4224
1.3-Dioxan	− 42	105[755]	1,0342	1,4165
Aceton	− 95,35	56,2	0,7899	1,3588
Essigsäure	16,604	117,9 17[10]	1,0492	1,3716
Ameisensäure	8,4	100,7 50[120]	1,220	1,3714
Thionylchlorid	−105	78,8[746]	1,655	1,527[10]
Essigsäureethylester	− 83,578	77,1	0,9003	1,3723
Wasser	0	100	1,000	
Dimethylether	−138,5	− 23		
Diethylether	−116,2	34,5	0,71378	1,3526
Diphenylether	26,84	257,9 121[10]	1,0748	1,5787[25]
1.1.2-Trichlorethan	− 36,5	113,77 9,48[10]	1,4397	1,4714
Acetonitril	− 45,72	81,6	0,7857	1,34423
Sulfurylchlorid	− 54,1	69,1	1,6674	1,444
Dimethylsulfat	− 31,75	188,5 76[15]	1,3283	1,3874
Pyridin	− 42	115,5	0,9819	1,5095
2-Methyl-2-propanol	25,5	82,2-3 20[31]	0,7887	1,3878
Methanol	− 93,9	64,96 15[73]	0,7914	1,3288
Ethanol	−117,3	78,5 4[16]	0,7893	1,3611

Substanz	Schmp. °C	Sdp. °C [a]	$\varrho \frac{g}{cm^3}$ [b]	n_D [c]
Isopropanol	−126,5	97,4	0,8035	1,3850
n-Propanol	− 89,5	82,4	0,7855	1,3776
n-Butanol	− 89,53	117,25	0,8098	1,39931
Trifluoressigsäure	− 15,25	72,4	$1,5351^0$	
Trifluoressigsäure-anhydrid	− 65	39,5–40,1	$1,4902_4^{25}$	$1,269^{25}$
Ammoniak (fl)	− 77,7	− 33,35	0,7710 g/l 760 mm	$1,325^{16,5}$
Frigen 12	−158	− 29,8	$1,75^{-115}$ $1,1834^{57}$	
Nitromethan	− 17	100,8	1,1371	1,3817
Dimethylformamid	− 60,48	149-56 $39,9^{10}$	0,9487	1,4305
Dimethylsulfoxid	18,45	189 $85-7^{20}$	1,1014	1,4770
Essigsäureanhydrid	− 73,1	139,55 44^{15}	1,0820	1,39006
n-Hexan	− 95	68,95	0,6603	1,37506
Tetrahydrofuran	−108,56	67	0,8892	1,4050

[a] Die Siedepunkte sind für einen Druck von 1013 mbar angegeben, wenn keine andere Angabe des Druckes als Hochzahl gemacht ist.

[b] Die angegebenen Werte für die Dichte beruhen auf Messungen bei 20 °C bezogen auf die Dichte von Wasser bei 4 °C. Abweichungen sind kenntlich gemacht.

[c] Die Brechungsindizes sind für eine Temperatur von 20 °C angegeben. Wenn der Wert für eine andere Temperatur bestimmt wurde, so ist diese als Hochzahl hinter dem Brechungsindex angegeben.

XVIII Reinigung von Lösungsmitteln

Aus: Organikum, 16. Aufl., VEB Deutscher Verlag der Wissenschaften, Berlin 1984.

Aceton CH$_3$COCH$_3$

Aceton ist mit Alkohol, Ether und Wasser in jedem Verhältnis mischbar. Mit Wasser bildet es kein Azeotrop.
Reinigung und Trocknung: Käufliches Aceton ist für fast alle Zwecke rein genug. Zur Trocknung läßt man etwa eine Stunde über P$_4$O$_{10}$ stehen, wobei man von Zeit zu Zeit frisches Trockenmittel zusetzt. Für geringe Ansprüche genügt Trocknung über Calciumchlorid. Anschließend wird jeweils destilliert. Es ist zu beachten, daß beim Trocknen mit basischen (in geringem Umfang auch mit sauren) Trockenmitteln Kondensationsprodukte entstehen.

Acetonitril CH$_3$CN

Acetonitril ist mit Wasser, Alkohol und Ether in jedem Verhältnis mischbar. Das Azeotrop mit Wasser siedet bei 76,7 °C und enthält 84,1 % Acetonitril.
Reinigung und Trocknung: Man kocht so oft mit P$_4$O$_{10}$ unter Rückfluß, bis das Nitril farblos bleibt. Dann wird abdestilliert, über Kaliumcarbonat destilliert und zum Schluß über eine Kolonne fraktioniert. Reines Acetonitril kann auch über Molekularsieb 3 A getrocknet werden.

Alkohole

Trocknung: Vgl. Methanol, Ethanol. Zur Trocknung höherer Alkohole stellt man sich Magnesiummethylatlösung her, indem man Magnesium mit der 10fachen Menge Methanol (Wassergehalt unter 1 %) und etwas Tetrachlorkohlenstoff 2 bis 3 Stunden unter Rückfluß kocht. 50 mL dieser Lösung gibt man zu 1 L des zu trocknenden Alkohols und erhitzt 2 bis 3 Stunden zum Sieden. Dann wird destilliert.
So getrockneter Alkohol enthält Methanol. Für Reaktionen, bei denen Methanol stört, müssen die Alkohole nach besonderen Methoden getrocknet werden.

Benzol C$_6$H$_6$

Benzol löst bei 20 °C 0,06 % Wasser, Wasser bei der gleichen Temperatur 0,07 % Benzol. Das azeotrope Gemisch mit Wasser siedet bei 69,25 °C und enthält 91,17 % Benzol. Ternäres azeotropes Gemisch mit Wasser und Ethanol: s. Ethanol.

Verunreinigung: Rohes Benzol enthält etwa 0,15% Thiophen.
Trocknung: Benzol kann durch azeotrope Destillation getrocknet werden; man verwirft dabei etwa die ersten 10% des Destillats. Besser wird das Wasser durch Einpressen von Natriumdraht entfernt. Man gibt dabei so oft frisches Natrium zu, bis sich kein Wasserstoff mehr entwickelt.
Entfernung des Thiophens: Man versetzt 1 L Benzol mit 80 mL konz. Schwefelsäure und rührt das Gemisch bei Zimmertemperatur 30 Minuten kräftig durch. Die dunkel gefärbte Säureschicht wird abgetrennt und der Prozeß so oft wiederholt, bis die Säure nur noch schwach gefärbt ist. Das Benzol wird dann sorgfältig abgetrennt und destilliert.

Dichlormethan CH_2Cl_2

Das Azeotrop mit Wasser siedet bei 38,1 °C und enthält 98,5% Methylenchlorid.
Reinigung: Das Methylenchlorid wird mit Säure, Lauge und Wasser gewaschen, mit Kaliumcarbonat getrocknet und destilliert.
Achtung! Methylenchlorid darf wegen Explosionsgefahr nicht mit Natrium in Berührung kommen.

Diethylether $C_2H_5OC_2H_5$

Bei 15°C nimmt Ether 1,2% Wasser auf. Wasser löst bei 20°C 6,5% Ether. Das Azeotrop mit Wasser enthält 1,26% Wasser und siedet bei 34,15°C. Das käufliche Produkt enthält wechselnde Mengen Ethanol und Wasser.
Trocknung: Absoluter Ether wird durch mehrtägiges Stehen über Calciumchlorid, Abfiltrieren und Einpressen von Natriumdraht erhalten. Es wird so oft Natrium eingepreßt, bis der Draht blank bleibt.
Achtung! Ether bildet an der Luft bei Lichteinwirkung leicht explosible Peroxide. Es empfiehlt sich daher, ihn über Kaliumhydroxid aufzubewahren, das die zunächst entstehenden Hydroperoxide in unlösliche Salze überführt und darüber hinaus ein sehr gut geeignetes Trockenmittel ist.

Dimethylformamid $(CH_3)_2N-CHO$

Dimethylformamid ist mit den meisten organischen Lösungsmitteln und mit Wasser unbegrenzt mischbar, außerdem löst es viele Salze.
Verunreinigungen: Dimethylformamid enthält oft Amine, Ammoniak, Formaldehyd, Wasser.
Reinigung und Trocknung: 250 g Dimethylformamid werden mit 30 g Benzol und 12 g Wasser fraktioniert destilliert. Zuerst gehen Benzol, Wasser, Amine und Ammoniak über, dann destilliert im Vakuum sehr reines Dimethylformamid, das geruchlos ist und neutral reagiert. Dimethylformamid muß vor Licht geschützt werden, da es sonst langsam in Dimethylamin und Formaldehyd gespalten wird.

Dimethylsulfat (CH$_3$)$_2$SO$_4$

Dimethylsulfat ist unlöslich in kaltem Wasser und wird von diesem nur sehr langsam hydrolysiert.
Zur *Reinigung* destilliert man im Vakuum.

Dimethylsulfoxid CH$_3$SOCH$_3$

Verunreinigungen: Wasser, Dimethylsulfid, Dimethylsulfon
Trocknung: 24stündiges Stehen über einem geeigneten Molekularsieb oder 2stündiges Erhitzen unter Rückfluß mit Calciumhydrid und anschließende Destillation im Wasserstrahlvakuum unter getrocknetem Reinstickstoff.

Dioxan

$$O{<}{{\mathrm{CH_2-CH_2}}\atop{\mathrm{CH_2-CH_2}}}{>}O$$

Dioxan ist in jedem Verhältnis mit Wasser mischbar.
Verunreinigungen: Dioxan enthält Essigsäure, Wasser, Acetaldehydethylenacetal. Zur Peroxidbildung vgl. Diethylether.
Zur *Reinigung* kocht man 3 Stunden mit 10% der Masse an konz. Salzsäure unter Rückfluß und leitet während dieser Zeit einen schwachen Stickstoffstrom durch die Flüssigkeit. Anschließend wird die wäßrige Phase abgetrennt, das Dioxan mit festem Kaliumhydroxid geschüttelt, filtriert, mit Natrium versetzt und eine Stunde unter Rückfluß gekocht. Nach dem Abdestillieren preßt man Natriumdraht ein.

Essigsäure (*Eisessig*) CH$_3$COOH

Essigsäure ist mit Wasser mischbar.
Verunreinigung: Spuren von Acetaldehyd
Reinigung und Trocknung: Für die meisten Zwecke genügt es, die Essigsäure auszufrieren. Man kühlt nicht zu tief, da sonst auch Wasser und andere Verunreinigungen kristallisieren. Es wird auf einer Kühlnutsche abgesaugt und gut abgepreßt. Nicht nachwaschen! Eine weitergehende Reinigung erreicht man durch 2- bis 6stündiges Kochen mit 2- bis 5%iger Kaliumpermanganatlösung. Wasserspuren werden durch Trocknen über P$_4$O$_{10}$ entfernt.

Essigsäurethylester (Essigester) CH$_3$COOC$_2$H$_5$

Verunreinigungen: Käuflicher Essigester enthält meist Wasser, Alkohol und Essigsäure.
Reinigung und Trocknung: Man wäscht mit dem gleichen Volumen 5%iger Soda-

lösung, trocknet über Calciumchlorid und destilliert. Bei höheren Ansprüchen an die Trockenheit versetzt man portionsweise mit P_4O_{10}, filtriert ab und destilliert unter Feuchtigkeitsausschluß.

Essigsäureanhydrid $(CH_3CO)_2O$

Essigsäureanhydrid hydrolisiert mit warmem Wasser.
Verunreinigung: Essigsäure.
Reinigung: Man kocht mit wasserfreiem Natriumacetat und destilliert anschließend.

Ethanol C_2H_5OH

Ethanol ist mit Wasser, Ether, Chloroform und Benzol in jedem Verhältnis mischbar. Das Azeotrop mit Wasser siedet bei 78,17 °C und enthält 96 % Ethanol. Das Azeotrop mit Wasser und Benzol siedet bei 64,85 °C und enthält 18,5 % Ethanol, 74,1 % Benzol und 7,4 % Wasser.
Verunreinigungen: Synthetischer Alkohol ist durch Acetaldehyd und Aceton, Gärungsalkohol durch höhere Alkohole (Fuselöle) verunreinigt. Als Vergällungsmittel dienen Pyridin, Methanol und Benzin.
Trocknung: Man löst 7 g Natrium in 1 L käuflichem abs. Alkohol, gibt 27,5 g Phthalsäurediethylester zu und kocht eine Stunde unter Rückfluß. Dann wird über eine kurze Kolonne abdestilliert. Der übergehende Alkohol enthält weniger als 0,05 % Wasser. Aus dem handelsüblichen „absoluten" Alkohol kann man Wasserspuren folgendermaßen entfernen: Man kocht 5 g Magnesium in 50 mL *absolutem Ethanol* und 1 mL Tetrachlorkohlenstoff 2 bis 3 Stunden unter Rückfluß, setzt 950 mL *absolutes Ethanol* zu und kocht weitere 5 Stunden unter Rückfluß. Anschließend wird destilliert.
Prüfung auf Wasser: Alkohol mit mehr als 0,05 % Wasser fällt aus einer benzolischen Lösung von Aluminiumtriethylat einen voluminösen weißen Niederschlag.

n-Hexan C_6H_{14}

Reinigung und Trocknung: Man schüttelt wiederholt mit kleinen Portionen niederprozentigem Oleum, bis die Säure höchstens noch schwach gelb gefärbt ist. Dann wäscht man mit konz. Schwefelsäure, Wasser, 2 %iger Natronlauge und wieder mit Wasser. Nach dem Trocknen mit Kaliumhydroxid wird destilliert.

Methanol CH_3OH

Trocknung: Man setzt pro Liter Methanol 5 g Magnesiumspäne zu, läßt nach Abklingen der Reaktion 2 bis 3 Stunden unter Rückfluß kochen und destilliert.

Liegt der Wassergehalt des Methanols höher als 1%, so reagiert das Magnesium nicht. Man behandelt in diesem Fall etwas Magnesium mit reinem Methanol und gibt dieses Gemisch zur Hauptmenge, wenn die Methylatbildung begonnen hat. Dabei ist insgesamt etwas mehr Magnesium anzuwenden als oben.

Petrolether

Niedrigsiedendes Kohlenwasserstoffgemisch.
Reinigung: siehe n-Hexan.

Pyridin C_5H_5N

Pyridin ist hygroskopisch und in jedem Verhältnis mit Wasser, Alkohol und Ether mischbar. Das Azeotrop mit Wasser siedet bei 94°C und enthält 57% Pyridin.
Reinigung und Trocknung: Man trocknet über Kaliumhydroxid, destilliert über eine gute Kolonne und benutzt die Fraktion, die bei 114°C bis 116°C übergeht.
Reinigung zur Hydrierung: 500 g technisches Reinpyridin werden 24 Stunden über Kaliumhydroxid vorgetrocknet, vom Trockenmittel dekantiert und destilliert. Anschließend versetzt man mit 15 g frisch destilliertem Anilin und gibt nach und nach 5 g fein gepulvertes, reines Natriumamid unter gutem Rühren zu (Dreihalskolben, Rührer und Rückflußkühler mit Calciumchloridrohr). Nachdem alles Natriumamid zugesetzt ist, erhitzt man unter weiterem Rühren so lange auf dem siedenden Wasserbad, bis keine Ammoniakentwicklung mehr zu beobachten ist. Man destilliert vom Rückstand ab, dieser wird mit Alkohol vernichtet. Das Destillat erhitzt man 1 Stunde mit 10 mL wasserfreier Phosphorsäure unter Rückfluß und destilliert über eine Kolonne.

Tetrachlormethan CCl_4

Das Azeotrop mit Wasser siedet bei 66°C und enthält 95,9% Tetrachlormethan. Das ternäre azeotrope Gemisch mit Wasser (4,3%) und Ethanol (9,7%) siedet bei 61,8°C.
Reinigung und Trocknung: Meist genügt die Destillation. Das Wasser wird dabei als Azeotrop entfernt, die ersten Anteile des Destillats werden verworfen. Für höhere Ansprüche kocht man 18 Stunden über P_4O_{10} unter Rückfluß und destilliert über eine Kolonne.
Vorsicht! Tetrachlormethan darf nicht mit Natrium getrocknet werden, Explosionsgefahr!

Tetrahydrofuran

```
H₂C—CH₂
 |   |
H₂C  CH₂
  \ /
   O
```

Tetrahydrofuran ist mit Wasser mischbar. Das Azeotrop mit Wasser siedet bei 63,2 °C und enthält 94,6 % Tetrahydrofuran.
Reinigung: vgl. Dioxan. Nach dem Erhitzen mit Salzsäure tritt keine Phasentrennung auf; es wird sofort Kaliumhydroxid zugesetzt.
Tetrahydrofuran ist über festem Kaliumhydroxid aufzubewahren.
Vorsicht! Die Peroxidbildung verläuft wesentlich rascher als bei Diethylether (s. dort). Stark peroxidhaltiges Tetrahydrofuran darf nicht mit Kaliumhydroxid behandelt werden, vgl. Org. Syntheses **46**, 105 (1966).

Toluol C_6H_5—CH_3

Das Azeotrop mit Wasser siedet bei 84,1 °C und enthält 81,4 % Toluol.
Trocknung: s. Benzol.

Trichlormethan $CHCl_3$

Das Azeotrop Trichlormethan-Wasser-Ethanol enthält 3,5 % Wasser und 4 % Ethanol, es siedet bei 55,5 °C. Käufliches Trichlormethan enthält Ethanol als Stabilisator, um das durch Zersetzung entstehende Phosgen zu binden.
Zur *Reinigung* schüttelt man mit konz. Schwefelsäure, wäscht mit Wasser, trocknet über Calciumchlorid und destilliert. Zur Entfernung größerer Mengen Phosgen s. dort.

Xylol

Das käufliche Xylol stellt ein Gemisch der 3 isomeren Xylole dar.
Das Azeotrop mit Wasser siedet bei 92 °C und enthält 64,2 % Xylol.

XIX UV-Absorptionsgrenze von Lösungsmitteln

Aus: L.R. Snyder, Principles of Adsorption Chromatography, Marcel Dekker Inc., New York 1968

Lösungsmittel	UV-Grenze in nm	Lösungsmittel	UV-Grenze in nm
Acetonitril	210	Ethylenglykol	210
Aceton	330	Hexan	210
Amylalkohol	210	Isooctan	210
Amylchlorid	225	Isopropylchlorid	225
Benzol	280	Isopropylether	220
Butylcellosolve	220	Methanol	210
Cyclohexan	210	Methylethylketon	330
Cyclopentan	210	Methyl-isobutylketon	330
Dichlorethan	230	Nitromethan	380
Dichlormethan	245	1-Nitropropan	380
Diethylamin	275	n-Pentan	210
Diethylether	220	Petrolether	210
Diethylthioether	290	iso- und n-Propanol	210
Di-isobutylen	210	n-Propylchlorid	225
Dioxan	220	Pyridin	305
Essigsäureethylester	260	Schwefelkohlenstoff	380
Essigsäuremethylester	260	Tetrachlormethan	265
Ethanol	210	Tetrahydrofuran	220
		Toluol	285
		Trichlormethan	245
		Xylol	290

XX Gefahrenklassen und Unfallverhütungsvorschriften

Aceton

Technische Daten
Siedepunkt	56 °C
Dampfdruck in Torr (mm/Hg)	180 bei 20 °C*
Dampfdichteverhältnis, Luft = 1	2,0
Schmelzpunkt	−95 °C
Mischbarkeit mit Wasser	vollständig
Spez. Gewicht, Wasser = 1	0,79

Feuerbekämpfungsdaten
Flammpunkt	−19 °C
Zündfähiges Gemisch, Vol.-%	2,5–13
Zündtemperatur	540 °C

* 175 lt. U.N.-Liste

Erscheinungsbild: Klare farblose Flüssigkeit; süßer aromatischer Geruch.

Gesundheitsgefährdung: Flüssigkeit und Dämpfe verursachen Reizung der Augen und der Haut. Das Einatmen der Dämpfe in hohen Konzentrationen oder über einen längeren Zeitraum verursacht narkotische Wirkung.

Symptome: Schläfrigkeit, Brennen der Augen und der Haut. Erbrechen.

Erste Hilfe
Verletzte an die frische Luft bringen, bequem lagern, beengende Kleidungsstücke lockern. Bei Atemstillstand sofort Atemspende oder Gerätebeatmung. Gegebenenfalls Sauerstoffzufuhr. Benetzte Kleidungsstücke, Schuhe und Strümpfe sofort ausziehen und entfernen. Betroffene Körperstellen reichlich mit Wasser spülen. Bei Augenkontakt sofort 10–15 Minuten mit Wasser spülen. Die Augenlider dazu mit Daumen und Zeigefinger aufspreizen und gleichzeitig das Auge nach allen Seiten bewegen lassen. Arzt zum Unfallort rufen. Verletzte nicht auskühlen lassen. Bei Gefahr der Bewußtlosigkeit Lagerung und Transport in stabiler Seitenlage.

Hinweise für den Arzt
Azidose bekämpfen (Na-Laktat oder $NaHCO_3$). Alkalireserve kontrollieren. Atmung überwachen, eventuell künstliche Beatmung.
Cave: Latenzzeit von mehreren Stunden!

Verhalten bei Freiwerden und Vermischen mit Luft: Brennbare Flüssigkeit. Dämpfe sehr leicht entzündbar. Flüssigkeit verdunstet sehr schnell. Dämpfe bilden mit Luft explosible Gemische, die schwerer als Luft sind. Entzündung durch heiße Oberflächen, Funken oder offene Flammen.

Verhalten bei Freiwerden und Vermischen mit Wasser: Löst sich vollständig in Wasser auf. Achtung, eine Mischung von 4% Aceton und 96% Wasser hat noch einen Flammpunkt von 54 °C. Bei Auslaufen von größeren Mengen ist daher mit der Entzündbarkeit von Aceton-Wasser-Gemischen zu rechnen. Es können sich über der Wasseroberfläche explosible Gemische mit Luft bilden.

Acetonitril

Technische Daten

Siedepunkt	82 °C
Dampfdruck in Torr (mm, Hg)	73 bei 20 °C
Dampfdichteverhältnis, Luft = 1	1,42
Schmelzpunkt	−45 °C
Mischbarkeit mit Wasser	vollständig
Spez. Gewicht, Wasser = 1	0,78

Feuerbekämpfungsdaten

Flammpunkt	2 °C
Zündfähiges Gemisch, Vol.-%	3–?
Zündtemperatur	525 °C

Erscheinungsbild: Farblose Flüssigkeit; aromatischer, angenehmer Geruch.

Gesundheitsgefährdung: Dämpfe und Flüssigkeit verursachen Vergiftungen. Bei Kontakt mit der Flüssigkeit erfolgen Aufnahme durch die Haut und schwere Vergiftungen.

Symptome: Schwindelgefühle, Kopfschmerz, Brechreiz, Atemlähmung und Bewußtlosigkeit. Krämpfe möglich.

Erste Hilfe
Verletzte an die frische Luft bringen, bequem lagern, beengende Kleidungsstücke lockern. Bei Atemstillstand sofort Atemspende oder Gerätebeatmung. Gegebenenfalls Sauerstoffzufuhr. Benetzte Kleidungsstücke, Schuhe und Strümpfe sofort ausziehen und entfernen. Betroffene Körperstellen reichlich mit Wasser spülen. Bei Augenkontakt sofort 10–15 Minuten mit Wasser spülen. Die Augenlider dazu mit Daumen und Zeigefinger aufspreizen und gleichzeitig das Auge nach

allen Seiten bewegen lassen. Arzt zum Unfallort rufen. Verletzte nicht auskühlen lassen. Bei Erbrechen zumindest Kopf in Seitenlage bringen. Bei Gefahr der Bewußtlosigkeit Lagerung und Transport in stabiler Seitenlage.

Hinweise für den Arzt
Vergiftungsbild durch Blausäureentwicklung bestimmt. Therapeutisches Vorgehen in diesen Fällen wie bei Blausäurevergiftung: Sofern technische Einrichtungen hierfür vorhanden: Sauerstoffüberdruckbeatmung (Überdruckkammer mit reinem O_2, 2–2,5 Atm). Sonst: O_2 geben, künstliche Atmung. Kräftige Atmung wichtig für verstärkte Exhalation des Giftes! Zur MetHb-Bildung: 10 ml 3%ige $NaNO_2$ (Natriumnitrit)-Lösung *sehr langsam* i.v., evtl. bis zu 2mal 10 ml/Stunde, gegebenenfalls wiederholen. Im Tierversuch bewährt sich besser 5–6 mg/kg o-Aminophenol (i.v. oder i.m.; Einführung in den Handel vorgesehen). Statt dessen wird auch 4-Dimethylaminophenol empfohlen. Gleichzeitig in allen Fällen $Na_2S_2O_3$ (Natriumthiosulfat) i.v. geben. 10%-Lösung, 100–250 ml; z.B. S-hydril, Lecinwerk Dr. Ernst Laves, Hannover. Nicht in der Spritze mit den MetHb-Bildern mischen! Aufgrund von Ergebnissen im Tierversuch (bisher beim Menschen nicht erprobt) ist mit günstiger Wirkung von Co (Histidin)$_2$-Injektion 300–600 mg i.v. (2–5%-Lösung, Chemiewerk Homburg, Frankfurt a.M.) zu rechnen. Zur Vermeidung evtl. Kobalt-Nebenwirkungen empfiehlt sich 15 Minuten später die langsame Infusion einer Na_2-Ca-EDTA-Lösung (20 mg/kg, z.B. Calcium „Vitis" GmbH, Hösel). Anwendbar statt Co-Histidin ist auch Co-EDTA [Kélorcyanor, Lab. Laroche-Navaron, 63 rue Chaptal, Levallois (Seine), Frankreich]. In Vorbereitung befindet sich ein Präparat mit ausreichenden Mengen Aquocobalamin (Vitamin B 12a, 10–15 g i.v.). Dieses wäre in Zukunft allen anderen vorzuziehen. Nach etwa 1 Minute eine i.v.-Gabe von 10–15 g $Na_2S_2O_3$ (Natriumthiosulfat) anschließen (keine Mischspritze). Lokale Reizungen symptomatisch behandeln, ebenso die Erregungs- bzw. Lähmungserscheinungen. Auf Augenschäden achten!

Verhalten bei Freiwerden und Vermischen mit Luft: Giftige und brennbare Flüssigkeit. Dämpfe leicht entzündbar. Flüssigkeit verdunstet schnell. Dämpfe bilden mit Luft explosible Gemische, die schwerer als Luft sind. Entzündung durch heiße Oberflächen, Funken oder offene Flammen.

Verhalten bei Freiwerden und Vermischen mit Wasser: Vermischt sich vollständig mit Wasser. Bei Berührung mit Wasser, Dampf oder Säuren entstehen (über der Wasseroberfläche) giftige und explosible Gemische. Acetonitril gast aus dem damit gesättigten Wasser wieder aus und bildet mit der Luft über der Wasseroberfläche giftige und explosible Gemische.

Alkohol 100%

(und wäßrige Lösungen über 40%)

Technische Daten

Siedepunkt	78–82 °C*
Dampfdruck in Torr (mm/Hg)	44 bei 20 °C*
Dampfdichteverhältnis, Luft = 1	1,6*
Schmelzpunkt	−81 °C*
Mischbarkeit mit Wasser	vollständig
Spez. Gewicht, Wasser = 1	0,79–0,99*

Feuerbekämpfungsdaten

Flammpunkt	12–26 °C*
Zündfähiges Gemisch, Vol.-%	3,5–15
Zündtemperatur	425 °C

* Variiert je nach Lösung

Erscheinungsbild: Farblose Flüssigkeit; bekannter typischer Geruch.

Gesundheitsgefährdung: Unter normalen Umständen wenig giftig. Dämpfe in hohen Konzentrationen haben betäubende Wirkung.

Symptome: Schwindelgefühle, Doppelsehen von Gegenständen und andere typische Trunkenheitsmerkmale, Brechreiz.

Erste Hilfe
Verletzte an die frische Luft bringen, bequem lagern, beengende Kleidungsstücke lockern. Bei Atemstillstand sofort Atemspende oder Gerätebeatmung, gegebenenfalls Sauerstoffzufuhr. Benetzte Kleidungsstücke, Schuhe und Strümpfe ausziehen und entfernen. Betroffene Körperstellen mit Wasser spülen. Bei Augenkontakt die Augen 10–15 Minuten mit Wasser spülen. Augenlider dazu mit Daumen und Zeigefinger aufspreizen und gleichzeitig das Auge nach allen Seiten bewegen lassen. Arzt zum Unfallort rufen. Verletzten nicht auskühlen lassen. Bei Erbrechen zumindest Kopf in Seitenlage bringen. Bei Gefahr der Bewußtlosigkeit Lagerung und Transport in stabiler Seitenlage.

Hinweise für den Arzt
Magenspülung, wenn peroral aufgenommen. Tierkohle geben. Gefahr der Atemlähmung. Laevulose zuführen i.v. Erbrechen bei Bewußtlosem gefährlich, da sehr leicht Aspiration erfolgt. Sonst symptomatische Behandlung.

Verhalten bei Freiwerden und Vermischen mit Luft: Brennbare Flüssigkeit. Dämpfe leicht entzündbar. Flüssigkeit verdunstet schnell. Dämpfe bilden mit Luft explosible Gemische, die schwerer als Luft sind. Entzündung durch heiße Oberflächen, Funken oder offene Flammen.

Verhalten bei Freiwerden und Vermischen mit Wasser: Vermischt sich vollständig mit Wasser. Bei hohen Konzentrationen können sich über der Wasseroberfläche explosible Gemische mit Luft bilden.

Ammoniak (wasserfrei)

Technische Daten

Siedepunkt	$-33\,°C$
Dampfdruck in mbar	8700 bei $20\,°C$
Dampfdichteverhältnis, Luft = 1	0,6
Schmelzpunkt	$-78\,°C$
Mischbarkeit mit Wasser	vollständig
Spez. Gewicht, Wasser = 1	0,61 bei 8,7 at

Feuerbekämpfungsdaten

Flammpunkt	brennbares Gas
Zündfähiges Gemisch, Vol.-%	15–28
Zündtemperatur	$630\,°C$

Erscheinungsbild: Farblose Flüssigkeit oder Gas, stechender Geruch mit starker Reizwirkung.

Gesundheitsgefährdung: Flüssigkeit und Gas erzeugen starke Reizwirkung und verursachen schwere Verätzungen der Augen, der Atmungsorgane und der Haut. Kontakt mit der Flüssigkeit ruft schwere Erfrierungen hervor. Achtung, das Einatmen von hochkonzentriertem Gas kann plötzlichen Tod zur Folge haben!

Symptome. Hustenreiz, Hautbrennen, Augenschmerzen, erfrorene Körperteile färben sich weiß.

Erste Hilfe
Verletzte an die frische Luft bringen, bequem lagern, beengende Kleidungsstücke lockern. Bei Atemstillstand sofort Atemspende oder Gerätebeatmung. Gegebenenfalls Sauerstoffzufuhr. Benetzte Kleidungsstücke, Schuhe und Strümpfe sofort ausziehen und entfernen. Betroffene Körperstellen reichlich mit Wasser spülen. Bei Augenkontakt sofort 10–15 Minuten mit Wasser spülen. Die Augenlider dazu mit Daumen und Zeigefinger aufspreizen und gleichzeitig das Auge nach

allen Seiten bewegen lassen. Arzt zum Unfallort rufen. Verletzte nicht auskühlen lassen. Erfrorene Körperstellen nicht reiben. Verletzte nur liegend transportieren. Bei Gefahr der Bewußtlosigkeit Lagerung und Transport in stabiler Seitenlage.

Hinweise für den Arzt
Hustenreiz bekämpfen. Glottisödem und Lungenödem möglich. Während der Latenzzeit prophylaktisch hohe Prednisolongaben i.v. (150–300 mg Prednisolonpräparate, z.B. Ultracorten-H „wasserlöslich", CIBA AG Wehr/Baden; Solu-Decortin H, E. Merck AG, Darmstadt). Evtl. Infusionen von insgesamt etwa 0,5 g THAM/kg [z.B. Trissteril-Konzentrat „Fresenius", Dr. E. Fresenius AG, Bad Homburg v.d.H.; Tris (THAM)-Konzentrat „Pfrimmer/Braun", J. Pfrimmer & Co., Erlangen]. Absolute Ruhe. Wärme. Infektionsprophylaxe. Atemwege durch Absaugen freihalten. Morphin darf nur in kleinsten Dosen angewandt werden! Bluteindickung durch perorale Flüssigkeitszufuhr oder Tropfklistier, nicht aber durch weitere i.v. Infusionen beheben. O_2-Zufuhr. Sedativa bei Krämpfen.
Neuerdings wird die lokale Anwendung von Auxiloson-Dosier-Aerosol zur Hemmung des Lungenödems empfohlen (nur für die initiale Bekämpfung!).

Verhalten bei Freiwerden und Vermischen mit Luft: Verdichtetes bzw. verflüssigtes, brennbares Gas. Freiwerdende Flüssigkeit geht sehr schnell in den Gaszustand über. Beim Entspannen des Gases bilden sich schnell große Mengen kalten Nebels und ätzender, explosibler Gemische, die sich weithin ausbreiten. Die Nebel sind schwerer als Luft und bleiben am Boden. Entzündung bedarf hoher Temperatur und starker Energiequelle.

Verhalten bei Freiwerden und Vermischen mit Wasser: Vermischt sich weitgehend mit Wasser. Bildet stark ätzende Mischung auch bei erheblicher Verdünnung. Über der Wasseroberfläche können sich Nebel und Dämpfe mit starker Reizwirkung bilden.

Benzin (Ex-Petroleum)

Erscheinungsbild: Farblose Flüssigkeit, typischer Benzingeruch. Bei Tankstellenbenzin wird als optisches Unterscheidungsmerkmal von vielen Herstellern ein Farbzusatz beigemischt.

Gesundheitsgefährdung: Das Einatmen der Dämpfe für kürzere Zeit ist nicht sehr giftig, solange genügend Luftsauerstoff zum Atmen vorhanden ist. In geschlossenen Räumen kann durch die Dämpfe der Sauerstoff verdrängt werden. Längeres

Einatmen verursacht Trunkenheitsgefühl, Kopfschmerzen, Rauschzustände und Brechreiz. Bei hohen Konzentrationen Bewußtlosigkeit und Atemstillstand möglich.

Erste Hilfe
Verletzte an die frische Luft bringen, bequem lagern, beengende Kleidungsstücke lockern. Bei Atemstillstand sofort Atemspende oder Gerätebeatmung. Gegebenenfalls Sauerstoffzufuhr. Benetzte Kleidungsstücke, Schuhe und Strümpfe sofort ausziehen und entfernen. Betroffene Körperstellen reichlich mit Wasser spülen. Bei Augenkontakt sofort 10 bis 15 Minuten mit Wasser spülen. Die Augenlider dazu mit Daumen und Zeigefinger aufspreizen und gleichzeitig das Auge nach allen Seiten bewegen lassen. Arzt zum Unfallort rufen. Verletzte nicht auskühlen lassen. Bei Gefahr der Bewußtlosigkeit Lagerung und Transport in stabiler Seitenlage.

Hinweise für den Arzt
Keine (Nor-)Adrenalin- oder Ephedrin-Präparate (Gefahr des Kammerflimmerns!). Bei starker Erregung zur Sedierung z. B. Luminal i. m., Valium oder Chlorpromazin geben. Cave zentrale Lähmungen! Antibiotica zur Verhütung von Lungenkomplikationen.

Verhalten bei Freiwerden und Vermischen mit Luft: Brennbare Flüssigkeit. Dämpfe leicht entzündbar. Flüssigkeit verdunstet schnell. Dämpfe bilden mit Luft explosible Gemische, die schwerer als Luft sind. Entzündung durch heiße Oberflächen, Funken oder offene Flammen.

Verhalten bei Freiwerden und Vermischen mit Wasser: Vermischt sich nicht mit Wasser und schwimmt auf der Oberfläche. Es bilden sich explosible Gemische über der Wasseroberfläche. Entzündung durch heiße Oberflächen, Funken oder offene Flammen.
Bei Oberflächengewässern verdunsten Benzine nach einiger Zeit bei normalen Temperaturen (20 °C) soweit, daß kein explosibles Gemisch mit Luft mehr vorhanden ist.
Zeitdauer: Für Spezialbenzine (Leichtbenzine) ca. 1 Stunde, für Vergaserkraftstoffe ca. 6 Stunden. Bei Testbenzin längere Zeit. Hier kann jedoch bei niedrigen Wassertemperaturen das ausgetretene Gut über dem Flammpunkt liegen.

Benzol

Technische Daten

Siedepunkt	80 °C
Dampfdruck in Torr (mm/Hg)	76 bei 20 °C
Dampfdichteverhältnis, Luft = 1	2,7
Schmelzpunkt	6 °C
Mischbarkeit mit Wasser	geringfügig
Spez. Gewicht, Wasser = 1	0,86

Erscheinungsbild: Farblose Flüssigkeit, aromatischer Geruch. Bei Temperaturen unter 6 °C wird reines Benzol (Reinbenzol) fest (Kristallbenzol).

Gesundheitsgefährdung: Das Einatmen von hohen Dampfkonzentrationen verursacht Reizung der Atmungsorgane und kann schwere Schäden bewirken. Die Flüssigkeit wird bei Kontakt durch die Haut aufgenommen und verursacht schwere Vergiftungen. Tod durch Atemlähmung. Bei Dauereinwirkung von Benzol ist Leukämie (Blutkrebsbildung) nachgewiesen.

Symptome: Schwindelgefühle, Kopfschmerzen, Rauschzustände, Herzrhythmusstörungen, Schläfrigkeit, Bewußtlosigkeit, Krämpfe möglich.

Erste Hilfe
Verletzte an die frische Luft bringen, bequem lagern, beengende Kleidungsstücke lockern. Bei Atemstillstand sofort Atemspende oder Gerätebeatmung. Gegebenenfalls Sauerstoffzufuhr. Benetzte Kleidungsstücke, Schuhe und Strümpfe sofort ausziehen und entfernen. Betroffene Körperstellen reichlich mit Wasser spülen. Bei Augenkontakt sofort 10 bis 15 Minuten mit Wasser spülen. Die Augenlider dazu mit Daumen und Zeigefinger aufspreizen und gleichzeitig das Auge nach allen Seiten bewegen lassen. Arzt zum Unfallort rufen. Verletzte nicht auskühlen lassen. Bei Gefahr der Bewußtlosigkeit Lagerung und Transport in stabiler Seitenlage.

Hinweise für den Arzt
Keine (Nor-)Adrenalin- oder Ephedrin-Präparate (Gefahr des Kammerflimmerns!). Symptomatische Behandlung.

Verhalten bei Freiwerden und Vermischen mit Luft: Giftige und brennbare Flüssigkeit. Dämpfe sehr leicht entzündbar. Flüssigkeit verdunstet sehr schnell. Dämpfe bilden mit Luft giftige und explosible Gemische, die schwerer als Luft sind. Entzündung durch heiße Oberflächen, Funken oder offene Flammen.

Verhalten bei Freiwerden und Vermischen mit Wasser: Vermischt sich wenig mit Wasser und schwimmt auf der Oberfläche. Es bilden sich giftige und explosible Gemische über der Wasseroberfläche. Entzündung durch heiße Oberflächen, Funken oder offene Flammen.
Achtung, benzolgesättigtes Wasser gast in geschlossenen Räumen so viel Benzol aus, daß explosible Gemische mit Luft entstehen.

Chlor

Technische Daten
Siedepunkt	$-34\,°C$
Dampfdruck in Torr (mm/Hg)	6,8 kg/cm^2
Dampfdichteverhältnis, Luft = 1	2,4
Schmelzpunkt	$-101\,°C$
Mischbarkeit mit Wasser	geringfügig
Spez. Gewicht, Wasser = 1	1,4 bei ca. 6 at.

Feuerbekämpfungsdaten
Flammpunkt ⎫
Zündfähiges Gemisch, Vol.-% ⎬ nicht brennbares Gas
Zündtemperatur ⎭

Erscheinungsbild: Gelbgrünes Gas, scharfer beißender Geruch.

Gesundheitsgefährdung: Das Einatmen des Gases verursacht schwere Verätzungen der Atmungsorgane. Es entstehen schwere Augenverätzungen und Reizungen der Haut bis zur Blasenbildung. Bei Hautkontakt mit der Flüssigkeit können Erfrierungen auftreten.

Symptome: Hustenreiz, Erstickungsanfälle, Lungenödem (auch mit Verzögerung von einigen Stunden), Brennen der Augen, der Nasen- und Rachenschleimhäute, Kurzatmigkeit, Brennen der Haut und Blasenbildung. Kontakt mit der Flüssigkeit kann Erfrierungen hervorrufen.

Erste Hilfe
Verletzte an die frische Luft bringen, bequem lagern, beengende Kleidungsstücke lockern. Bei Atemstillstand sofort Atemspende oder Gerätebeatmung. Gegebenenfalls Sauerstoffzufuhr. Benetzte Kleidungsstücke, Schuhe und Strümpfe ausziehen und entfernen. Betroffene Körperstellen mit Wasser spülen und anschließend mit sterilem Verbandsmaterial abdecken (keine Brandbinden!). Bei Augenkontakt die Augen 10–15 Minuten mit Wasser spülen. Augenlider dazu mit Daumen und Zeigefinger aufspreizen und gleichzeitig das Auge nach allen Seiten

bewegen lassen. Arzt zum Unfallort rufen. Verletzten nicht auskühlen lassen. Nur liegender Transport erlaubt. Auch während der Erste-Hilfe-Leistung volle Schutzkleidung tragen. Bei Gefahr der Bewußtlosigkeit Lagerung und Transport in stabiler Seitenlage.

Hinweise für den Arzt
Hustenreiz bekämpfen. Cave Lungenödem:
Während der Latenzzeit prophylaktisch hohe Prednisolongaben i. v. (150–300 mg Prednisolonpräparate, z. B. Ultracorten-H „wasserlöslich", CIBA AG Wehr/Baden; Solu-Decortin H, E. Merck AG, Darmstadt). Evtl. Infusionen von insgesamt etwa 0,5 g THAM/kg [z. B. Trissteril-Konzentrat „Fresenius", Dr. E. Fresenius AG, Bad Homburg v.d.H.; Tris (THAM)-Konzentrat „Pfrimmer/Braun", J. Pfrimmer & Co., Erlangen]. Absolute Ruhe. Wärme. Infektionsprophylaxe. Atemwege durch Absaugen freihalten. Morphin darf nur in kleinsten Dosen angewandt werden! Bluteindickung durch perorale Flüssigkeitszufuhr oder Tropfklistier, nicht aber durch weitere i. v. Infusionen beheben. O_2-Zufuhr.
Neuerdings wird die lokale Anwendung von Auxiloson-Dosier-Aerosol zur Hemmung des Lungenödems empfohlen (nur für die initiale Bekämpfung!).

Verhalten bei Freiwerden und Vermischen mit Luft: Verdichtetes bzw. verflüssigtes, nicht brennbares Gas. Stark ätzend und giftig. Freiwerdende Flüssigkeit geht sehr schnell in den Gaszustand über. Beim Entspannen des Gases bilden sich schnell große Mengen kalten Nebels und giftiger, ätzender Gemische, die sich weithin ausbreiten. Die Nebel sind schwerer als Luft und bleiben am Boden.

Verhalten bei Freiwerden und Vermischen mit Wasser: Löst sich nur geringfügig in Wasser. Überschüssiges Chlor verdampft, wobei sich festes Chlorhydrat bilden kann. Dieses löst sich aber wieder bei Wasserzugabe. Über der Wasseroberfläche bilden sich giftige und ätzende Gemische.

Chlorwasserstoffgas

Technische Daten

Siedepunkt	$-85\,°C$
Dampfdruck in Torr (mm/Hg)	42 at. bei $20\,°C$
Dampfdichteverhältnis, Luft = 1	1,30
Schmelzpunkt	$-112\,°C$
Mischbarkeit mit Wasser	vollständig
Spez. Gewicht, Wasser = 1	

Augenlider dazu mit Daumen und Zeigefinger aufspreizen und gleichzeitig das Auge nach allen Seiten bewegen lassen. Arzt zum Unfallort rufen. Verletzte nicht auskühlen lassen. Bei Erbrechen zumindest Kopf in Seitenlage bringen. Bei Gefahr der Bewußtlosigkeit Lagerung und Transport in stabiler Seitenlage.

Hinweise für den Arzt
Sauerstoffzufuhr. Bei starker Erregung: z. B. Valium, Chlorpromazin oder ein Narkosemittel der Barbituratreihe i. v., aber Vorsicht wegen Atemlähmung.

Verhalten bei Freiwerden und Vermischen mit Luft: Im Gemisch mit Sauerstoff brennbare Flüssigkeit. Wie viele Kohlenwasserstoffe kann es sich bei starker Erhitzung zersetzen und dabei giftige Phosgen- und Chlorwasserstoffgase bilden.

Verhalten bei Freiwerden und Vermischen mit Wasser: Flüssigkeit sinkt ab und löst sich langsam in der 75fachen Menge Wasser.

Diethylether

Technische Daten
Siedepunkt	34 °C
Dampfdruck in Torr (mm/Hg)	440 bei 20 °C
Dampfdichteverhältnis, Luft = 1	2,55
Schmelzpunkt	−116 °C
Mischbarkeit mit Wasser	7%
Spez. Gewicht, Wasser = 1	0,71

Feuerbekämpfungsdaten
Flammpunkt	−45 °C
Zündfähiges Gemisch, Vol.-%	1,7–48
Zündtemperatur	170 °C

Erscheinungsbild: Farblose Flüssigkeit; scharfer süßlicher Geruch.

Gesundheitsgefährdung: Das Einatmen der Dämpfe verursacht Betäubung und Rauschzustände. Achtung: Technisches Produkt enthält lokal reizende Substanzen! Reizung der Atemwege, Auftreten von Bronchopneumonien. Kontakt mit der Flüssigkeit verursacht Hautentzündung.

Symptome: Zunächst Gefühl von Heiterkeit und Wohlbefinden, dann Schläfrigkeit und Bewußtlosigkeit.

Erste Hilfe
Verletzte an die frische Luft bringen, bequem lagern, beengende Kleidungsstücke lockern. Bei Atemstillstand sofort Atemspende oder Gerätebeatmung. Gegebenenfalls Sauerstoffzufuhr. Benetzte Kleidungsstücke, Schuhe und Strümpfe sofort ausziehen und entfernen. Betroffene Körperstellen reichlich mit Wasser spülen. Bei Augenkontakt sofort 10–15 Minuten mit Wasser spülen. Die Augenlider dazu mit Daumen und Zeigefinger aufspreizen und gleichzeitig das Auge nach allen Seiten bewegen lassen. Arzt zum Unfallort rufen. Verletzte nicht auskühlen lassen. Bei Erbrechen zumindest Kopf in Seitenlage bringen. Bei Gefahr der Bewußtlosigkeit Lagerung und Transport in stabiler Seitenlage.

Hinweise für den Arzt
Künstliche Beatmung kann über Stunden notwendig sein. Eventuell Zugabe von Analeptica. Aspirationsgefahr sehr groß.

Verhalten bei Freiwerden und Vermischen mit Luft: Brennbare Flüssigkeit. Dämpfe sehr leicht entzündbar. Flüssigkeit verdunstet sehr schnell. Dämpfe bilden mit Luft explosible Gemische, die schwerer als Luft sind. Entzündung durch heiße Oberflächen, Funken oder offene Flammen. Auch statische elektrische Aufladungen können zu Zündungen führen.

Verhalten bei Freiwerden und Vermischen mit Wasser: Schwimmt auf der Wasseroberfläche und löst sich langsam in der 13fachen Menge Wasser auf. Bildet über der Wasseroberfläche explosible Gemische. Achtung, auch aus Ether-Wasser-Gemischen gast der Ether leicht wieder aus. Dabei können sich erneut explosible Gemische über der Wasseroberfläche bilden.

N.N-Dimethylformamid

Technische Daten

Siedepunkt	153 °C
Dampfdruck in Torr (mm/Hg)	3,7 bei 25 °C
Dampfdichteverhältnis, Luft = 1	2,52
Schmelzpunkt	−61 °C
Mischbarkeit mit Wasser	vollständig
Spez. Gewicht, Wasser = 1	0,95

Feuerbekämpfungsdaten

Flammpunkt	58 °C
Zündfähiges Gemisch, Vol.-%	2,2–16
Zündtemperatur	440 °C

Erscheinungsbild: Farblose, leicht bewegliche Flüssigkeit; schwacher aminartiger Geruch.

Gesundheitsgefährdung: Die Dämpfe reizen stark die Augen und die Atmungsorgane. Der Kontakt mit der Flüssigkeit bewirkt Reizung der Augen und der Haut. Die Flüssigkeit kann auch durch die Haut aufgenommen werden. Leber- und Nierenschäden möglich.

Symptome: Brennen der Augen, der Nasen- und Rachenschleimhäute sowie der Haut. Kopfschmerzen, Brechreiz.

Erste Hilfe
Verletzte an die frische Luft bringen, bequem lagern, beengende Kleidungsstücke lockern. Bei Atemstillstand sofort Atemspende oder Gerätebeatmung, gegebenenfalls Sauerstoffzufuhr. Benetzte Kleidungsstücke, Schuhe und Strümpfe sofort ausziehen und entfernen. Betroffene Körperstellen anhaltend mit Wasser spülen. Bei Augenkontakt die Augen 10–15 Minuten mit Wasser spülen. Augenlider dazu mit Daumen und Zeigefinger aufspreizen und gleichzeitig das Auge nach allen Seiten bewegen lassen. Verletzte nicht auskühlen lassen. Bei Erbrechen zumindest Kopf in Seitenlage bringen. Bei Gefahr der Bewußtlosigkeit Lagerung und Transport in stabiler Seitenlage.

Hinweise für den Arzt
Symptomatische Behandlung. Leber- und Nierenfunktion überprüfen.

Verhalten bei Freiwerden und Vermischen mit Luft: Giftige und brennbare Flüssigkeit. An besonders heißen Tagen und bei Erwärmung der Flüssigkeit bilden sich giftige und explosible Gemische, die schwerer als Luft sind. Entzündung durch heiße Oberflächen oder offene Flamme.

Verhalten bei Freiwerden und Vermischen mit Wasser: Vermischt sich vollständig mit Wasser und bildet gesundheitsschädliche Gemische.

Dimethylsulfat

Technische Daten

Siedepunkt	188 °C
Dampfdruck in Torr (mm/Hg)	
Dampfdichteverhältnis, Luft = 1	4,35
Schmelzpunkt	−32 °C
Mischbarkeit mit Wasser	unbedeutend
Spez. Gewicht, Wasser = 1	1,33

Feuerbekämpfungsdaten
Flammpunkt 83 °C
Zündfähiges Gemisch Vol.-%
Zündtemperatur

Erscheinungsbild: Klare farblose Flüssigkeit; schwacher Geruch.

Gesundheitsgefährdung: Dämpfe verursachen Verätzungen der Atmungsorgane und Vergiftungen. Achtung, Lungenödem tritt erst nach 4–5 oder mehr Stunden auf. Später Leber- und Nierenschäden möglich. Die Flüssigkeit ist giftig und wird durch die Haut aufgenommen. Sie bewirkt außerdem Verätzungen der Haut und der Augen.
Symptome: Brennen der Augen, der Haut, der Nasen- und Rachenschleimhäute. Starker Husten, Erstickungsgefühl.

Erste Hilfe
Verletzte an die frische Luft bringen, bequem lagern, beengende Kleidungsstücke lockern. Bei Atemstillstand sofort Atemspende oder Gerätebeatmung. Gegebenenfalls Sauerstoffzufuhr. Benetzte Kleidungsstücke, Schuhe und Strümpfe sofort ausziehen und entfernen. Betroffene Körperstellen mit Wasser spülen und anschließend mit sterilem Verbandsmaterial abdecken (keine Brandbinden!). Bei Augenkontakt die Augen sofort 10–15 Minuten mit Wasser spülen. Die Augenlider dazu mit Daumen und Zeigefinger aufspreizen und gleichzeitig das Auge nach allen Seiten bewegen lassen. Arzt zum Unfallort rufen. Verletzte nicht auskühlen lassen. Bei Erbrechen zumindest Kopf in Seitenlage bringen. Verletzte nur liegend transportieren. Bei Atemnot halbsitzende Stellung erlaubt. Bei Gefahr der Bewußtlosigkeit Lagerung und Transport in stabiler Seitenlage.

Hinweise für den Arzt
Augenverätzungen durch Augenarzt behandeln lassen. Bis zu seinem Eintreffen Atropin-Cornecain-Tropfen geben, alkalische Augensalbe, Augenverband. Cave Lungenödem:
Während der Latenzzeit prophylaktisch hohe Prednisolongaben i.v. (150–300 mg Prednisolonpräparate, z.B. Ultracorten-H „wasserlöslich", CIBA AG Wehr/Baden; Solu-Decortin H, E. Merck AG, Darmstadt). Evtl. Infusionen von insgesamt etwa 0,5 g THAM/kg [z.B. Trissteril-Konzentrat „Fresenius", Dr. E. Fresenius AG, Bad Homburg v.d.H.; Tris (THAM)-Konzentrat „Pfrimmer/Braun", J. Pfrimmer & Co., Erlangen]. Absolute Ruhe. Wärme. Infektionsprophylaxe. Atemwege durch Absaugen freihalten. Morphin darf nur in kleinsten Dosen angewandt werden! Bluteindickung durch perorale Flüssigkeitszufuhr oder Tropfklistier, nicht aber durch weitere i.v. Infusionen beheben. O_2-Zufuhr. Betroffene Hautpartien behandeln wie Säureverätzungen.

Neuerdings wird die lokale Anwendung von Auxiloson-Dosier-Aerosol zur Hemmung des Lungenödems empfohlen (nur für die initiale Bekämpfung!).

Verhalten bei Freiwerden und Vermischen mit Luft: Ätzende, giftige und brennbare Flüssigkeit mit relativ hohem Flammpunkt von 83 °C. Bei starker Erhitzung bilden sich ätzende, giftige und explosible Gemische. Entzündung durch heiße Oberflächen, Funken oder offene Flammen.

Verhalten bei Freiwerden und Vermischen mit Wasser: Vermischt sich nicht mit Wasser und sinkt ab.

Dioxan

Technische Daten

Siedepunkt	101 °C
Dampfdruck in Torr (mm/Hg)	31 bei 20 °C
Dampfdichteverhältnis, Luft = 1	3,03
Schmelzpunkt	10 °C
Mischbarkeit mit Wasser	vollständig
Spez. Gewicht, Wasser = 1	1,03

Feuerbekämpfungsdaten

Flammpunkt	12 °C
Zündfähiges Gemisch Vol.-%	1,9–22,5
Zündtemperatur	375 °C

Erscheinungsbild: Farblose Flüssigkeit; etherähnlicher Geruch. Bei Temperaturen unter 10 °C fester Stoff.

Gesundheitsgefährdung: Die Dämpfe haben in hohen Konzentrationen eine narkotische Wirkung und führen zu schweren Leber- und Nierenschädigungen. Sie rufen Reizung der Augen, der Atemwege und der Lunge hervor. Die Flüssigkeit wird durch die Haut aufgenommen.

Symptome: Brennen der Augen und der Atemwege. Kopfschmerzen, Schwindelanfälle, Schläfrigkeit, nebelhafte Wahrnehmungen der Umwelt.

Erste Hilfe
Verletzte an die frische Luft bringen, bequem lagern, beengende Kleidungsstücke lockern. Bei Atemstillstand sofort Atemspende oder Gerätebeatmung. Gegebenenfalls Sauerstoffzufuhr. Benetzte Kleidungsstücke, Schuhe und Strümpfe sofort ausziehen und entfernen. Betroffene Körperstellen reichlich mit Wasser spü-

len. Bei Augenkontakt sofort 10–15 Minuten mit Wasser spülen. Die Augenlider dazu mit Daumen und Zeigefinger aufspreizen und gleichzeitig das Auge nach allen Seiten bewegen lassen. Arzt zum Unfallort rufen. Verletzten nicht auskühlen lassen. Bei Gefahr der Bewußtlosigkeit Lagerung und Transport in stabiler Seitenlage.

Hinweise für den Arzt
Cave (Nor-)Adrenalin und seine Derivate. Bei Bewußtlosen: Micoren, eventuell wiederholt! Bei Kammerrhythmusstörungen, z. B. Procainamid i. m. Leber- und Nierenfunktion überwachen; Diurese fördern.

Verhalten bei Freiwerden und Vermischen mit Luft: Giftige und brennbare Flüssigkeit. Dämpfe leicht entzündbar. Flüssigkeit verdunstet schnell. Dämpfe bilden mit Luft explosible Gemische, die schwerer als Luft sind. Entzündung durch heiße Oberflächen, Funken oder offene Flammen. Kann unter gewissen Umständen explosible Peroxyde bilden.

Verhalten bei Freiwerden und Vermischen mit Wasser: Mischt sich vollständig mit Wasser. Bildet giftige Mischung. Es können sich bei konzentrierten Dioxan-Wassergemischen über der Wasseroberfläche explosible Gemische bilden.

Essigsäure

Technische Daten

Siedepunkt	118 °C
Dampfdruck in Torr (mm/Hg)	11,3 bei 20 °C
Dampfdichteverhältnis, Luft = 1	2,07
Schmelzpunkt	17 °C
Mischbarkeit mit Wasser	vollständig
Spez. Gewicht, Wasser = 1	1,05

Feuerbekämpfungsdaten

Flammpunkt	40 °C
Zündfähiges Gemisch, Vol.-%	4–17
Zündtemperatur	485 °C

Die Zahlenwerte gelten nur für wasserfreie Essigsäure, genannt Eisessig.

Erscheinungsbild: Klare, farblose Flüssigkeit; stechender, essigähnlicher Geruch.

Gesundheitsgefährdung: Das Einatmen der Dämpfe verursacht schwere Reizung der Augen und der Atemwege. Kontakt mit der Flüssigkeit bewirkt schwere Verätzungen der Haut und der Augen. Glottisödem.

Symptome: Tränen der Augen; Brennen der Haut, der Nasen- und Rachenschleimhäute; Husten.

Erste Hilfe
Verletzte an die frische Luft bringen, bequem lagern, beengende Kleidungsstücke lockern. Bei Atemstillstand sofort Atemspende oder Gerätebeatmung. Gegebenenfalls Sauerstoffzufuhr. Benetzte Kleidungsstücke, Schuhe und Strümpfe sofort ausziehen und entfernen. Betroffene Körperstellen reichlich mit Wasser spülen und anschließend mit sterilem Verbandsmaterial abdecken (keine Brandbinden!). Bei Augenkontakt die Augen 10–15 Minuten mit Wasser spülen. Die Augenlider dazu mit Daumen und Zeigefinger aufspreizen und gleichzeitig das Auge nach allen Seiten bewegen lassen. Arzt zum Unfallort rufen. Verletzte nicht auskühlen lassen. Bei Gefahr der Bewußtlosigkeit Lagerung und Transport in stabiler Seitenlage.

Hinweise für den Arzt
Bei peroraler Aufnahme Hämolyse möglich. Auf Acidose achten. Therapie wie bei Vergiftungen mit anorganischen Säuren. Cave mehrstündige Latenzzeit! Rotes Blutbild kontrollieren! Cave Anurie als Folge einer massiven Hämolyse. Für Diurese sorgen (keine kaliumhaltigen Infusionslösungen!). Eventuell Austauschtransfusion. Sonst symptomatische Therapie. Bicarbonatnebel-Inhalationen.

Verhalten bei Freiwerden und Vermischen mit Luft: Ätzende und brennbare Flüssigkeit. An besonders heißen Tagen und bei starker Erwärmung der Flüssigkeit bilden sich explosible Gemische, die schwerer als Luft sind. Entzündung durch heiße Oberflächen, Funken oder offene Flammen.

Verhalten bei Freiwerden und Vermischen mit Wasser: Vermischt sich vollständig mit Wasser und bildet auch bei starker Verdünnung noch ätzende Mischung.

Essigsäureanhydrid

Technische Daten

Siedepunkt	140 °C
Dampfdruck in Torr (mm/Hg)	4 bei 20 °C
Dampfdichteverhältnis, Luft = 1	3,52
Schmelzpunkt	−73 °C
Mischbarkeit mit Wasser	10 %
Spez. Gewicht, Wasser = 1	1,08

Feuerbekämpfungsdaten
Flammpunkt 49 °C
Zündfähiges Gemisch, Vol.-% 2,0–10,2
Zündtemperatur 330 °C

Erscheinungsbild: Farblose Flüssigkeit; stechender, stark reizender Geruch.

Gesundheitsgefährdung: Dämpfe verursachen schwere Reizung der Augen und der Atmungsorgane. Kontakt mit der Flüssigkeit bewirkt starke Verätzung der Augen und der Haut. Glottisödem.

Symptome: Tränen der Augen; Brennen der Nasen- und Rachenschleimhäute; Husten.

Erste Hilfe
Verletzte an die frische Luft bringen, bequem lagern, beengende Kleidungsstücke lockern. Bei Atemstillstand sofort Atemspende oder Gerätebeatmung. Gegebenenfalls Sauerstoffzufuhr. Benetzte Kleidungsstücke, Schuhe und Strümpfe sofort ausziehen und entfernen. Betroffene Körperstellen reichlich mit Wasser spülen und anschließend mit sterilem Verbandsmaterial abdecken (keine Brandbinden!). Bei Augenkontakt die Augen 10–15 Minuten mit Wasser spülen. Die Augenlider dazu mit Daumen und Zeigefinger aufspreizen und gleichzeitig das Auge nach allen Seiten bewegen lassen. Arzt zum Unfallort rufen. Verletzte nicht auskühlen lassen. Bei Gefahr der Bewußtlosigkeit Lagerung und Transport in stabiler Seitenlage.

Hinweise für den Arzt
Bei peroraler Aufnahme Hämolyse möglich. Auf Acidose achten. Therapie wie bei Vergiftungen mit anorganischen Säuren. Cave mehrstündige Latenzzeit! Rotes Blutbild kontrollieren! Cave Anurie als Folge einer massiven Hämolyse. Für Diurese sorgen (keine kaliumhaltigen Infusionslösungen!). Eventuell Austauschtransfusion. Sonst symptomatische Therapie. Bicarbonatnebel-Inhalationen.

Verhalten bei Freiwerden und Vermischen mit Luft: Brennbare Flüssigkeit. An besonders heißen Tagen und be starker Erwärmung der Flüssigkeit bilden sich explosible Gemische, die schwerer als Luft sind. Entzündung durch heiße Oberflächen, Funken oder offene Flammen.

Verhalten bei Freiwerden und Vermischen mit Wasser: Stoff kann bei Kontakt mit Wasser heftig reagieren und bildet ätzendes Gemisch. Dabei wird viel Hitze freigesetzt. Es bildet sich Essigsäure.

Essigsäureethylester

Technische Daten

Siedepunkt	77 °C
Dampfdruck in Torr (mm/Hg)	73 bei 20 °C
Dampfdichteverhältnis, Luft = 1	3,04
Schmelzpunkt	−83 °C
Mischbarkeit mit Wasser	gering
Spez. Gewicht, Wasser = 1	0,90

Feuerbekämpfungsdaten

Flammpunkt	−4 °C
Zündfähiges Gemisch, Vol.-%	2,1–11,5
Zündtemperatur	460 °C

Erscheinungsbild: Klare farblose Flüssigkeit mit einem charakteristisch angenehmen, fruchtigen Geruch.

Gesundheitsgefährdung: Dämpfe und Flüssigkeit verursachen Reizung der Atemwege und der Augen. In höherer Konzentration narkotische Wirkung mit eventuell tödlichen Folgen.

Symptome: Kopfschmerzen, Schwindelgefühle und Brechreiz.

Erste Hilfe
Verletzte an die frische Luft bringen, bequem lagern, beengende Kleidungsstücke lockern. Bei Atemstillstand sofort Atemspende oder Gerätebeatmung. Gegebenenfalls Sauerstoffzufuhr. Benetzte Kleidungsstücke, Schuhe und Strümpfe sofort ausziehen und entfernen. Betroffene Körperstellen reichlich mit Wasser spülen. Bei Augenkontakt sofort 10–15 Minuten mit Wasser spülen. Die Augenlider dazu mit Daumen und Zeigefinger aufspreizen und gleichzeitig das Auge nach allen Seiten bewegen lassen. Arzt zum Unfallort rufen. Verletzte nicht auskühlen lassen. Bei Erbrechen zumindest Kopf in Seitenlage bringen. Bei Gefahr der Bewußtlosigkeit Lagerung und Transport in stabiler Seitenlage.

Hinweise für den Arzt
Symptomatische Behandlung.

Verhalten bei Freiwerden und Vermischen mit Luft: Brennbare Flüssigkeit. Dämpfe sehr leicht entzündbar. Flüssigkeit verdunstet sehr schnell. Dämpfe bilden mit Luft explosible Gemische, die schwerer als Luft sind. Entzündung durch heiße Oberflächen, Funken oder offene Flammen.

Verhalten bei Freiwerden und Vermischen mit Wasser: Schwimmt auf der Wasseroberfläche und löst sich nur geringfügig im Wasser auf. Bildet explosible Gemische über der Wasseroberfläche. Achtung, bei stehenden und sehr langsam fließenden Gewässern. Ethylacetat spaltet sich nach einer gewissen Zeit unter Aufnahme von Wasser in Essigsäure und Ethanol.

n-Hexan

Technische Daten

Siedepunkt	69 °C
Dampfdruck in Torr (mm/Hg)	120 bei 20 °C
Dampfdichteverhältnis, Luft = 1	3,0
Schmelzpunkt	−95 °C
Mischbarkeit mit Wasser	unwesentlich
Spez. Gewicht, Wasser = 1	0,66

Feuerbekämpfungsdaten

Flammpunkt	−22 °C
Zündfähiges Gemisch, Vol.-%	1,1–7,5
Zündtemperatur	260 °C

Erscheinungsbild: Farblose Flüssigkeit; schwacher, eigentümlicher Geruch.

Gesundheitsgefährdung: Das Einatmen der Dämpfe in hohen Konzentrationen hat narkotische Wirkung und führt zu Herzstörungen.

Symptome: Kopfschmerzen, Schläfrigkeit, Schwindel, Schwäche, Bewußtlosigkeit, Atemstillstand.

Erste Hilfe
Verletzte an die frische Luft bringen, bequem lagern, beengende Kleidungsstücke lockern. Bei Atemstillstand sofort Atemspende oder Gerätebeatmung. Gegebenenfalls Sauerstoffzufuhr. Benetzte Kleidungsstücke, Schuhe und Strümpfe sofort ausziehen und entfernen. Betroffene Körperstellen sofort mit Wasser spülen. Bei Augenkontakt die Augen 10–15 Minuten mit Wasser spülen. Augenlider dazu mit Daumen und Zeigefinger aufspreizen und gleichzeitig das Auge nach allen Seiten bewegen lassen. Arzt zum Unfallort rufen. Verletzte nicht auskühlen lassen. Bei Gefahr der Bewußtlosigkeit Lagerung und Transport in stabiler Seitenlage.

Hinweise für den Arzt
Keine (Nor-)Adrenalin- oder Ephedrin-Präparate (Gefahr des Kammerflimmerns!). Bei starker Erregung zur Sedierung z. B. Luminal, Valium oder Chlorpromazin geben. Cave zentrale Lähmungen! Antibioticum zur Verhütung von Lungenkomplikationen.

Verhalten bei Freiwerden und Vermischen mit Luft: Brennbare Flüssigkeit. Dämpfe sehr leicht entzündbar. Flüssigkeit verdunstet sehr schnell. Dämpfe bilden mit Luft explosible Gemische, die schwerer als Luft sind. Entzündung durch heiße Oberflächen, Funken oder offene Flammen.

Verhalten bei Freiwerden und Vermischen mit Wasser: Vermischt sich nur unwesentlich mit Wasser und schwimmt auf der Oberfläche. Es bilden sich über der Wasseroberfläche explosible Gemische.

Methanol

Technische Daten
Siedepunkt	65 °C
Dampfdruck in Torr (mm/Hg)	96 bei 20 °C
Dampfdichteverhältnis, Luft = 1	1,10
Schmelzpunkt	−98 °C
Mischbarkeit mit Wasser	vollständig
Spez. Gewicht, Wasser = 1	0,81 bei 0 °C

Feuerbekämpfungsdaten
Flammpunkt	11 °C
Zündfähiges Gemisch, Vol.-%	5,5–26,5
Zündtemperatur	455 °C

Erscheinungsbild: Farblose Flüssigkeit. Geruch ähnlich wie Schellackverdünnung.

Gesundheitsgefährdung: Flüssigkeit und Dämpfe verursachen Schädigung des Zentralnervensystems, insbesondere der Sehnerven. Nieren, Leber, Herz und andere Organe werden geschädigt. Die Folgen treten mit Verzögerung auf. Die Gefährdung durch Einatmen der Dämpfe ist geringer als bei Aufnahme durch den Mund.

Symptome: Rausch, Schwindelgefühle, Kopfschmerzen, Übelkeit und Erbrechen, Schwächeanfälle, nur leichte Narkose, später Sehstörungen, Bewußtlosigkeit, Atemstillstand.

Erste Hilfe
Verletzte an die frische Luft bringen, bequem lagern, beengende Kleidungsstücke lockern. Bei Atemstillstand sofort Atemspende oder Gerätebeatmung. Gegebenenfalls Sauerstoffzufuhr. Benetzte Kleidungsstücke, Schuhe und Strümpfe sofort ausziehen und entfernen. Betroffene Körperstellen reichlich mit Wasser spülen. Bei Augenkontakt sofort 10–15 Minuten mit Wasser spülen. Die Augenlider dazu mit Daumen und Zeigefinger aufspreizen und gleichzeitig das Auge nach allen Seiten bewegen lassen. Arzt zum Unfallort rufen. Verletzte nicht auskühlen lassen. Bei Erbrechen zumindest Kopf in Seitenlage bringen. Bei Gefahr der Bewußtlosigkeit Lagerung und Transport in stabiler Seitenlage.

Hinweise für den Arzt
In Verdachtsfällen sofort 30–40 mL Ethanol geben (z.B. 90–120 mL Whisky oder Kirsch). Ethanolgabe wiederholen. Alkalitherapie (Natriumbicarbonat-Infusionen) unter Kontrolle der Alkalireserve (Urin muß gegen Phenolphthalin alkalisch reagieren). Kalium-Verlust ersetzen durch Gabe von KCl + $KHCO_3$ oder KCl + K-Lactat. Cave: Zentrale Lähmung (Analeptica geben). Reichliche Flüssigkeitszufuhr, isotonische Glukoselösung. Augen vor Lichteinfall schützen (Verband). Cave: Latenz bis zum Auftreten von Symptomen!

Verhalten bei Freiwerden und Vermischen mit Luft: Brennbare Flüssigkeit. Dämpfe leicht entzündbar. Flüssigkeit verdunstet schnell. Dämpfe bilden mit Luft explosible Gemische, die schwerer als Luft sind. Entzündung durch heiße Oberflächen, Funken oder offene Flammen.

Verhalten bei Freiwerden und Vermischen mit Wasser: Löst sich vollständig in Wasser auf und bildet auch bei Verdünnung noch giftige und brennbare Mischung. Es können sich über der Wasseroberfläche explosible Gemische bilden. Die Brennbarkeit geht erst verloren, wenn die vielfache Menge Wasser eingemischt wird.

Pyridin

Technische Daten

Siedepunkt	115 °C
Dampfdruck in Torr (mm/Hg)	15 bei 20 °C
Dampfdichteverhältnis, Luft = 1	2,73
Schmelzpunkt	−42 °C
Mischbarkeit mit Wasser	vollständig
Spez. Gewicht, Wasser = 1	0,98

Feuerbekämpfungsdaten
Flammpunkt   17 °C
Zündfähiges Gemisch, Vol.-%   1,7–10,6
Zündtemperatur   550 °C

Erscheinungsbild: Farblose Flüssigkeit mit scharfem, stechendem und sehr unangenehmem Geruch. Dient als Vergällungsmittel im Brennspiritus.

Gesundheitsgefährdung: Die Dämpfe reizen die Augen und die Atmungsorgane sowie die Haut. Kontakt mit der Flüssigkeit bewirkt Reizung der Augen und der Haut. Die Flüssigkeit kann möglicherweise auch durch die Haut aufgenommen werden. Bei schweren Vergiftungen kann es zu Blutdruckabfall, mit Verzögerung zu Leber-, Nieren- und Herzschäden kommen.

Symptome: Brennen der Nasen- und Rachenschleimhäute, der Augen und der Haut, Kopfschmerzen, Unwohlsein, Übelkeit, Erbrechen, Blutdruckabfall, Krämpfe. Benommenheit bis Narkose bei Aufnahme größerer Mengen.

Erste Hilfe
Verletzte an die frische Luft bringen, bequem lagern, beengende Kleidungsstücke lockern. Bei Atemstillstand sofort Atemspende oder Gerätebeatmung, gegebenenfalls Sauerstoffzufuhr. Benetzte Kleidungsstücke, Schuhe und Strümpfe sofort ausziehen und entfernen. Betroffene Körperstellen reichlich und anhaltend mit Wasser spülen. Bei Augenkontakt die Augen 10–15 Minuten mit Wasser spülen. Augenlider dazu mit Daumen und Zeigefinger aufspreizen und gleichzeitig das Auge nach allen Seiten bewegen lassen. Arzt zum Unfallort rufen. Verletzte nicht auskühlen lassen. Bei Erbrechen zumindest Kopf in Seitenlage bringen. Bei Gefahr der Bewußtlosigkeit Lagerung und Transport in stabiler Seitenlage.

Hinweise für den Arzt
Symptomatische Behandlung. Einige Tage Nachbeobachtung der Leber- und Nierenfunktion.

Verhalten bei Freiwerden und Vermischen mit Luft: Giftige und brennbare Flüssigkeit. Die Dämpfe sind leicht entzündbar. Flüssigkeit verdunstet schnell. Dämpfe bilden mit Luft giftige und explosible Gemische, die schwerer als Luft sind. Sie wälzen sich am Boden entlang und können bei Zündung über weite Strecken zurückschlagen. Entzündung durch heiße Oberflächen, Funken oder offene Flammen.

Verhalten bei Freiwerden und Vermischen mit Wasser: Löst sich vollständig in Wasser und bildet auch bei Verdünnung noch giftige Mischung. In geschlossenen Behältern und bei Erwärmung des Wassers können sich über der Oberfläche explosible Gemische mit Luft bilden.

Tetrachlormethan

Technische Daten

Siedepunkt	76 °C
Dampfdruck in Torr (mm/Hg)	90 bei 20 °C
Dampfdichteverhältnis, Luft = 1	5,5
Schmelzpunkt	−23 °C
Mischbarkeit mit Wasser	0,08 %
Spez. Gewicht, Wasser = 1	1,59

Feuerbekämpfungsdaten

Flammpunkt	nicht brenn-
Zündfähiges Gemisch, Vol.-%	barer,
Zündtemperatur	giftiger Stoff

Erscheinungsbild: Farblose Flüssigkeit; süßlicher, angenehmer Geruch.

Gesundheitsgefährdung: Die Flüssigkeit ist giftig und wird durch die Haut aufgenommen. Dämpfe führen zur Schädigung des Zentralnervensystems (Narkose) und des Herzens sowie mit Verzögerung zu Leber- und Nierenveränderungen. Personen unter Alkoholeinwirkung (auch in kleinen Mengen) sind besonders anfällig. Es kann Hautentzündung auftreten. Bei Erhitzung entstehen große Mengen giftiges Phosgen, welches die Atemwege reizt und Lungenödem verursacht.

Symptome: Kopfschmerzen, Übelkeit, Erbrechen, Benommenheit, Bewußtlosigkeit, Atemstillstand. Bei Erhitzung: Starker Reizhusten. Atemnot durch Lungenödem.

Erste Hilfe
Verletzte an die frische Luft bringen, bequem lagern, beengende Kleidungsstücke lockern. Bei Atemstillstand sofort Atemspende, gegebenenfalls Sauerstoffzufuhr. Benetzte Kleidungsstücke, Schuhe und Strümpfe ausziehen und entfernen. Betroffene Körperstellen mit Wasser spülen. Bei Augenkontakt die Augen sofort 10–15 Minuten mit Wasser spülen. Augenlider dazu mit Daumen und Zeigefinger aufspreizen und gleichzeitig das Auge nach allen Seiten bewegen lassen. Arzt zum Unfallort rufen. Verletzte nicht auskühlen lassen. Bei Gefahr der Bewußtlosigkeit Lagerung und Transport in stabiler Seitenlage.

Hinweise für den Arzt
Bei peroraler Aufnahme: sofort 200 mL Paraffinöl geben, dann Magenspülung mit Wasser und reichlich Aktivkohle; Na_2SO_4 geben. Kein Rizinusöl, keine Milch! Bei Inhalation: symptomatische Behandlung, aber keinerlei (Nor-)

Adrenalin oder Adrenalinabkömmlinge enthaltenden Präparate (Gefahr des Kammerflimmerns!). Diurese unterhalten! Rest-N-Erhöhungen! Cave leberschädigende Pharmaka! Leberschutztherapie. Bei Erhitzung: Entwicklung von Phosgen. Cave Lungenödem:
Während der Latenzzeit prophylaktisch hohe Prednisolongaben i.v. (150–300 mg Prednisolonpräparate, z.B. Ultracorten-H „wasserlöslich", CIBA AG, Wehr/Baden; Solu-Decortin H, E. Merck AG, Darmstadt). Evtl. Infusionen von insgesamt etwa 0,5 g THAM/kg [z.B. Trissteril-Konzentrat „Fresenius", Dr. E. Fresenius AG, Bad Homburg v.d.H.; Tris (THAM)-Konzentrat „Pfrimmer/Braun", J. Pfrimmer & Co., Erlangen]. Absolute Ruhe. Wärme. Infektionsprophylaxe. Atemwege durch Absaugen freihalten. Morphin darf nur in kleinsten Dosen angewandt werden! Bluteindickung durch perorale Flüssigkeitszufuhr oder Tropfklistier, nicht aber durch weitere i.v. Infusionen beheben. O_2-Zufuhr.
Neuerdings wird die lokale Anwendung von Auxiloson-Dosier-Aerosol zur Hemmung des Lungenödems empfohlen (nur für die initiale Bekämpfung!).

Verhalten bei Freiwerden und Vermischen mit Luft: Giftige, jedoch nicht brennbare Flüssigkeit. Flüssigkeit verdunstet schnell. Dämpfe bilden mit Luft giftige Gemische, die schwerer als Luft sind. Dämpfe und Flüssigkeit zersetzen sich an heißen Flächen und bilden hochgiftiges Phosgengas.

Verhalten bei Freiwerden und Vermischen mit Wasser: Löst sich kaum in Wasser und geht unter.

Tetrahydrofuran

Technische Daten

Siedepunkt	64 °C
Dampfdruck in Torr (mm/Hg)	150 bei 20 °C
Dampfdichteverhältnis, Luft = 1	2,49
Schmelzpunkt	−108 °C
Mischbarkeit mit Wasser	vollständig
Spez. Gewicht, Wasser = 1	0,89

Feuerbekämpfungsdaten

Flammpunkt	−17 °C
Zündfähiges Gemisch, Vol.-%	1,5–12
Zündtemperatur	260 °C (205)

Erscheinungsbild: Farblose Flüssigkeit; etherähnlicher Geruch.

Gesundheitsgefährdung: Dämpfe verursachen leichte Reizung der Augen und der Atemwege. Kontakt mit der Flüssigkeit führt zu Reizung der Augen und der Haut.

Symptome: Brennen der Augen, der Nasen- und Rachenschleimhäute, Kopfschmerzen, Schläfrigkeit.

Erste Hilfe
Verletzte an die frische Luft bringen, bequem lagern, beengende Kleidungsstücke lockern. Bei Atemstillstand sofort Atemspende oder Gerätebeatmung, gegenenfalls Sauerstoffzufuhr. Benetzte Kleidungsstücke, Schuhe und Strümpfe ausziehen und entfernen (wenn möglich in Wasser legen). Betroffene Körperstellen sofort mit Wasser spülen. Bei Augenkontakt die Augen 10–15 Minuten mit Wasser spülen. Augenlider dazu mit Daumen und Zeigefinger aufspreizen und gleichzeitig das Auge nach allen Seiten bewegen lassen. Arzt zum Unfallort rufen. Verletzte nicht auskühlen lassen. Bei Gefahr der Bewußtlosigkeit Lagerung und Transport in stabiler Seitenlage.

Hinweise für den Arzt
Cave (Nor-)Adrenalin und seine Derivate (Ephedrin, Noradrenalin usw.). Bei Bewußtlosen: Micoren eventuell wiederholt! Bei Kammerrhythmusstörungen Procainamid i. m. Sonst symptomatische Behandlung.

Verhalten bei Freiwerden und Vermischen mit Luft: Brennbare Flüssigkeit. Dämpfe sehr leicht entzündbar. Flüssigkeit verdunstet sehr schnell. Dämpfe bilden mit Luft explosible Gemische, die schwerer als Luft sind. Entzündung durch heiße Oberflächen, Funken oder offene Flammen. Achtung! Freiwerdende Dämpfe können über weite Strecken am Boden entlangkriechen und bei Entzündung zurückschlagen.

Verhalten bei Freiwerden und Vermischen mit Wasser: Vermischt sich vollständig mit Wasser und bildet auch bei größerer Verdünnung noch brennbare Mischung. Es können sich über der Wasseroberfläche explosible Gemische bilden.

Toluol

Technische Daten
Siedepunkt	111 °C
Dampfdruck in Torr (mm/Hg)	22 bei 20 °C
Dampfdichteverhältnis, Luft = 1	3,18
Schmelzpunkt	−95 °C
Mischbarkeit mit Wasser	unbedeutend
Spez. Gewicht, Wasser = 1	0,87

Feuerbekämpfungsdaten
Flammpunkt   6 °C
Zündfähiges Gemisch, Vol.-%   1,2–7
Zündtemperatur   535 °C

Erscheinungsbild: Farblose Flüssigkeit; benzolähnlicher Geruch.

Gesundheitsgefährdung: Dämpfe wirken in höheren Konzentrationen narkotisch und führen zu Reizung der Atmungsorgane. Kontakt mit der Flüssigkeit verursacht Reizung der Augen und der Haut. Krämpfe möglich.

Symptome: Kopfschmerzen, Schwindel, Übelkeit, Erbrechen, Reizung der Atemwege. Rauschzustand, Bewußtlosigkeit, Atemlähmung, Krämpfe.

Erste Hilfe
Verletzte an die frische Luft bringen, bequem lagern, beengende Kleidungsstücke lockern. Bei Atemstillstand sofort Atemspende oder Gerätebeatmung. Gegebenenfalls Sauerstoffzufuhr. Benetzte Kleidungsstücke, Schuhe und Strümpfe ausziehen und entfernen. Betroffene Körperstellen mit Wasser spülen. Bei Augenkontakt die Augen 10–15 Minuten mit Wasser spülen. Augenlider dazu mit Daumen und Zeigefinger aufspreizen und gleichzeitig das Auge nach allen Seiten bewegen lassen. Arzt zum Unfallort rufen. Verletzte nicht auskühlen lassen. Bei Erbrechen zumindest Kopf in Seitenlage bringen. Bei Gefahr der Bewußtlosigkeit Lagerung und Transport in stabiler Seitenlage.

Hinweise für den Arzt
Analeptica (Micoren etc.). Kein (Nor-)Adrenalin, Ephedrin oder Derivate! Arrhythmien. Cave Krämpfe! Blutschäden im Gegensatz zu Benzol kaum zu fürchten.

Verhalten bei Freiwerden und Vermischen mit Luft: Brennbare Flüssigkeit. Dämpfe leicht entzündbar. Flüssigkeit verdunstet schnell. Dämpfe bilden mit Luft explosible Gemische, die schwerer als Luft sind. Entzündung durch heiße Oberflächen, Funken oder offene Flammen.

Verhalten bei Freiwerden und Vermischen mit Wasser: Vermischt sich nur unbedeutend mit Wasser und schwimmt auf der Oberfläche. Es bilden sich explosible Gemische über der Wasseroberfläche.

Trichlormethan

Technische Daten

Siedepunkt	61 °C
Dampfdruck in Torr (mm/Hg)	158 bei 20 °C
Dampfdichteverhältnis, Luft = 1	4,25
Schmelzpunkt	−63 °C
Mischbarkeit mit Wasser	0,8 %
Spez. Gewicht, Wasser = 1	1,48

Feuerbekämpfungsdaten

Flammpunkt
Zündfähiges Gemisch, Vol.-% } nicht brennbar
Zündtemperatur

Erscheinungsbild: Farblose Flüssigkeit, angenehmer süßlicher Geruch.

Gesundheitsgefährdung: Dämpfe haben narkotische Wirkung und können durch die schnelle Verdampfung des Stoffes den Sauerstoff der Luft verdrängen. Kontakt mit der Flüssigkeit verursacht Verätzungen. Es tritt eine Beeinträchtigung von Herz und Kreislauf sowie mit Verzögerung Schädigung der Leber und der Nieren ein.

Symptome: Schwindelgefühl, Kopfschmerzen, Übelkeit und Brechreiz, Reizung benetzter Schleimhäute, Rauschzustände, Bewußtlosigkeit, Atemstillstand.

Erste Hilfe

Verletzte an die frische Luft bringen, bequem lagern, beengende Kleidungsstücke lockern. Bei Atemstillstand sofort Atemspende oder Gerätebeatmung. Gegebenenfalls Sauerstoffzufuhr. Benetzte Kleidungsstücke, Schuhe und Strümpfe ausziehen und entfernen. Betroffene Körperstellen mit Wasser spülen und anschließend mit sterilem Verbandsmaterial abdecken (keine Brandbinden!). Bei Augenkontakt die Augen 10–15 Minuten mit Wasser spülen. Augenlider dazu mit Daumen und Zeigefinger aufspreizen und gleichzeitig das Auge nach allen Seiten bewegen lassen. Arzt zum Unfallort rufen. Verletzten nicht auskühlen lassen. Bei Erbrechen zumindest Kopf in Seitenlage. Bei Gefahr der Bewußtlosigkeit Lagerung und Transport in stabiler Seitenlage.

Hinweise für den Arzt

Bei Erbrechen große Aspirationsgefahr! Bei peroraler Aufnahme Paraffinum liquidum (ca. 3 ml/kg) und 1 Eßlöffel Na_2SO_4 in $1/4$ Liter Wasser. Kein Rizinusöl, keine Milch, keinen Alkohol. Symptomatische Behandlung. Kein (Nor-)Adrenalin oder -Abkömmlinge. Cave: leberschädigende Pharmaka. Wasser- und Elektrolythaushalt kontrollieren. Leberschutztherapie.

Verhalten bei Freiwerden und Vermischen mit Luft: Nicht brennbare Flüssigkeit. Verdunstet sehr schnell. Dämpfe bilden mit Luft nichtbrennbare Gemische, die schwerer als Luft sind. Achtung, bei Kontakt mit heißen Flächen oder offenen Flammen bilden sich hochgiftiges Chlor- und Chlorwasserstoffgas durch Zersetzung des Stoffes.

Verhalten bei Freiwerden und Vermischen mit Wasser: Sinkt auf den Grund und löst sich langsam in der 140fachen Menge Wasser auf.

Xylol

Technische Daten

Siedepunkt	139–144 °C*
Dampfdruck in Torr (mm/Hg)	7 bei 20 °C
Dampfdichteverhältnis, Luft = 1	3,66
Schmelzpunkt	−49 °C
Mischbarkeit mit Wasser	unbedeutend
Spez. Gewicht, Wasser = 1	0,86–0,88*

Feuerbekämpfungsdaten

Flammpunkt	25–30 °C*
Zündfähiges Gemisch, Vol.-%	1–7,6*
Zündtemperatur	465–525 °C*

* Variiert je nach Gemisch

Erscheinungsbild: Farblose Flüssigkeit, benzolähnlicher Geruch.

Gesundheitsgefährdung: Die Dämpfe wirken stark betäubend und schädigen auch sonst besonders das Zentralnervensystem. Alkoholunverträglichkeit.

Symptome: Bei niedrigen Dampfkonzentrationen: Kopfschmerzen, Schwindel, Brechreiz, Reizwirkung auf Atemwege und Magen-Darm-Kanal. Bei höheren Dampfkonzentrationen: Rausch- und Erregungszustände, bald tiefe Bewußtlosigkeit, dann Atemlähmung und Krämpfe möglich.

Erste Hilfe
Verletzte an die frische Luft bringen, bequem lagern, beengende Kleidungsstücke lockern. Bei Atemstillstand sofort Atemspende, gegebenenfalls Sauerstoffzufuhr. Benetzte Kleidungsstücke, Schuhe und Strümpfe ausziehen und entfernen. Betroffene Körperstellen mit Wasser spülen. Bei Augenkontakt die Augen 10–15 Minuten mit Wasser spülen. Augenlider dazu mit Daumen und Zeigefinger aufspreizen und gleichzeitig nach allen Seiten bewegen lassen. Arzt zum Unfallort

rufen. Verletzte nicht auskühlen lassen. Bei Erbrechen Kopf zumindest in Seitenlage. Bei Gefahr der Bewußtlosigkeit Lagerung und Transport in stabiler Seitenlage.

Hinweise für den Arzt
Symptomatische Behandlung, aber keinesfalls (Nor-)Adrenalin und seine Derivate verwenden! (Gefahr des Kammerflimmerns.) Bei peroraler Aufnahme: Magenspülung mit Tierkohle und Magnesia Usta. Anschließend durch den Schlauch Paraffinöl und Natriumsulfat eingeben. Cave fettlösliche Substanzen (Milch, Alkohol, Rizinusöl).

Verhalten bei Freiwerden und Vermischen mit Luft: Brennbare Flüssigkeit. An warmen Tagen und bei Erwärmung der Flüssigkeit bilden sich giftige und explosible Gemische die schwerer als Luft sind. Entzündung durch heiße Oberflächen, Funken oder offene Flammen.

Verhalten bei Freiwerden und Vermischen mit Wasser: Mischt sich nur wenig mit Wasser. Jedoch gast xylolhaltiges Wasser in geschlossenen Räumen so viel Xylol aus, daß explosible Gemische mit Luft entstehen können. Bildet explosibles Gemisch über der Wasseroberfläche.

Stichwortverzeichnis

Adsorbentin 33
Äußerer Standard 71, 72
Alkalielementdetektor 43
Aluminiumoxid 18
Anionenaustauscher 47
Anti-Stokes-Strahlung 65
Aräometer 14
Aräometerablesung 15
Auftragehilfsmittel 19
Auftragsschablone 19, 21
Auftriebsmethode 13
Ausschlußchromatographie 35
Austauscherharze 47

Basispeak 75
Batch-Verfahren 49, 50
Batteriegläser 19
Beleuchtungsprisma 11/12
Beschichtungsmaterialien 18
Beugungskegel 80
Beugungswinkel 79
Bindemittel 18
Braggsche Gleichung 83
Brechungsindex, Definition 11
–, Messung 12
Bruttoretentionszeit 43

Cellulose 18
Chemische Verschiebung 71, 72
Christiansen-Effekt 60
Chromatographie, Einteilung 17
Chromatographiepapiere 22, 23
Chromatographiesäule 26, 28

Debye-Scherrer-Aufnahme 79
Detektor (UV) 32
Dichte, Definition 12
Dichtebestimmung 12ff
Differentialrefraktometer 32
Distanzscheiben 58
Doppelhitzdrahtdetektor 42
Druckminderer 37
Dünnschichtchromatographie 18
Dünnschicht-Platten 18
Durchbruchskapazität 49
Durchflußmenge 31

DTA-Meßanordnung 89

ECD 43
Eichspektrum 76
Eigenabsorption 68
Einspritzblock 39
Einspritzgummi 32
Elektroneneinfangdetektor 43
Elektronenstoß-Ionisierung 73
Eluotrope Reihe 28
Elutionsmittel 34
Elutionswirkung 21
Elutionstechnik 50
Entgasung 31
Erregerlicht 66
Erregerlinie 65
Erstarrungstemperatur 4
Extinktion 69
Extinktionskoeffizient, molarer 69

Federmuster 62
Fertigplatten 22
FID 41
Filmauswertung 80
Filmkorrektur 80
Filmstreifen 79
Flammenionisationsdetektor 41
Flächengewicht 23
Fließgeschwindigkeit 27
Fließmittelkombination 24
Flüssigkeitsküvette 58
Fluoreszenz 65
Fluoreszenzindikator 18, 20
Fourier-Transform-Technik 72
Fraktionssammler 29
Frontaltechnik 49

Gaschromatographie 35, 36
Gasdosierhahn 38
Gasküvette 56, 57
Gasmengenstrom 37
Gassammelgefäß 57
Gasschleife 38
Gasspritzen 38
Gaswaage 15
Gepackte Säule 40

Glovebox 1
Gruppenfrequenz 62
Guinier-Verfahren 81
Guinier Viewer 81

Heiztisch 7
HPLC 30

Inertgas 1
Inertgaspeak 44
Inertmaterial 88
Innerer Standard 71
Interferenzstrahl 81
Iodlösung 20
Ionenaustausch 46
Ionenaustauscher 46
Ionenaustauscherkapazität 48

Kahlbaumscher Aufsatz 9
Kammersättigung 19
Kapazität 47, 49, 52, 54
Kapillarsäulen 40, 41
Kationenaustauscher 47
KBr-Preßtechnik 60
Kieselgel 18
Kieselgur 18
Koinzidenzmaßstab 81
Kolbenmembranpumpe 31
Kompensator 11
Kristallisationsverzögerung 4
Kristallumwandlung 6, 87
Küvette, zerlegbar 59
Küvettenfenster 59, 62
Kunststoffbeutel 1
Kurzhubkolbenpumpe 31

Lambert-Beersches Gesetz 69
Langwegküvetten 57
Laufmittelfront 21
Laufzeit 18
Leitfähigkeitsmessung 29
Lichtschreiber 75
Lösungsmittelfront 21

Masse-Ladungs-Verhältnis 73
Massenmarkierer 76
Markröhrchen 79
Meßprisma 11, 12
Mikropipetten 19
Molekülpeak 75

Nachweisreagentien 20
Natrium-D-Linien 11
Nettoretentionszeit 43
Netzebenenabstand 83
Niveauflasche 29
NMR-Meßröhrchen 71

Nujol-Verreibung 61
Ofen-Atmosphäre 88

Packungsdichte 88
Papierchromatographie 22
Paraffinöle 23
Paraffinöl-Verreibung 61
Peak 37
Phasenregel 8
Polarität 28, 33, 67
Polarisationsgrad 66
Polyamide 18, 33
Primärstrahl 79
Probenaufgabe 31
Probeneinführung, indirekt 74
–, direkt 74
Probeneinlaß 38, 39
Probeschleife 32
Prüfform 61
Prüfling 61
Prüfwerkzeug 60
Pulverdiffraktometrie 78
Pumpen 31
Pyknometer 13

Ramanstreuung 64
Referenzmaterial 88
Referenzproben 21
Referenzsubstanz 71
Reflexionswinkel 83
Refraktometer 11
Regenerieren 52
Resonanzfrequenz 71
Resonanzsignal 71
Retentionsvolumen 43
Retentionszeit 43, 44
Reverse-phase-Chromatographie 35
RF-Wert 21, 25
Röntgenstrahlen 78
Rotameter 37, 38
Rundfiltermethode 24

Sandwich-Kammer 19
Säule 25, 37
Säulenfüllmaterial 27
Schichtdicke 59
Schmelzbereich 5
Schmelzpunkt, Bestimmungsmethoden 4
–, Definition 4
Schmelzpunktapparatur, Badflüssigkeit 6
–, (Metallblock) 7
–, (Mikroskop) 6
–, nach Thiele 5
–, nach Tottoli 6
Schmelzpunktdepression 7
Schmelzvorgang 5

Schleusensystem 74
Schlüsselfrequenzen 62
Schubstange 74
Schutzgas 1
Schutzgasatmosphäre 3
Schweifbildung 19
Seifenblasenströmungsmesser 37, 38
Sekundärstrahl 80
Selektivität 48
Septum 32
Siedegefäße 10
Siedepunkt, Bestimmung 9
–, Definition 8
Siedesteinchen 9
Siedetemperatur 9
Siliconöl 23
Spindel 14
Splitting-Systeme 41
Sprühgeräte 20
Sprühreagenzien 25
Startlinie 21
Startzone 30
Stickstoffkasten 1
Strahlungsemission 65
Streulinie 66
Strichspektrum 75
Substanzflecken 18
Substanzpeak 44

Temperaturprogramm 43
Trägergas 37
Trägermaterial 27, 34, 40
Trennflüssigkeiten 34, 27
Trennkammern 19, 21, 24
Trennrohr 25
Trennsäulen 26, 32, 37, 39
Trennschichten 18

Übersichtsspektren 57
Unterkühlte Flüssigkeit 4
UV-Detektor 32

Verdrängungspumpen 31
Vernetzungsgrad 50
Volumenkapazität 48

Wärmeleitfähigkeitsdetektor 41
Wärmeübergangszahl 90
Wegwerfküvette 67
Wellenzahl 62
Wheatstonesche Brückenschaltung 42
WLD 41

Zählrohrgoniometer-Aufnahme 81
Zerstäuber 20

Walter de Gruyter
Berlin · New York

Küster
Thiel
Rechentafeln für die Chemische Analytik
102. Auflage, neu bearbeitet von Alfred Ruland.
17 cm x 24 cm. XII, 305 Seiten. Zahlreiche Tabellen, teils zweifarbig. 1982.
Fester Einband. DM 44,– ISBN 3 11 006653 X

Gattermann
Wieland
Die Praxis des organischen Chemikers
43., völlig neu bearbeitete Auflage.
17 cm x 24 cm. XVII, 763 Seiten. 77 Abbildungen. 1982.
Fester Einband. DM 58,– ISBN 3 11 006654 8

Allinger et al.
Organische Chemie
von N. L. Allinger, M. P. Cava, D. C. de Jongh, C. R. Johnson, N. A. Lebel, C. L. Stevens.
18 cm x 26 cm. XXX, 1570 Seiten. Zahlreiche Abbildungen und Tabellen. 1980.
Fester Einband. DM 98,– ISBN 3 11 004594 X

Buddrus
Grundlagen der Organischen Chemie
Enthält 450 Aufgaben mit Lösungen.
17 cm x 24 cm. XXV, 754 Seiten. 1980.
Fester Einband. DM 59,– ISBN 3 11 004030 1

Schrader
Kurzes Lehrbuch der Organischen Chemie
17 cm x 24 cm. XIV, 334 Seiten, 89 Abbildungen. 39 Tabellen. 1979.
Flexibler Einband. DM 38,– ISBN 3 11 007642 X

Preisänderungen vorbehalten

Walter de Gruyter
Berlin · New York

Biltz
Klemm
Fischer

Experimentelle Einführung in die anorganische Chemie

72., neu bearbeitete Auflage
15,5 cm x 23 cm. XIV, 285 Seiten. 28 Abbildungen, 1 Tafel. 1982.
Flexibler Einband. DM 42,– ISBN 3 11 008664 6

Holleman
Wiberg

Lehrbuch der Anorganischen Chemie

91.–100., sorgfältig revidierte, verbesserte und stark erweiterte Auflage
17 cm x 24 cm. Etwa 1500 Seiten. Zahlreiche Abbildungen, Periodensystem der Elemente. 1985.
Fester Einband. DM 120,– ISBN 3 11 007511 3

Riedel

Allgemeine und Anorganische Chemie

Ein Lehrbuch für Studenten mit Nebenfach Chemie.
3., durchgesehene Auflage
15,5 cm x 23 cm. X, 346 Seiten. 214 zweifarbige Abbildungen. 1985.
Flexibler Einband. DM 49,– ISBN 3 11 010269 2

Klemm
Hoppe

Anorganische Chemie

16. Auflage
12 cm x 18 cm. 328 Seiten. 46 Abbildungen. 1980.
Flexibler Einband. DM 26,80 ISBN 3 11 007950 X
(Sammlung Göschen, Band 2623)

Dickerson
Gray
Haight

Prinzipien der Chemie

Übersetzt und bearbeitet von Hans-Werner Sichting
17 cm x 24 cm. XXVII, 965 Seiten. Zahlreiche zweifarbige Abbildungen und Tabellen. 1978.
Fester Einband. DM 88,– ISBN 3 11 004499 4

Preisänderungen vorbehalten